数字起源

[美] 凯莱布·埃弗里特（Caleb Everett）/ 著
鲁冬旭 / 译

NUMBERS AND THE MAKING OF US

Counting and the Course of Human Cultures

中信出版集团 · 北京

图书在版编目（CIP）数据

数字起源 /（美）凯莱布·埃弗里特著；鲁冬旭译
. -- 北京：中信出版社，2018.6
书名原文：Numbers and the Making of Us:
Counting and the Course of Human Cultures
ISBN 978-7-5086-8770-4

I. ①数… II. ①凯… ②鲁… III. ①数字－起源－
普及读物 IV. ① O1-49

中国版本图书馆 CIP 数据核字（2018）第 052248 号

数字起源

著　　者：[美] 凯莱布·埃弗里特
译　　者：鲁冬旭
出版发行：中信出版集团股份有限公司
（北京市朝阳区惠新东街甲 4 号富盛大厦 2 座　邮编　100029）
承 印 者：北京画中画印刷有限公司

开　　本：787mm×1092mm　1/16　　印　　张：20.5　　字　　数：300 千字
版　　次：2018 年 6 月第 1 版　　印　　次：2018 年 6 月第 1 次印刷
京权图字：01-2018-1694　　广告经营许可证：京朝工商广字第 8087 号
书　　号：ISBN 978-7-5086-8770-4
定　　价：69.00 元

服务热线：400-600-8099
投稿邮箱：author@citicpub.com

献给杰米及祖德，你们令我的生命无限丰沛。

目录 CONTENTS

II

第二部分

没有数字的世界

第三部分

数字塑造了我们的生活

前言

人类为何能在进化中脱颖而出？

生存不是一件容易的事情。如果你曾在任何未被现代人类社会改造过的地方尝试过冒险，你一定会同意我的观点。比如，如果你曾独自在热带丛林中旅行，那么生存的艰险一定会深深地烙印在你的脑海中。闷热的空气和止不住的汗水会令你极度不适（在令人无法呼吸的湿度中，这可不是一件让人感觉舒服的事情），此外你还需要担心各种各样的细菌、病毒、昆虫以及其他体型更大、随时可能吃掉你的动物。实际上，除了上面这些事情之外，你还会发现，连获得食物和水——满足人体最基础的需求都是一项繁重的任务，而且几乎是一项不可能完成的任务。如果你曾和我一样跟随丛林中的原住民穿越亚马孙灌木丛，你就会极其清楚地意识到，如果没有这些原住民的知识和智慧，可怕的丛林环境每一分钟都可能将你我吞噬。1971年，朱莉安·克普克的野外生存故事震惊了整个世界。由于飞机失事，朱莉安落入了秘鲁的丛林中，她不仅在事故中幸存下来，还在丛林环境中独自生存了超过9天的时间。朱莉安的父母是曾在亚马孙地区工作过的生物学家，这样的家庭背景令这位少女对秘鲁丛林中的生态环境比较熟悉，也正是这些野外生存知识救了她的命。然而，即便具有这样的知识，朱莉安在等待救援的漫长过程中也未能主动获取任何食物，她最终幸运地被某个亚马孙河沿岸部落的成员发现，这才脱离险境。事实上，大部分人如果像朱莉安那样独自置身于热带丛林之中，存活下来的希望是非常渺茫的。在其他各种原始生态环境中，现代人生存的机会也都很渺茫。纵观整个人类的航海历史，你会发现许多在陌生地点登陆的探险家们都不得不依靠当地原住民的帮助才能在新的环境中生存下来。通过电视，我们可以看到各种号称“以现实为基础”的野外生存节目，然而参加这些电视节目的人之所以能“孤身”在野外生存，是因为实际上有整个制作团队在为他们提供各种重要的工具。这些真人秀的嘉宾并非真的被独自“抛弃”在野外，而是和供给充沛的拍摄团队一起，经过充分准备才进入野外环境的。而如果是其他人被独自留在世界上的大部分原生态环境中，很可能几天之内就会毙命，就算幸运女神特别眷顾我们，我们也很难撑过几周的时间[1]。

而我们更加难以想象的是，即便是非常熟悉当地环境的原住民，如果让他们独自身处这样的自然环境中，他们也常常会面临生存上的困境。对于一位一直生活在热带丛林中的原住民而言，在密林中迷路仍然是一件非常危险的事情；当然，他面临的危险比同样处境下的现代人要小一些。我知道某些亚马孙原始部落的成员虽然就在离村庄不远的地方迷失了方向，却也只能勉强生存下来，甚至有时候还会因此丧命。以上这些情况都说明了一个十分重要，却常常被人们忽视的事实：人类的生存依赖于在某种文化中储存的知识，而我们只有通过语言的途径才能获取这些知识。我们每天都会用到一些并非由我们自己发现的知识，这些本来存在于其他人脑海中的知识被我们轻松地掌握了。很多时候，这些知识是其他人类成员在几千年的人类发展过程中克服了许多困难才发现的，甚至是依赖于随机的偶然事件才碰巧发现的。关于这一点，在我们现在的文化中也存在许多例子：你不需要发明汽车，不需要发明室内制暖设备，也不需要独立探索出把鸡胸肉切片的最高效的方式——在你的文化中，你自然而然地继承了这些技术和行为。你可以模仿学习其他人的行为，你所在的文化也会不断地通过语言教给你各种各样的行为和知识。我们每天进行的大多数活动，包括吃饭、睡觉等最基础的活动，都完全依赖于我们从周围的人身上获得的知识和想法，而我们周围的人也是从他人那里吸取这些知识和想法的。虽然对吃饭、睡觉等活动的需求是我们的生物学特点所决定的，但是我们处理这些需求的方式却是由我们所处的文化环境决定的。从我们每天使用的牙刷，到我们时常与人握手的习惯——辅助我们生活的几乎所有物质工具和行为都是由我们以外的其他人类成员发明的。我们从其他人类成员那里继承的东西远比我们自己创造出来的东西更多。不仅在美国的文化中是这样，在许多与我们截然不同的文化中，情况同样如此。新几内亚岛的猎人们在需要弓箭的时候并不用自己发明创造，而是通过学习和模仿，每一代人都可以从上一代人那里继承制造和使用弓箭的技术。对于任何文化中的人们来说，每一项知识都是来之不易的，有的知识是靠偶然事件碰巧被发现的，有的知识则是人类付出了痛苦甚至死亡的代价才辛苦获得的。幸好每一代人并不需要重新发现这些知识，他们只需要继承上一代人的知识，并继续发展、丰富这套知识。比如，弓箭和其他基础的狩猎工具都不是一夜间被发明出来的。在几个世纪的漫长过程中，猎人们逐渐认识到某些形状的弓箭具有一些其他形状的弓箭所不具有的重要优势，或者能够实现其他弓箭完成不了的特殊功能。经过这个漫长的过程，才逐渐有了我们今天见到的弓箭[2]。

人类之所以能在环境中生存下来，并以越来越精细而高级的方式适应环境，是因为我们有所谓的文化棘轮（cultural ratchet）效应。文化棘轮效应是指，人类成员通过相互合作，把知识世代传递下去，这种传递的过程就像齿轮的齿互相咬合一样。文化棘轮这一术语之所以能够进入公众的视野，还要感谢杜克大学心理学家和灵长目动物学家迈克尔·托马塞罗。换句话说，人类这一物种的成功主要得益于人类的一种特殊能力：从前人以及同时代的人身上效仿学习先进行为的能力。人类之所以特殊，不仅仅是因为我们特别聪明，而是因为我们无须一次又一次地重复解决同一问题。即便我们并不知道某种方案为什么能解决这类问题，我们也能够知道这种方案过去确实成功地解决了这类问题。虽然你完全不知道怎么设计一台微波炉，也完全不知道怎么设计出为微波炉供电的电网，但是你仍然可以轻松地使用微波炉加热墨西哥玉米煎饼[3]。

人类能够逐渐地积累知识，并把这些知识从文化上固定下来、储存在公众的公共知识库中，而非保存在某个人的头脑中，这一点对人类的生存和发展是极其重要的。在人类的历史中，我们曾有过这样的例子：在某些文化中，某些个人成为整个文化的知识网络中的关键性节点。于是，随着这些个人的死亡，该文化的一些重要知识随之消亡，在极端情况下，这种情况甚至可以把整个文化推向毁灭的边缘。比如，这样的悲剧就曾经发生在格陵兰岛西北角的极地因纽特人身上。在 19

世纪中期，极地因纽特部落中的几位年长者因一场流行病丧生，结果整个极地因纽特族群的人口数目随之明显下降。因为根据当地的传统，在长者下葬的时候，他们的工具和武器也必须作为陪葬品下葬，此举导致极地因纽特人制造这些工具和武器的能力明显下降。这些知识的流失后续又造成了其他知识的流失，最终导致极地因纽特人无法像以前那样高效地捕获驯鹿和海豹以及冷水鱼类。大约40年以后，极地因纽特族群的人口数目才从这场灾难中恢复，他们通过接触另一个因纽特族群重建了公共知识库。展望整个人类的发展史，这样的悲剧并不是个例，在某些情况下，某些文化中的关键生存知识会发生退化，或者基本物质技术会流失，而身处这些文化中的成员又不能轻松地重现这些知识或技术。有时，这种情况甚至会导致这些文化的彻底灭亡。[4]

在普通公众中，普遍存在一种被神话了的错误观点，这种观点认为：人类之所以能够成为世界上最成功的物种，只是因为我们先天比其他物种聪明很多。而上述例子对这种错误的观点提出了非常直接的反驳。事实上，并没有太多证据证明人类先天就比其他动物聪明很多。虽然人类显然比其他动物更聪明，人类的脑量商（encephalization quotient）也确实较高（脑容量和身体质量的比值较高），但从许多方面来看，人类的先天认知能力并没有我们想象的那么强大。许多人类独有的智力属性并非来自我们的基因，而是我们通过各种不同的文化方式后天习得的。虽然自然选择的过程无疑赐予了人类非凡的头脑，但人类真正惊人的地方不是头脑有多么聪明，而是当人类有了文化以后，我们竟能如此高效地使用我们的头脑。许多人类学家、语言学家、心理学家，以及其他学者已经在不同的著作中反复强调了这一点。而在这本书中，我将加入他们的队伍，继续对人类的这一伟大成就高唱赞歌。这些学者强调：与文化相关的各种创新和发明——比如语言——在人类物种中启动了一场认知与行为的双重革命。而在本书中，我想要表达的主题是：被我们称为“数字”的概念工具（包括表示具体数量的词语和其他符号）是一套以语言为基础的关键性创新系统，这套系统使得人类发展出了区别于任何其他物种的高级功能。而数字在这方面发挥的作用一直以来都为人们所低估。在本书中我们将会看到，数字是一项极为重要的人类发明，数字的发明与烹饪的发明、石制工具的发明、轮子的发明一样，改变了人类生存和进化的环境。对于烹饪、石制工具、轮子等发明，已经有无数人类学家和其他学者反复强调过它们的重要性，以及它们改写人类历史的巨大作用，但在过去很长一段时间中，数字这一工具所发挥的巨大作用却没有受到学者们的充分关注。长期以来，我们忽视了数字工具的重要性，直到近期的一些研究成果才让我们开始注意到，我们称为“数字”的这套工具对人类的经验起到了根本性的重塑作用。

第一部分

人类经验中数字无处不在

第1章 数字编织着我们的现在

你几岁了？人类很早就能够回答这个问题，因为问题的答案就在我们“手上”。也许你说出这个问题的答案连一秒钟都用不了。世界上真的还有比询问年龄更简单的问题吗？年龄决定着你生活的许多方面。你有资格独立驾驶车辆吗？这取决于你的岁数。你看到镜子里自己的形象会感到高兴吗？这个问题的答案至少部分取决于你的年龄，当然，这还取决于你对自己镜中形象的期望有多高。你是不是应该跳槽去做一份更能实现自我价值的工作？如果不知道你的年龄的话，我们很难回答这个问题。上面的这些问题直指你的身份核心，也与你的日常经验息息相关，但是如果无法先回答“你几岁了”这个问题，我们就无法继续回答更加重要的问题，以及许多我们没有列出的其他问题。在我们的文化体系中，“你几岁了”是一个极其重要的问题，这个问题对人类有着巨大的意义是毋庸置疑的。

然而，高度重视年龄问题的我们恐怕很难想到，在某些文化中，“你几岁了”这个问题对那里的人们没有任何意义。那些文化中的人们无法对地球绕太阳运转的次数进行计量，因为他们根本就没有对地球公转进行精确度量的工具。换句话说，这些文化中没有数字的概念。比如，亚马孙流域有一群名为蒙杜鲁库的原住民部落，在他们的语言中，就没有任何词语能精确表达“2”以上的数字。同样生活在亚马孙流域的毗拉哈原始部落则更是完全不用语言表达任何数字，在他们的语言中连“1”都不存在。因此，说蒙杜鲁库语或毗拉哈语的人要怎么回答“你几岁了”这个问题呢？世界上的大多数人都会提出许多以数字为基础的问题，这些问题涉及很多人类生活的基本方面，比如“你的工资是多少”“你有多高”“你的体重是多少”。但是，说蒙杜鲁库语或毗拉哈语的人要怎么回答这些问题呢？在没有数字的世界中，上述这些问题是毫无用处的——人们既无法提出这些问题，也不可能回答这些问题。在没有数字的文化中，上述这些问题以及这些问题的可能答案都完全不可能形成，至少不可能精确地形成。但是，请不要忘记，在人类的大部分历史中，所有文化都没有数字的概念。数字——对数量概念的语言表示和符号表示——从根本上改变了人类的生存情况。在本书中，我将详细讨论这场“数字革命”的影响。事实上，这场变革发生的时间远没有我们想象的那么遥远。本书将重点讲述数字“语言”对人类的影响，但我们同时也会讨论用于书写的数字“符号”的作用。在术语的使用方面，为了简明清晰，大多数时候我会用“数字”一词代指数字语言，而将书面的数字称为数字符号。当提到用数字表示的抽象数量时，我会直接使用 1、2、3、4 等阿拉伯数字符号。

在过去十年中，考古学家、语言学家、心理学家，以及其他各领域的学者们对数字和数字符号进行了一系列研究。从这些研究的结果来看，一个关于数字的崭新故事逐渐浮现出来，而这个故事正是本书讲述的重点。简单来说，本书的核心内容是：和我们之前的猜测不同，数字及数字的概念对人类而言并非与生俱来，也不是人类自然而然一定会掌握的。虽然“一系列物体”和“数量”的概念也许是独立于我们的心理体验而客观存在的，但“数字”的概念却是由人类的意识产生的。数字的发明是人类认知领域的一项伟大的创新，这一创新永久地改变了我们看待和区分数量的方式。对我们中的很多人而言，上述提法也许与我们的直觉背道而驰，这是因为我们终生都生活在数字之中。从婴儿时期开始，数字的概念就通过父母的温言软语进入了我们的心理体验。数字和语言一样，是我们人类在符号方面的关键性创新，二者也是高度关联的。事实上，和语言一样，在不同的人类文化中，数字的创造和设定并不完全相同。然而，数字和语言的不同之处在于，地球上的所有人类都拥有语言，但在某些文化和族群中，是不存在数字的。对于世界上的大部分人（但不是所有人）而言，数字概念的存在影响着他们对每日生活体验的解读方式，这种影响是深刻而不可磨灭的。这种深刻而不可磨灭的影响正是本书的核心。在阅读本书的过程中，你将发现数字是人类历史进程中最重要的发明之一，数字的概念就像一块神奇的打火石，点燃了人类历史的时间线。

这个关于数字的故事包含许多不同的元素，在本章稍后的篇幅中，我将给出一幅贯穿始末的路线图，沿着这条路线前进，就能把这些元素有机地联系起来，最终抵达我们的目的地：一个关于数字的全新结论。然而，在我们具体讨论这些元素之前，我将先通过一些例子来解释数字是如何从根本上重塑人类的经验的。要说清楚这个问题，也许最好的方式是更深入地探究我们对时间流逝的感知方式。在前文中我已经提到，如果没有数字概念的存在，你显然无法判断出自你出生以来，地球绕行太阳的圈数究竟是多少。然而，也许你会对此提出反对意见，你可能会说，即使在没有数字概念的情况下，你仍然可以对自己的年龄有一定程度的模糊概念。比如，你可能知道你的出生日期早于你的妹妹，而晚于你的哥哥，因此你便可以判断，你比自己妹妹的年龄大，而比自己哥哥的年龄小。此外，即便数字概念并不存在，你仍然可以观察到四季的更迭，并且注意到自己经历了许多个四季更迭的周期，因此你至少可以模糊地知道自己活了很久了。你甚至还可能据此判断出，你比同时期的人多活或者少活了几年。然而，在本书第5章关于不识数的部落居民的讨论中，我们将会看到，如果不掌握数字的概念，对于年龄的认识将相当模糊。事实上，如果我们不再用数年份的方式来计算时间的流逝，而是从更加基本的层面上考虑人类对时间流逝的感知，那么数字概念在我们对时间的认知中所发挥的巨大作用将变得更加突出。

为了从这个新的角度来看待时间流逝的问题，我们首先需要稍微偏离叙述的主题，审视一下我们对时间概念的基本理解。从很多方面来看，时间是一个非常难以理解和消化的概念，因为从本质上来说，时间是一种非常抽象的概念。所谓"察觉时间的流逝"或者"感知时间"，这样的表达到底是什么意思呢？事实上，这个问题的答案取决于你询问的对象是谁，取决于你来自怎样的文化环境，以及你说的是什么样的语言。近期的一些研究显示，在不同的文化和族群中，人们感知时间的方式存在着相当大的差异。在接下来的篇幅中，我将具体讨论不同文化间的差异，然后，我将提出自己的论点：在这些关于时间体验的文化差异背后，数字扮演着极其重要的塑造性角色。

我们经常会谈到时间的"流逝"。事实上，在上文中，我就用到了这样的词句，我相信你一点儿也不会觉得这样的用语有什么不寻常之处。此外，我们还会说时间流动得“很慢”或者“很快”，但显然这些句子只是比喻用法。时间不会真的“流动”，我们也不会在时间中移动或穿行。人类认知方面的科学家早就发现，通过比喻的手法，用一些具体概念（比如物体在空间中的移动）来描述我们生活中的抽象概念（比如时间），是人类的一种普遍的思维习惯。在我们的语言中，大量存在这种比喻性用法：比如时间的“流动”，或者“经过”了一段困难的时期（这种说法和前一种恰恰相反，是行为主体主动在时间中流动，而非时间主动进行流动），或者一段困难时期就在我们“面前”，或者无法“回到”过去。再比如，我们会说，人们应该选择一条正确的职业“路径”，或者说在人生的“道路”上要慎重选择等。在英语以及许多其他语言中，人们经常用空间上的移动来描述时间，关于这类用法的例子简直数不胜数。在上述比喻性用法中，最为突出的意象之一是：未来在我们“面前”，随着时间的流逝，我们将进入我们“眼前”的未来。然而，在艾马拉语以及其他一些语言中，情况却并非如此。对于使用艾马拉语或者一些其他语言的人们来说，未来并不在人们的“面前”。事实上，在艾马拉语中，未来处于人们的“身后”，过去反而处于人们的“面前”。这种比喻的用法在艾马拉语言中十分常见，不仅许多关于时间的说法都体现了这一意象，而且熟练使用艾马拉语言的人在谈论过去和未来事件时所做的手势也充分证明，他们认为未来在人们的身后，而过去在人们的眼前。（事实上，这种对我们而言十分奇怪的比喻方法反而能够更加直接地体现人类对时间的体验，因为我们已经看见了过去发生的事情，却看不见未来即将发生什么。）从这个例子中我们不难看出，某些文化中人们感知时间流逝的方式与我们描述和感知时间的方式是完全相反的。[1]

利用空间概念类比时间的方式是因文化族群而异的——我还可以

从另一个角度来进一步证明这个结论。除了上文中所提到的从前到后的描述方式以外，我们还常常用另一种比喻的方式来描述时间，即认为时间在一条从左至右的可度量的轴线上移动。在我们的文化以及其他许多文化中，这种描述的例子简直多得数不清：比如我们日常使用的日历、Netflix（网飞）网站或者 YouTube（视频）网站上视频的进度条、历史书中画出的时间线等。有大量坚实的实验证据可以证实，这种从左到右的轴线是我们在感知时间时常用的一种符号性工具。比如，在一项实验中，研究者向美国人展示了一组图片，这些图片描述的是某一事件不同阶段的情况（比如，把一根香蕉剥皮吃掉的过程中的不同图片）。研究者要求实验对象把这些图片按其所描述阶段的先后顺序进行排序，从第一个阶段开始，到最后一个阶段为止。这些实验对象通常会把图片从左到右排成一行，在这一行中，图片的位置越靠近实验对象身体的左侧，就表示这张图片所展示的阶段发生的时间越早。然而，如果参加这项实验的对象不是美国人，而是一些来自其他文化的人，这种排序方式就可能发生根本性的变化。最近，语言学家艾丽斯·加比（Alice Gaby）和心理学家莱拉·博格迪特斯基（Lera Boroditsky）发现，在约克角半岛上的原住民部落中，人们既不是从左到右排列这些图片的，也不是从右到左排列这些图片的（某些文化中的人们会从右到左排列这些图片）。他们会根据太阳的运行轨道来排列这些图片，时间较早的图片被放在东侧，而时间较晚的图片被放在西侧。这种排列方向是客观的，与实验对象当时脸的朝向无关。[2]

这些实验的发现向我们展示了一个重要事实：我们思考时间的方式在很大程度上取决于我们的文化习惯和语言习惯。在我们的生活中，时间是一个基础而重要的方面。而在我们认识和理解时间的过程中，数字显然发挥了重要的作用——我们已经清楚地看到，数字对我们如何理解时间的“流动”有着显著影响。不管我们认为时间是在我们的面前经过，还是沿着一条轴线移动，这种时间的“流动”都是可以分割并且计数的。关于这一点，我们不妨再举网络视频进度条的例子。在视频的进度条上，我们用一个小图标来表示视频目前正在播放的节点，用数字（表现为分与秒的读数）来跟踪记录这个节点。事实上，当我们用空间化的符号来表示时间的时候，数字这一工具是无处不在的，比如我们使用的从左向右读的日历，以及我们日常生活中常见的“时间线”。毋庸置疑，这种以数字为中心、将时间概念化的方法主宰了我们生活的各个方面。

现在是几点钟？对我来说，当我写下这行字的时候，当前的时间是美国东部时间上午 10 点 46 分。因为现在是早上 10 点 46 分，我身处办公室中，坐在书桌前，而不是待在家里或者其他什么地方。但是，10 点 46 分这个时间究竟意味着什么？我当然可以说，10 点 46 分意味着距离午夜已经过去了 10 个小时又 46 分钟。这个答案当然没有错，但这不过是换种说法把上述表达又重复了一遍而已。究竟什么是小时？什么是分钟？事实上，小时和分钟的概念是不可能脱离我们的心理和数字经验而存在的。小时和分钟的概念只不过是人类任意选取的一种将我们的存在数量化的工具而已。通过使用这种工具，我们得以把抽象的时间分割成不相干的单元。小时和分钟这两个概念的存在说明，在人类历史上的某一点，我们选择将时间数量化，并用数字来表示我们经验中的具体时刻。也许，时间是真实存在的；也许，时间的存在独立于人类自身的经验。但是，小时、分钟、秒钟这些概念却仅仅存在于人类的意识中，人们通过这些概念与世界产生联系。这就意味着，上述这种联系本身取决于具体的语言和文化传统。事实上，小时、分、秒这些时间单位是某种古代数字系统的残留物。这些单位只是一些已经消失的文明所留下的语言化的遗迹而已。

让我们来考虑这样一个问题：我们都知道，人类把地球自转一周的时间（即一天）划分为 24 个小时。然而，为什么要把每天划分为 24 个小时呢？这种划分在天文学上是毫无依据的，毕竟，从理论上来说，我们可以把一天随意分割为任意多个小时。然而，我们的计时系统在产生的过程中很大程度上受到古埃及传统的影响。古埃及人早在 3 000 多年前就发明了日晷，而这种日晷恰巧将一天中白昼的时间分成 12 等份。这种 12 等分的设定并没有特殊的客观依据，只是古埃及人的个体选择而已，他们通过这种方法把每天白天的时间以一种与他们的文化相适应的方式进行分割，具体来说，时间是以影子在日晷上的移动来度量的。在这种 12 等分的设定下，每天从日出到日落的时间恰好可以被分成 10 等份，这就与古埃及人（以及我们现在）所使用的十进制数字系统非常自然地结合在一起了。在此基础上，日晷的发明者又为每天的黎明和黄昏分别加上了一个单位的时间，在这两个单位的时间中，天空并不是黑暗的，但地平线上又看不到太阳。正是因为古埃及人选择用这种简单的方式来分割每天白昼的时间，所以我们所用的时间计量系统便划分成 12 等份，我们对每天的分割看起来也似乎是十二进制的。在本书的第 3 章中我将会讲到，在世界上的各种数字系统中，存在着各种各样的进制，十二进制系统是相当常见的（对于很多熟悉十进制的人来说，这样的现象在一定程度上非常令人迷惑）。然而，由于古埃及计时者的个体选择，我们关于时间的语言和思维方式在很大程度上是基于一种类似十二进制的系统。在我们的生活中，这个十二进制计时系统的位置根深蒂固，使得我们以某些特定的方式看待我们每天的生活。和白天一样，每一天的夜晚也被划分为 12 个小时，这同样来自古埃及人的传统，这一传统间接地促成了现在我们每个人都异常熟悉的 24 个小时的昼夜循环系统。这个 24 个小时的昼夜循环系统在希腊化时代由希腊天文学家首次正式汇编并记录下来。当然，在精确的机械计时装置被发明出来之前，人们无法真的让每个小时的时段拥有完全一样的时间长度。（时间计量方面的关键性发明——摆钟直到 17 世纪中叶才出现。）因此，我们可以看出，从本质上来说，小时概念的存在只是一种历史的偶然。假如古埃及人发明日晷时选择将每天白天的时间划分为 10 等份而非 12 等份，那么我们今天的计时系统就会将白天和夜晚的时间分别划分为 10 个时间单位，也就是说地球自转一周的时间将被划分为 20 个小时。[3] 事实上，在法国大革命结束以后，法国政府确实推行过基于十进制的计时系统，然而由于小时和分钟的文化传统过于深入人心，这套十进制计时系统并没有能够真正流行起来。事实似乎表明，在一个国家中，推翻君主制度或者将大量市民送上断头台都比推行新的时间单位要容易得多。

与小时的概念一样，分钟和秒钟的概念也产生于我们在很久之前做出的一些文化和语言上的选择，而这些选择也是相当偶然的。分钟和秒钟的概念源自古巴比伦人所使用的六十进制系统，而在古巴比伦人之前，苏美尔人也同样使用六十进制系统。从现存的证据来看，苏美尔文明和古巴比伦文明似乎最先将六十进制系统用于天文计算，而它们究竟为什么选择六十进制系统，这个问题的答案目前尚不清楚。有些人认为，六十进制系统之所以能在美索不达米亚地区流行起来，是因为 60 这个数字不仅能够很方便地被 1~6 之间的所有整数整除，同时还能够被 10、12、15、20 以及 30 整除。而另一些人则认为，六十进制系统的产生是因为人的每只手有 5 根手指，而每只手上除了大拇指以外的 4 个手指上共有 12 个关节，因此，如果用一只手的 5 根手指去数另一只手上的这 12 个关节，就会正好得到 60 这个数字（$5 \times 12=60$）。

但不管怎么说，六十进制系统并不是一种常见的系统。在整个人类的语言史上，六十进制系统只发展过几次。然而，因为古巴比伦人选择使用六十进制计时系统，分钟和秒钟的概念便一直流传到今天：如果你用1个小时除以60，便会得到1分钟；如果你用1分钟除以60，便会得到1秒钟。今天，人们已经能够用一些独立的计量标准来定义秒钟的概念，比如，我们可以用铯原子发生给定次数的能量跃迁所用的时长来定义一秒钟——这一概念也是原子钟的基础。然而，我们之所以选择这样的计量方式，仅仅是因为这样的计量方式能够最近似地模拟出传统定义中一秒钟的长度，而传统定义中一秒钟的长度仅仅是一种古代数字系统的副产品而已。这种“秒”单位的设定虽然能够有效地帮助我们度量时间，但显然不是最方便的时间计量单位。

现在，让我们来总结一下上面的这些内容：人类理解时间的方式是将时间概念用比喻的方法投射到物理空间上。然而，最关键的一点是，这种以空间为基础的理解时间的方式把时间数量化了，而这种数量化的方式则完全依赖于数字概念的存在。具体地说，这种数量化的方式取决于古代某些文明（如古巴比伦文明）采用的数字系统。我们之所以用现在的方式来看待和思考时间（即认为时间是由离散的、量化的时间单位——如小时、分以及秒等——组成），完全是由某些古代语言和古代文明的特点所决定的。这些文明和语言特点的残留碎片仍存在于我们的现代生活中。今天，我们如何安排每天的日常生活仍然受到这些文化和语言残留碎片的影响。因此，一些古代的奇怪的数字系统仍然在决定着我们感知时间的方式，而感知时间的方式是人类生活中的一个抽象却极为本质的部分。毕竟，我们的生命是由小时、分以及秒所组成的。然而，真实的时间却不是由小时、分以及秒所组成的，真实的时间并不以任何离散的时间单位为基础。因此，将时间分割为量化的时间单位完全是一种人类意识的虚构产物。[4]

在上文中，我们讨论了数字在塑造我们对时间的理解方式时所扮演的极为重要的角色。通过这样的讨论，我们可以看出，数字以及不同数字系统之间的差异会对人类的认知和行为产生极大的影响。然而，在本书接下来的篇幅中，我们将会继续看到，数字的发明不仅影响着人类认识时间的方式，而且还通过其他许多同样深刻的途径，在宏观上影响着人类的生活和故事。然而，在具体讨论这些途径之前，我认为有必要先介绍一些人类的基本背景知识。这些关于人类的背景知识与本书想要讲述的数字的故事紧密相关，而且是理解这些故事的关键所在。

—— 年轻的智人 ——

在讨论人类——智人（*Homo sapiens*）的起源时，我们度量时间流逝的能力恰好成了一种非常方便有用的工具。有了数字这一工具，我们便能清楚地描述出人类究竟有多么年轻：宇宙的年龄大约是 138 亿年，地球的年龄大约是 45 亿年，而真核生物的年龄大约是 30 亿年。灵长目动物大约产生于 6 500 万年之前。目前的化石证据显示，包括人类祖先在内的人科动物存在的时间仅有上述时间的 1/10 左右。现代人类究竟于何时首次出现？关于这个具体的时间点目前仍存在很大的争议，但可以确定的是，我们至少已经存在了 100 000 年。如果我们现在接受 100 000 年这个数字，那么这就意味着人类的年龄只有宇宙年龄的十三万分之一。人类的这一特点常常被我们忽视：事实上，人类实在是一种非常年轻的物种。然而，尽管我们的物种非常年轻，我们在这个星球上只存在了极为短暂的时间，但从很多方面来看，我们人类确实已经重塑了整个地球，尤其在最近的几千年中更是如此。为什么会发生这样的变化？这样的变化是如何发生的？在接下来的内容中我们将了解到，数字在人类改造世界的过程中扮演了极为重要的角色。[5]

大量数据显示，智人及其祖先起源于非洲。许多现代人类的关键生理特点也是在非洲首次出现的。比如，首次清晰地展现出双足行走特点的生物是南方古猿——3 700 万年前，南方古猿所留下的足印在坦桑尼亚利特里考古遗址的火山灰中清晰可见。直立人（*Homo erectus*，存在于约 1 800 万年前）和海德堡人（*Homo heidelbergensis*，存在于 50 万年前甚至更早）不仅能够双足行走，而且脑容量更大，这些物种的存在范围超过了非洲大陆，然而物质上的证据并不能表明他们已经像智人一样在认知能力上有了大幅度的提升。这些情况说明了一个重要的事实：在现代人类登场之前很久，人类的祖先早已经拥有了容量较大的脑（当然，他们的脑没有现代人类那么大）。然而，如果我们把人类的祖先与其他类人猿进行对比，就会发现人类祖先在行为上的领先幅度远没有脑容量上的领先幅度那么大。在行为水平方面，人类祖先与现代人类以及尼安德特人相去甚远。尼安德特人是一种生活在约 500 000 年前的欧洲的物种，他们与现代人类是姐妹种（sister species），现代人类登陆欧洲加速了尼安德特人的灭绝[6]。

因此，我们有一定理由相信，在人类的进化过程中，发生过一次距今相当近的巨大变化。当然，几百万年以来，人类一直在不断地进化，这些进化的过程塑造了现代人类的生理特点。然而，在这几百万年中的大部分时间中，我们祖先的生活相当艰难，寿命也很短，并且常常是大型非洲动物的捕食对象。我们的祖先并非像今天的我们一般能在与其他物种的竞争中占据绝对优势。最近，我与一位人类学同行进行了一次交谈，这位同行是一位古人类学家，主要致力于研究非洲各种古人类化石。这位古人类学家告诉我，他所研究的这些古人类化石最令人震撼的特点之一是他们生前曾遭遇过的暴力。许多化石明显表现出骨折或其他骨骼损伤的痕迹，捕食者和食腐动物的牙印也非常常见。在狮子等捕食者的巢穴中发现古人类化石是常有的事情，而且我们发现的大部分古人类化石都是儿童和青年人的化石。这些证据向我们展示了人类祖先的悲惨生活：他们寿命很短，生活相当艰辛，在与捕食者的竞争中苦苦挣扎。

人类祖先的生活之所以如此悲惨，很可能是他们在认知能力的进化上停滞不前所导致的。从化石证据中我们可以发现，在几百万年的时间中，人类祖先在物质发明方面的进步十分缓慢。比如，人类祖先的工具之一是可以手持的石制斧头，考古学家将这种斧头称为“阿舍利手斧”。阿舍利手斧最早由能人（*Homo habilis*）于约 1 750 000 年前发明。这种斧头便于携带并且极为实用，是我们祖先赖以生存的重要工具之一。但是，与投矛器、弓、箭等工具相比，石斧显然过于简陋。然而，由于某些原因，史前人类居然在长达 150 万年的时间中，几乎仅仅依靠石斧这样一种简陋的工具生存。人类的祖先能双足直立行走、有较大的脑容量，还掌握了简易的工具，从这些条件来看，他们随时有条件进化为现代人类。然而，在数十万年的漫长时间中，这一飞跃却一直没能发生。直到距今相当近的某一个时刻，一个新的火花终于促成了这一飞跃。

在旧石器时代的大部分时间（旧石器时代始于约 2 500 000 年前，结束于约 10 000 年前）里，我们的祖先为了生存与环境进行着艰难的斗争。随后，情况突然急剧好转。在过去 200 000 年中的某一时间点上（从考古学的证据上来看，这一时间点最可能发生在约 100 000 年前），我们祖先的思维能力似乎突然有了一个巨大的提升。许多考古证据都表明了这种巨大的思维能力的提升，比如在南非的布隆伯斯洞穴中，考古学家发现了经过打磨的复杂而精巧的骨制工具。同一洞穴中发现的其他人工制品以及其他考古遗址中发现的人工制品，同样佐证了这种巨大的思维能力的提升，关于这些具体的证据，我们将在本书的第10 章中进行更为详细的讨论。在这些工具发明后不久，人类便大规模地离开了非洲大陆。对目前存活的人类进行的基因分析显示，非洲以外地区的现代人类是一小群智人的后代，他们的祖先迁出非洲的最合理路线是经由曼德海峡穿过红海。[7]

对于当时的人类而言，他们未来的命运是非常不确定的。因为那时的人类生活非常困难，他们随时面临着彻底灭绝的真实威胁。鉴于此，我们完全有理由认为，接下来发生的事情是空前壮观的。其他的灵长目动物都是由于偶然的机缘而非主动地离开了非洲大陆，而且它们中的大部分最终都定居在其他热带生态环境中。我们的祖先却是主动展开了一系列有意识的探索活动，并且这场大探险一直持续到今天。一场全世界范围内的大巡游持续了数万年的时间，直到人类在 14 000 年前到达南美洲南端才宣告结束。在这一过程中，人类逐渐适应了地球上的几乎所有环境。从西伯利亚的冻原，到塔斯马尼亚的灌木丛，再到阿塔卡马沙漠，以及这些地带之间几乎所有的生物圈，不管在多么恶劣的环境中，人类都在与其他物种的竞争中获胜。考古学证据充分证明了人类在竞争中的巨大优势。这其中的秘诀非常简单，那就是人类已经适应了环境。显然，如果没有语言和文化，人类绝不可能发展出如此强大的适应能力，而语言和文化正是人类这一物种区别于其他所有物种的最显著的特点。[8]

关于语言和文化的起源，目前仍存在相当大的争议。然而，许多人类学家的工作显示，在很大程度上，是人类对团体合作依赖性的增强促成了人类语言和文化的产生。这种对团体合作的依赖表现于两个方面：第一，为了和其他物种竞争，人类不得不依赖于团体合作的力量；第二，某一特定族群的人类为了与其他族群的人类竞争，就必须依赖于更加先进的团队合作模式。从基因和生理方面来看，与其他物种相比，人类并不具有发展语言的特殊优势，然而人类却具有主动与其他人类成员进行合作的基因特点——显然，这一事实也支持了我们的上述论断。人类的婴儿并不具有其他猿类动物所具有的某些高级思维功能，但人类的婴儿却能够十分敏锐地察觉出与其他人类成员进行合作的机会。从猿类使用的以手势为基础的基本交流系统，到人类采用的以语言为基础的稳定交流系统，这两者之间的转换是一个巨大的飞跃，我们有理由相信，人类基因中的合作精神至少是促成这一飞跃的一个重要原因。换句话说，我们之所以能够成为拥有语言的高级物种，并非因为我们在生理上先天拥有某些特殊的语言技巧，而是因为我们能够通过合作和集体化来共享我们的认知能力，这些认知能力事实上在许多其他集体化程度较低的猿类身上也同样存在。这种迈向群体合作的转变在人类的认知生活领域扮演了极为重要的角色，这一转变促成了人类在交流方面的飞跃，并最终将我们塑造为独一无二的智人。因为人类对合作的重视和需求，我们开始关注其他人类成员的想法和意图，如果没有这些因素的存在，语言的产生将是不可能的。不管人类语言产生的根源究竟是什么，不可否认的是，语言的产生重塑了整个人类的经验，使得离开非洲大陆之前和之后的人类在与其他物种的竞争中拥有了巨大的优势。[9]

语言塑造人类的思维方式，甚至对某些非语言思维起到了辅助的作用。更加有利的是，语言使得一些新的合作形式成为可能，一旦人类发现了解决某些生态挑战的方案，便可以通过语言让这种智慧在代际中传播。语言是思想传播的导线，当人类进入新的环境时，他们必然会面临一系列新的问题，有了语言这种认知工具，人们便可以把针对这些问题的解决方案记录下来并传播给其他人类成员。有了语言这一重要的发明，人类可以获知其他人类成员的想法，并且毫不费力地把这些想法进一步传播出去，而不用再针对同样的问题不断地寻求解决方案。在本书的前言中，我曾提到一种代际关系的“文化棘轮”现象，如果没有语言这一工具，这种“文化棘轮”现象显然也是不可能存在的。即使在现代世界的城市环境中，人类也一直能对周遭的环境保持充分适应的状态，这是因为自婴儿时代开始，其他人类成员的思想和智慧就通过语言的渠道源源不断地传输到我们这里。语言和其他符号文化形式的存在使我们能够轻松地存储和获得各种各样的概念，这其中包括一些对我们的个体生存和文化存续而言必不可少的基本概念。[10]

人类的语言究竟是怎样产生并发展起来的？对这个问题我们并没有明确的答案，也许相关信息已经消失在了时间的海洋之中，也许问题的答案就存在于浩如烟海的考古证据之中，只是我们尚未能够成功地解读出来而已。然而，不管怎么说，语言的产生对人类发展所起到的重要性是不可否认的。显然，语言和其他符号表示工具曾经是，也仍然是人类手中最为锐利且实用的工具，它们甚至很可能是整个人类历史上最伟大的一系列工具。数字是这组语言符号工具的一个子集。在人类离开非洲大陆以后，数字作为一种认知工具，在人类行为的塑造方面起到了清晰而重要的作用，这种塑造性的影响甚至有可能在人类离开非洲大陆之前便已经开始了。有了语言工具这一子集，人类得以采用全新的方式来观察和处理数量。正如前文已经讨论过的那样，数字还使得人类能够以全新的方式来感知和理解时间这一抽象概念。

在本书接下来的篇幅中，我们还将看到，这些数字工具还促成了农业和书写方面的飞跃，并间接促成了这两大发明所衍生出来的各种高级技术。从各种方面来看，数字工具的发明都使得人类的概念认知经验和行为经验发生了永久性的改变。

—— 自然中的数量和人类意识中的数字 ——

在很多情况下，语言的功能是为已经存在的事物或思想贴上相应的标签，令我们能够清晰地指代它们。比如，“熊猫”一词指代的是哺乳动物中的一个特定的物种。不管人类是否发明了“熊猫”这个词语或标签，熊猫这个物种都是客观存在的。然而，在另一些情况下，语言所指代的概念在这个词语被发明之前并不存在，比如颜色。在人类的生活中，我们经常会接触到光谱的可见光部分，可见光部分是一系列电磁波谱系中的一个很小的部分。可见光的光谱是连续的，并非离散的物理分割。因此，在可见光的光谱上并不存在一个清晰明确的点把蓝色和绿色分隔开来。正是出于这样的原因，在许多语言中没有“蓝色”和“绿色”这样的词语，而是将“蓝绿色”作为一个颜色分类。然而，在英语和许多其他语言中，人们却认为“蓝色”和“绿色”是两种不同的颜色。通过发明“蓝色”和“绿色”这两个词语，人们可以让蓝色和绿色之间的界限变得更为清晰。人们使用语言描述光谱的不同部分，这些部分客观上只存在较为模糊的区别，不存在绝对的分界线，而随着语言的产生，这些颜色之间的界限才逐渐变得更加清晰。说某些其他语言的人群划分颜色光谱的方式与说英语的人群区别很大。比如，新几内亚的伯润莫人认为英语的“绿色”一词实际包含了两种不同的颜色，他们将这两种颜色分别称为“wol”和“nor”。这种语言上的差异使得不同语言的使用者在颜色的感知和确认方面存在一些区别，这些区别虽然相当细微，但却是真实存在的。简而言之，描述颜色的语言和词语不仅指代了一些客观存在、被整个人类物种认可的颜色概念，还创造出了一些边界更为严格且精确的颜色概念[11]。

描述颜色的语言和词语使我们能够更好地区分光谱的某些部分，并帮助我们将这些概念固化。同样，数字语言和数字符号在我们的意识中创造了某种特殊的数量概念。事实证明，如果没有数字工具的存在，人类根本无法“看见”大部分数量之间的区别。如果没有数字工具，人类看待自然环境中数量的方式与其他大部分物种相比并不会有本质上的区别。如果我们不曾发明数字工具，且成功地适应这套工具，我们便不可能在我们周围数量的海洋中像现在这样有意识、有方向地自由航行。

“数字是人类的一项发明”，这种说法听起来也许有些奇怪。毕竟有些人可能会说，不管人们是否存在过，自然界中都会存在某些可以预测的“数字”，比如章鱼有 8 条腿，一年有 4 个季节，一个月运周期有 29 天等。严格说来，上述这些并不能被称为“数字”，它们只是一些自然产生的“数量”。数量以及数量之间的对应关系也许是独立于人类的心理经验而客观存在的。章鱼永远有特定数量的腿，即使人类没有能力发现并掌握这一规律，这一客观事实也不会因此而改变。然而，“数字”是我们用来区分数量的语言工具和其他符号表示工具。[12] 正像颜色词语的发明使我们对可见光谱的相邻部分之间产生了心理上的界限一样，数字令我们对不同的数量之间产生了概念上的界限。虽然这些数量方面的区别在物理世界中是客观存在，然而如果没有数字工具的帮助，人类的思维和意识几乎不可能感知到这些数量方面的区别。

我们常常认为，数字语言仅仅是用来方便地指代数量概念的，而这些数量概念要么是人类天生掌握的，要么是人类在生物进化的过程中自然习得的。事实上，一些近期研究显示，数字并不仅仅是一些用于指代的标签。语言学家和数字专家海克·维泽（Heike Wiese）很有眼光地指出："语言向我们提供了数字的范例，我们把这些指代数量的词语当作数字来使用，数字语言绝不仅是我们用来表示数字和思考数字的一些名称和标签而已。"[13] 如果数字工具不存在，很多具体的数量在我们的意识中是根本不存在的。这种说法可能会令许多人感到吃惊，然而却有着大量的事实证据支持。相反地，认为"数字工具仅仅是一些指代事先已经存在的概念的标签"的看法则是缺乏实证的。事实证明，与许多其他动物一样，如果没有数字工具的辅助，人类无法精确并系统化地理解 3 以上的数量。如果一个人不识数，那么对于 3 个以上物品的数量，他就只能做出模糊的猜测。近些年来，包括我在内的许多学者对不识数的民族进行了一些实验研究，这些实验的结果充分支持了上述的论断。此外，针对婴儿及其他尚不识数的人类儿童进行的研究也同样支持上述论断。我将在本书的第二部分对这些研究结果进行更为详细的讨论。我们将会看到，无法准确地区分数量之间的区别是人类先天具有的一种障碍，只有数字这一工具才能帮助我们战胜这一障碍。

然而，我们必须承认，上述观点产生了一个悖论：如果在没有数字工具帮助的情况下，人类无法对数量概念进行精确的思考，那我们又是怎么发明出数字这种工具的呢？为了回答这一问题，首先我想要指出，从某些方面来看，这个悖论事实上适用于人类的每一项发明。要想完成任何一项发明，人类必须首先意识到某种他们通常无法自然意识到的概念。人类所完成的种种发明并不是事先就融入人类的基因之中的，而是因为一系列灵感的迸发才得以发生的，而这些灵感中的每一步通常都相当简单。我们并非天生便能够自然而然地想象出支点、螺丝、轮子、榔头以及其他基本的机械工具。然而通过一系列各式各样的实现过程，我们却成功地发明出了以上所有的工具。让我们以轮子来作为例子。轮子是一种简单而实用的工具，对于现代的人类而言，我们几乎无法想象人类竟然可能无法发明出轮子，毕竟在周围的自然环境中我们可以观察到各种各样能够滚动的物体。然而，事实上，轮子和轮轴一样，直到相当近的时间点才被人类发明出来，此前的大部分文明都生活在没有轮子的世界中（类似印加文明）。因此我们有理由相信，虽然轮子这种工具看起来十分简单，要在概念上理解这种机械工具也相当容易，但人类并非天生就有轮子的概念。同样，一旦我们学习过数字，就会发现代表数字 7 的语言工具“七”的存在看起来似乎再自然不过了，然而事实上许多人对“七”所代表的数量 7 却并没有那么熟悉。当一个没有见过轮子的人看到一个真的轮子放在他面前时，他们便可以很快地理解轮子的用途；同样，一旦人们学会了“七”这个表达方式，他们便能够很快地理解它所代表的概念，从而掌握 7 这个具体的数量。因此，不仅复杂的数学计算需要数字语言的辅助，事实上，如果没有数字语言的辅助，人类根本无法区分和认知 3 以上的数量（我将在本书的第二部分中进一步讨论支持该结论的实验证据）。

然而，有的读者也许已经注意到，上述解释并不能完全解答上一段中提出的悖论。换句话说，我们可以提出这样一个问题：如果数字工具的辅助是人类认知和理解精确数量的过程中不可或缺的一环，那么没有数字工具辅助的个人究竟是如何想到可以用词语来代表数量的呢？我将在本书的第三部分中详细地回答这个问题，但是在这里，我可以先给出一个相对简单的解释。我们不妨这样考虑：在人类历史中的某个时间点上，显然有一些人类成员清楚地意识到，某些已经存在的词语的意思可以延伸开来，于是这些已经存在的词语能够指代 3 以外的某个确定的数量。（比如，有些人意识到，“手”不仅可以表示人的一个身体部分，还可以用来指代数量 5。）这种简单的灵感正是数字工具发明过程的核心。然而，必须强调的是，人类这一物种并非天生拥有这样的灵感，就像人类不可能天生就知道轮子的概念，也不可能天生就知道钢铁制造的船能浮在水上，或者铝制成的飞机可以在天空中飞翔一样。然而，我们可以想象，数字的发明者在某些时刻恰巧产生了这样的灵感，他们意识到可以用表示数字的词语来区分不同的数量，比如区分数量 5 和数量 6。这样的灵感令这些发明者找到了一种新的思考数量的方式，而其他人类成员也开始学习和适应这种新的方式。在这个适应的过程中，数字的概念便在人类社会中传播开来。

人类之所以能够发明数字工具，很大程度上是受到解剖学因素的影响。关于这一点，我将在本书的第 8 章中做更加详细的讨论。人类之所以能够意识到自然界中存在较大的精确数量，并且意识到这些数量能够被指代和表达，是因为这样的数量经常在我们眼前出现。人类的每只手有 5 根手指，这种生理学特点使得我们经常看到 5 个一组的物品。虽然像其他物种一样，从基因角度而言，人类并非先天具有认识到这一数量的能力，然而由于经常看到这样的情景，某些人类成员在某些时刻偶然地意识到了这种对应关系。这样的灵感看起来十分简单而且直接，但仅仅意识到这种生物学上的数量的对应关系并不一定就能导致数字工具的发明。认识到具体数量的存在（即便是每只手有 5 根手指这样的简单数量的存在）只是转瞬即逝的灵感。然而，当“五”这个表达方法被创造出来，并被人类用来积极有效地描述每只手上的手指数量后，数字工具便被发明出来了。数字工具的发明过程是由解剖学因素促成的，这样的论点有大量的语言学数据支持：比如，在世界上的许多语言中，“五”和“手”这种表达之间存在着某种联系。（关于这一点，我将在本书的第3章中进行更加详细的讨论。）

在整个人类的历史上，不同的族群在不同的时刻发明了数字工具。数字工具的功能不仅仅是辅助人类进行数量方面的思考。有了数字工具，人类才能够精确、系统化地区别3以上的数量。在本书接下来的内容中，我们还将对这一假说进一步展开和讨论。然而，就目前而言，我希望以上内容已经能够让读者清晰地了解，为什么我说数字是一种“由人类发明的、革命性的概念工具”。在本书接下来的篇幅中，我将进一步介绍数字工具的发明以及大规模使用数字工具令人类在认知和行为两个方面产生的巨大飞跃，数字工具实质上改变了整个人类的发展方向。数字工具也许是整个语言工具中影响力最大的一种工具，在本书之前的内容中，我讨论了人类近几千年来改变世界的伟大成就，如果没有数字工具的支持，我们显然是不可能取得这些成就的。在本书之后的篇幅中，我将讨论人类近些年来完成的各种创新发明，所有这些创新都离不开数字工具的支持和辅助。如果没有数字这种实用的认知工具，人类的历史上很可能根本就没有农业革命的篇章，而工业革命当然就更加不可能发生了。

—— 本书将带领我们走向哪里——

本书将向读者呈现一系列人类学、语言学以及心理学方面的证据。我不仅会引用关于人类族群的研究数据，还会适当引用关于其他物种的研究数据。所有的证据都指向一个简单而清楚的结论，那就是：数字工具是人类拥有的一项极为基础且重要的工具。数字工具在认知和行为两方面为人类支起了脚手架。正是靠着这套脚手架的辅助，人类才最终建立起了现代文明的大厦。

在本书第一部分接下来的内容中，我们将看到数字工具在整个人类的经验中无处不在。我叙述的重点是考古证据和书面证据中对数量的符号化表示（见第 2 章），此外我还会谈到口语中对数量的符号化表示。我将讨论世界各地语言中表示数字的词语（见第 3 章），以及其他指代数量的语言表达方式（见第 4 章）。这些章节中的数据将向我们展示，在世界上的几乎每一种语言中，数字都是一个关键性的语言成分，甚至在古代的非语言符号系统中，数字也同样占据核心地位。此外，在这些章节中我们还将看到，在数字工具的发明和使用过程中，人类的解剖学和神经生物学特点起到了极为重要的作用。

在本书的第二部分中，我将主要讨论数字在人类发展中起到的巨大作用。我首先会向读者详细介绍一些关于不识数的成人的研究成果（见第 5 章）。然后我会讨论不会说话的儿童对数字的认知（见第 6 章），以及其他物种（主要是与人类亲缘关系较近的物种）的数字能力（见第 7 章）。第二部分中提到的证据主要是人类学家和语言学家近年来在一些偏远环境中取得的研究结果，此外我还会提到其他认知科学领域的学者们在实验室中取得的研究结果。

在本书的第三部分中，我将讨论数字对大部分现代文化的塑造作用。在第 8 章中，我会讨论人类是怎样发明出数字和简单算术的。在第 9 章中，我将谈及数字语言如何改变人类的生存模式。在这部分内容中，我们将看到数字工具如何促成了大量物质和行为科技的创新，而正是这些技术创新让人类的近代史上写满了辉煌的成就。最后，在

第 10 章中，我将讨论数字是如何通过一些重要的途径改变人类的文化的，数字改变人类文化的方式是直接的或者间接的，而数字对人类文化的影响则主要体现于社会和宗教两个方面。

第2章 数字铭刻于我们的过去

距离蒙特阿莱格雷小镇不远，在巴西亚马孙河流域腹地远远高出森林的地方，考古学家们发现了一组壁画。这些壁画被画在山腰的洞穴里以及露出地面的墙壁上，据推测是由此地的原住民艺术家于10 000多年前绘制的。考古学家安娜·罗斯福（Anna Roosevelt）非常详细地记下了这些壁画的细节，这组壁画的发现重塑了人类对美洲成为殖民地之前的历史的认识。在其中一幅壁画中，一些“X”形的标记被画在了网格状的背景中。看起来，这幅壁画更像是一个表格，而不是一件美术作品。尽管这个表格的功能目前尚不清楚，但这些“X”形标记很可能是用来表示数量的——比如天数、满月的数量，或者其他消失于时间长河中的、有价值的周期数量。这幅壁画并不是孤立存在的，它是一种更加宏观的潮流的一部分。在过去几十年的研究中，考古学家发现了大量的证据，这些证据都说明远古人类早已开始关注数量。远古人类不仅关注数量，还通过二维的绘画来描述数量。虽然这些远古人类还没有完全掌握符号化的书写方法，但他们已经懂得在洞穴墙壁上绘制标记，以及在木头或骨头上刻下标记等，并以此来描述数量。这种形式的计数标记是"符号化"的，因为它们代表着另一套东西。但同时这种形式的计数标记尚未能够用一种完全符号化的抽象方式来表示数量，因此它们和真正的数字符号之间仍有差距。真正的数字符号能够用完全符号化的抽象方式来表达数量，比如数字符号 7 可以表示任意 7 件东西，不管这些东西究竟是什么。这种早期的计数标记可以被称为"史前数字"，它们是"类符号化"的标记，是现代书面数字符号的前身。比如，我们可以考虑罗马数字 3 的写法，在罗马数字中，3 写作Ⅲ，这看起来就像是用三根更筹来表达三件物品一样。即便是我们现在使用的阿拉伯数字（阿拉伯数字实际上起源于印度），也明显留有计数标记系统的痕迹。毕竟阿拉伯数字 1 看起来就像一个简单的更筹计数标记。[1]

在距离蒙特阿莱格雷小镇 5 000 千米以外的美国佛罗里达州小盐泉市，迈阿密大学考古系的一些学生近期发现了一小段非常引人注目的驯鹿角。这部分驯鹿角也同样来自约 10 000 年前，图 2–1 就是这件文物的最新照片。从图 2–1 中可以很明显地看出，在这部分驯鹿角的一侧刻有一系列的横条标记。这些横条标记雕刻得非常工整，每个横条约长 5 毫米。此外，横条与横条之间的距离也十分一致，说明这些横条标记是远古人类有意识，并且系统化地雕刻在这段驯鹿角上的。在这些横条标记旁边还有一些较小的蚀刻标记，它们与大的横条标记一一对齐。这些小的附属标记的存在说明这段驯鹿角是用来记录某种东西的进程的，在记录进程的过程中，制作者逐一勾掉了某个数量。（在图 2–1 中，这些附属的蚀刻标记在主要横条标记稍微左边一点儿的地方。）这段驯鹿角的发现虽然非常重要，却并未引起很大的注意，这一发现直到最近才被发表在一本小众的人类学期刊上，而且作者也并未指出这一发现的重大意义。和蒙特阿莱格雷壁画中的表格不同，这段驯鹿角的功能是相对明显的，对于这段驯鹿角上的符号的功能，我们可以提出一些相当说得通的假说。事实上，这段驯鹿角上的符号表明，这件文物可能是目前在新大陆上发现的最早的用来记录日期的人造物品。目前已有若干证据能够支持上述观点[2]。

图 2–1 美国佛罗里达州小盐泉市发现的驯鹿角。通过与背景中人手的对比可以看出这段驯鹿角的大致尺寸

图片来源：作者摄。

小盐泉的水具有这样的特点：距水面深度超过 5 米的地方的水都

是贫氧水（即水中的溶解氧不足）。这段驯鹿角文物是在水深 8 米的地方发现的。驯鹿角切割整齐，长约 8 厘米，重约 50 克。这段驯鹿角于约 10 000 年前被切割，然后就一直处在缺乏溶解氧的水体环境中。在缺氧水中，文物不会像泡在普通水中的文物那样被腐蚀，所以这段驯鹿角保存得极为完好。因此，我们可以相当确定地认为，目前我们能在这段驯鹿角上看到的标记数量和 10 000 年前某位工匠刻下的标记数量是完全一致的。此外，这段驯鹿角被发现时是埋在土里的，埋藏的地点紧靠着一个水下悬崖的边缘。显然，在这段驯鹿角被刻上痕迹的冰川时期，这个悬崖还没有被水淹没，因为那时候佛罗里达州的水位要比今天低得多。那时候，这个悬崖顶端的斜坡是一处狩猎场地，迈阿密大学的海洋考古学家约翰 · 吉福德（John Gifford）、史蒂夫 · 科斯基（Steve Koski）以及他们的学生在那里发现了大量动物化石以及武器。这个团队对他们发现的这些动物化石及武器进行了细致的刻画，并确定了它们的年代。这个团队的研究认为，上文提到的那段有刻痕的驯鹿角应该与这些动物化石及武器处于相同的年代。由于驯鹿角是在狩猎场被发现的，我们有理由假设这段发现的驯鹿角文物的功能与狩猎有关。此外，还有另一项关键性的证据支持驯鹿角的功能与狩猎相关，那就是：在这段驯鹿角残片上刻有 29 道较长的痕迹。这段驯鹿角的其中一块脱离了主体，而在这块脱离主体的小块旁边有一个较小的附属标记，因此考古学家判断：脱离主体的小块上曾经也有一道较长的主要刻痕。在较长的主要刻痕中，中间的一条刻痕并不规则，因此有可能只有 28 道刻痕是制作者有意雕刻上去的。然而，这种可能性又不大，因为这些刻痕之间的间距是非常规则的，这一点在图 2–1 中可以看得非常清楚。

由于小盐泉显然是一个旧石器时代的狩猎场所，因此这段驯鹿角上的标记很可能是用来表示白天或黑夜的数量的。由于某些动物会在满月时改变自己的行为习惯，同时月光的强度也影响着夜间狩猎时的能见度，因此月球的周期性变化对远古时期的狩猎活动具有较大的影响。由此可见，这段驯鹿角上的 29 道刻痕很可能表示了一个月运周期的天数。一个朔望月的平均长度是 29.5 天。此外，这段驯鹿角上还有一个比较微妙的证据也支持“记录日期”说：在驯鹿角一端（图 2–1 中驯鹿角的下端）的最后一道长横线旁边并没有短的附属标记。这说明不管这些长横线记录的是什么，在最后一次记录中，已经没有必要再加上一个小的附属标记了。换句话说，没有必要把最后一条长横线勾掉。如果这段鹿角上的刻痕真的是猎人用来记录月运周期的，那么这就能说得通了，因为最后一条长刻痕代表满月或新月发生的夜晚，当这一夜来临时，显然已经没有必要勾掉那条长横线了，猎人此时已经非常清楚今夜就是满月或新月之夜了。有了这一项证据，再加上这段驯鹿角是在与狩猎有关的场所被发现的，我们就可以推出一个可能性很大且重要的结论：这段驯鹿角是远古时代的猎人用来对一个月中的白天数或夜晚数进行计数和再计数的工具。换句话说，早在 10 000 多年前，在距离今天的迈阿密不远的地方，人们已经开始用直线标记来表示数量了。这种史前的数字符号是刻在一段驯鹿角上的一串计数标记，这段驯鹿角被切割成特制的尺寸，猎人可以舒适地用一只手握住这段驯鹿角，这显然是一件相当方便的工具。从本质上来说，这段驯鹿角实际上相当于一本旧石器时代的口袋日历，由于偶然处于缺氧水的环境中而被完整地保存至今。（我们可以推测，这样的远古口袋日历肯定有许多，只是大部分都没有能够保存下来。）

虽然发现于小盐泉市的这段驯鹿角可能是证明旧石器时代的人类能用工具记录月运周期的最清晰的证据，但在旧石器时代，显然小盐泉的原始人并不是唯一懂得在骨头上雕刻计数标记来记录数量的人。比如，在法国南部的泰窟中，考古学家发现了一小片雕刻过的骨片，这件文物同样来自旧石器时代的后期。在这片肋骨的表面刻有上百道线。一些分析认为这些刻痕的功能和记录日期有关。此外，在法国还出土过另一件远古文物——布兰查德遗址骨片。这件文物约有 28 000 年的历史，表面有圆形和椭圆形的刻痕，这些刻痕很可能是用来描述月球的周期运动的。此外，有证据显示新石器时代的欧洲人已经能用不太完善的计数系统来表示数量了，就像我在上文提到的生活在今天的佛罗里达州的旧石器时代晚期居民一样。支持这一结论的证据是同样出土于法国的瑟里尔遗址鸟骨，这件文物的年龄与布兰查德遗址骨片相近，鸟骨上的痕迹向我们展示了一种简单的计数系统。瑟里尔遗址鸟骨上刻有一些间距比较平均的线条状标记，这与在小盐泉发现的驯鹿角上的痕迹不无相似之处。不过，与在小盐泉发现的驯鹿角不同的是，瑟里尔遗址鸟骨上的刻痕旁边并没有较小的附属标记，刻痕的数目也不是 29（或其他能让我们猜出计数动机的数目）。尽管如此，近期的研究分析仍然显示，瑟里尔遗址鸟骨和上文提到的布兰查德遗址骨片以及泰窟文物一样，能够证明这些物件的制造者已经会有意识地用有形的符号表达数字概念了[3]。

从上述这些证据中我们可以看出，在欧洲、南美洲和北美洲，人们使用二维标记表示数量的历史已经有几千年之久了。我们无法确定这些史前数字符号的使用者是否也同时掌握了表示数字的词语。然而，由于表示数字的词语不仅能辅助人类的数学思维，还能在帮助人类辨认经常出现的数量方面发挥极为重要的作用（参见本书第 5 章的内容），上述这些文物很可能意味着它们的制作者已经能够使用数字语言了。人类使用这些雕刻或者绘制出来的史前数字符号的历史究竟有多长？

这个问题的答案目前尚不清楚，但是这段历史很可能有数万年之长。在本章以及接下来的第3章和第4章中，我将多次强调一个有全球范围内的大量考古数据和语言学数据支持的结论，那就是：人类从很久以前，就开始忙于表达数量了。在各种现代人类语言中，表达数量的词语都占据重要和共通的地位，这说明表达数量的词语在人类的口语历史中扮演了突出的角色。此外，在大量考古证据中，以及在人类书写系统的历史中，我们同样可以看到人类对数字符号的关注。从这些方面来看，数字确实真真切切地铭刻于我们的过去。

在所有关于人类符号系统进化过程的讨论中，重点都会不可避免地回到非洲大陆上，此处的情形也是一样。具体来说，现在我们要将注意力转向刚果的一片不大的区域。1960年，比利时地理学家让·海因策林（Jean de Heinzelin）在这里发现了一段长约15厘米的狒狒腓骨。后续的日期鉴定工作显示，这块伊塞伍德骨（这个名字来自该文物的发现地点：刚果爱德华湖畔的伊塞伍德）至少有20 000年的历史。伊塞伍德骨呈圆柱形，侧面有三列蚀刻痕迹，这些刻痕中的标记显然可以分为若干组。自从伊塞伍德骨被发现以来，关于这些标记的组合形式所具有的重要性，学界一直存在着非常激烈的争论。有些学者认为，这些标记的组合方式意味着制作者使用的是十二进制的数字系统，或者制作者知晓质数的概念，又或者制作者对十进制计数系统具有一定的了解。之所以会存在这么多不同的假说，是因为事实上我们并不了解伊塞伍德骨的实际使用功能。关于伊塞伍德骨，我们确切知道的事实是：伊塞伍德骨侧面的刻痕大致与同一列中的其他刻痕互相平行（同一列中的刻痕在方向上存在细微的差异，长度上也有所区别）。更重要的是，这些刻痕的组合方式，即每一组中刻痕的数量，并不是随机的。第一列刻痕自上而下分为几组，每组中刻痕的数量分别是：3、

6、4、8、10、5、5、7（第一列共计 48 道刻痕）。第二列刻痕也分为几组，每组刻痕的数量分别是：11、21、19、9（第二列共计 60 道刻痕）。第三列刻痕的总数与第二列一致，也是 60 道，但每组中刻痕的数量分别是：11、13、17、19。第三列中的这 4 个数字都是质数，但这很可能只是巧合。不过，第二列中的刻痕数目和第三列中的刻痕数目都是 60，这一事实看起来却不太像是一种巧合。此外，另一个值得注意的规律是：第一列中的数字似乎反映出某种倍增模式：因为 3 和 6、4 和 8、5 和 10 这几个数字刚好在第一列中处于相邻的位置[4]。

也许正是因为关于伊塞伍德骨上的标记存在着多种让人着迷的假说，我们反而忽略了一项非常简单而重要的事实，那就是：在伊塞伍德骨的一端伸出一块尖锐的石英，这块石英是人为固定在骨头上的，因此伊塞伍德骨很可能是一种雕刻用的工具。从这一点上来看，伊塞伍德骨的功能可能相当于石器时代的铅笔。石器时代的人类曾经手执这块骨头在别的物体（很可能是其他骨头）上刻画标记。如果情况确实如此，我们便可以得出一个重要的推论，那就是：伊塞伍德骨侧面的刻痕很可能是使用该工具的人所需要的某种数字参考表格，当使用者用伊塞伍德骨在其他骨头或者木头上记录某些物品或事件的数量时，他们需要参考伊塞伍德骨侧面的刻痕标记。换句话说，伊塞伍德骨侧面的刻痕应该具有某种抽象却真实的功能，可能相当于石器时代的计算尺，骨侧面雕刻的数量是为了帮助使用者更精确地将这些数量（以及其他某些数量）复制到其他物件上。不管怎么说，伊塞伍德骨的存在说明，早在 20 000 多年前，某些非洲的人类族群就已经能够雕刻和复制史前数字符号了。

除了伊塞伍德骨以外，考古学家还在非洲发现过其他侧面留有刻痕的骨头文物，其中有些文物的历史比伊塞伍德骨还要久远。同样，在欧洲也发现过比伊塞伍德骨更古老的留有刻痕的骨头文物，比如在捷克共和国西部曾出土过一块具有 33 000 年历史的狼骨，这块狼骨的侧面刻有 55 条标记。由于这些文物的年代过于久远，许多文物上刻痕的实际功能可能已经永远地消失在历史的尘埃之中，永远无法被我们知晓了。然而，在非洲曾出土过一块年代比伊塞伍德骨更久远的骨头文物，而这块骨头上的刻痕显然具有一些数学方面的功能。放射性碳定年法显示，这块骨头来自距今 43 000~44 000 年之前，文物出土的地点位于横跨南非和斯威士兰边界的莱邦博山脉，因此被称为莱邦博骨。莱邦博骨是一块狒狒的腓骨，大小与伊塞伍德骨相似，骨头的侧面也留有一些雕刻而成的线条。然而，与伊塞伍德骨相比，莱邦博骨的功能要简单直接得多，或者更准确地说，猜测莱邦博骨的功能比较容易。莱邦博骨的侧面共有 29 道刻痕，因此它很可能与佛罗里达州小盐泉发现的驯鹿角文物一样，是用来记录月运周期的。我们不能完全肯定以上的推断是正确的，因为莱邦博骨的两端均已断裂，而且它并不如在小盐泉发现的驯鹿角那样切割工整、标记清楚。然而，我们之所以认为这种推断仍然较有说服力，主要由于以下两点原因：第一，正如我们在前文已经提到的，月运周期对人类族群具有十分重要的意义；第二，某些现代的非洲族群仍然在使用与莱邦博骨类似的计数标记日历[5]。

从大量考古学的证据中挑选出以上这些骨头文物加以说明是为了指出一个清楚的事实，那就是早在数万年之前，原始人类就已经能用史前数字符号来记录数量了。早在很久之前，人类便有了保存和记述数量的意识，他们保存和记述的对象可以是月运周期的 29 天，也可以是某些其他自然存在的数量。这种情况并不是孤立的存在于某一地点，全球范围内的各种人类族群都具有这样的意识：从美国的佛罗里达、亚利桑那，到法国南部，再到非洲的中部和南部，都发现过相关的文物证据，而且我们有理由相信，还有大量未被发现的相关文物埋藏在世界上许多其他地点的泥土之中。

在整个人类的历史中，没有哪项技术的影响力能够超过简单的标记计数系统的影响力。在过去的 1 000 年中，一些更为复杂精巧的计数系统在欧洲以及其他地方的历史中扮演了重要角色，但是直到今天，某些地方的人类族群仍然在使用一些十分简单的计数系统。让我们来看一下加拉瓦拉人所使用的计数系统吧，以便对现代世界中简单计数系统的使用情况有一些了解。加拉瓦拉人生活在亚马孙河流域西南部的密林之中，整个族群只有约 100 名原住民，他们维持生活的主要方式是狩猎和采集。今天的加拉瓦拉人仍然能够熟练地掌握他们传统的谋生方式，但其中的许多人也对巴西的城市生活具有一定程度的了解。大约在 5 年前，有学者意识到加拉瓦拉人似乎没有任何形式的原创数字系统。然而，我们在接下来的第 3 章中将会看到，事实上，几个世纪以来，加拉瓦拉人一直在使用一种口语数字系统。此外，他们还能够使用一种有形的标记计数系统，这种标记计数系统不是刻在骨头上，而是刻在木头上的。图 2–2 向我们展示了这种标记计数系统的一个例子。在图 2–2 中，我们可以看到一段树皮被剥掉的树枝，在这段树枝上，一个加拉瓦拉人熟练地刻出了一系列标记。这些三角形的标记被有序地分为几组，这几组中标记的数目分别是 1、2、3、4、5、10。雕刻这段树枝的工匠向我们解释了这件工具的传统使用方式，在需要指代数量的时候（如指代工匠本人即将离开本地的天数），加拉瓦拉人会用手指指着树枝上相应的组别来表示数量。比如，如果这个加拉瓦拉人认为自己将离开本地的时间为一周，他就会用手指指出 5 这一组标记以及 2 这一组标记。这种表示数量的方法虽然简单，却极为有用。然而，在接下来的第 5 章中我们将会看到，在某些亚马孙河流域的文明中，人们无法用任何类似的方法来指代数量——不管是触觉、口语，还是视觉的方法。也就是说，那些原住民才是真正完全不懂数字的族群。而加拉瓦拉人一直依靠这种传统的便携式标记计数系统来指代数量，这种系统和 10 000 年前佛罗里达州小盐泉的原始人类使用的计数系统是相当类似的。然而，由于加拉瓦拉人使用的是木头而非骨头，而且亚马孙丛林的自然环境对人类文物的保存极为不利，因此在自然环境下，加拉瓦拉人所用的标记计数系统是无法作为考古学的证据而长期保存的。然而，既然在蒙特阿莱格里曾发现过类似计数标记的壁画图案，亚马孙河流域的人们记录数量的历史很可能也有数千年之久了。我相信，这个世界上应该曾经存在过很多像加拉瓦拉计数系统一样有趣的、靠视觉方法表述数量的技术，然而由于实体文物易被腐蚀破坏，这些东西如今已经永久地迷失于时间的尘埃之中——不仅在亚马孙河流域是这样，这样的情况在世界各地应该都普遍存在[6]。

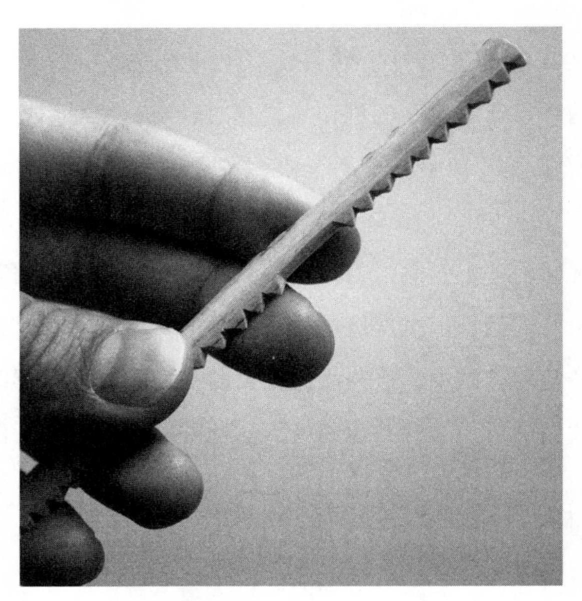

图 2–2　加拉瓦拉人的传统计数系统

图片来源：作者摄。

在亚马孙河流域的边缘，距离加拉瓦拉人的小村落西南数百千米的地方，考古学家最近发现了另一种截然不同的刻痕。这些刻痕说明，远古时期的某个不知名的人类族群也具有使用数字的能力。然而，这些刻痕并不是刻在木头或骨头上，而是刻在地面上。这组刻痕是一系列巨大的地表绘画，由一些 2~3 米深的线形壕沟组成。从上方俯视这些绘画时，可以看到许多工整的几何形状，比如圆形以及四边形。这组地表绘画中的一些正方形 4 条边完美等长，每条边的长度可以达到 250 米。十分神秘的是，这组地表绘画中有些图案的年龄已达 2 000 年。这些图案为茂密的雨林所遮盖，因此数百年来处于不可见的状态，直到近期这里的森林消失后，这组地表绘画才被飞过的小型飞行器偶然发现。虽然由于年代久远，我们已经无法得知当年创造这些地表绘画的人们的故事，然而非常清楚的一点是：如果没有一定的数学知识，这些地表绘画是无法被创造出来的[7]。

和前文我们提过的一些更加数学化的史前数字符号相比，亚马孙河流域的这组地表绘画的创作年代相对较晚。然而，这组地表绘画生动地诠释了考古学中一个不断出现的主题：大量的物质证据都证实了人类对数字的高度关注。这一点在旧石器时代最著名的考古文物——岩洞壁画中也有清晰的体现。前文中提过的蒙特阿莱格里壁画便是一个很好的例子。虽然这些岩洞壁画的具体功能很难被解读，但是在世界各地的岩洞中，这些倾注了史前人类心血的石器时代艺术作品显然向我们展示了某些共通的特点。此外，虽然我们无法明确地辨别这些史前壁画的含义，但我们却能比较准确地判断出它们的创作年代。有些岩洞壁画是用赭石等矿物颜料绘制而成的，对于这些作品，考古学家可以利用作品附近发现的有机人造工具的年代来判断其创作年代。而对于以碳作为颜料的岩洞壁画，则可以直接对颜料采用放射性碳定年法来判定作品的创作年代。

如果我们将年代的判定和对作品内容的解读结合在一起，就能在欧洲岩洞壁画中发现一些极为古老的主题和艺术特点。这些欧洲岩洞壁画常常以动物为主题，其中欧洲野牛和其他牛科动物扮演了非常重要的角色，此外马和其他大型哺乳动物的身影也经常出现。除了动物以外，另一种形象也常常出现在欧洲的岩洞壁画中——那就是人类的手。人类的手的图形出现在许多最为古老的欧洲岩洞壁画中，比如西班牙的埃尔 · 卡斯蒂约洞窟（约有 40 000 年的历史），以及法国南部的肖维岩洞（约有 32 000 年的历史）和拉斯科洞窟（约有 17 000 年的历史）。这些壁画中的人手图形也许具有一定的计数功能，但这只是我们的猜测。而具有 27 000 年历史的法国科斯凯洞窟和加尔加斯洞窟壁画中的人手图形具有数字功能的可能性则更高一些。在这两处洞窟的壁画中，出现了许多左手的图形，每只左手的图形有 1~5 根张开的手指。在所有这些左手图形中，拇指都处于抬起的状态，似乎表示着计数序列中的第一个数字。考古学家凯伦利 · 欧沃曼（Karenleigh Overmann）对人类有形文物记录中的数字表示现象进行过重要的研究，他认为，这些岩洞壁画中的人手图形表示的是一种计数方式，通过这种方式人们可以从 1 数到 5——拇指代表 1，而小指代表 5（也就是说，如果只有拇指翘起，则表示数量 1，而如果包括小指在内的全部 5 根手指都翘起，则代表数量 5）。如果我们相信欧沃曼的这种推测，那么其他旧石器时代壁画中出现的人手图形完全有可能也表示数量[8]。

在讨论这个问题的时候，有一个现象尤为值得我们注意，那就是：人手（以及手指）的图案不仅出现在欧洲的岩洞壁画中，在世界其他地方的岩洞壁画中也经常出现。事实上，在一些目前已知的世界上最早的壁画作品中就有人手的图形。在印度尼西亚的苏拉威西岛洞窟中，就装饰有彩色的人手图形，而且手上的每一根手指都能看得很清楚。苏拉威西岛岩洞窟壁画约有 40 000 年之久。与很多其他岩洞壁画中的人手图形一样，苏拉威西岛洞窟壁画中的人手图形是创作者在手上涂上染料，然后按压在墙上形成的。除此之外，在澳大利亚的蕨类植物洞中，也有人手图形出现在壁画中，蕨类植物洞距今约存在了 12 000 年。即使是在南美洲，人手图形也非常鲜明地出现在了有 10 000 年历史的洛斯马诺斯岩洞壁画中。洛斯马诺斯岩洞位于阿根廷的巴塔哥尼亚地区，这个洞窟的名字翻译成中文就是“手洞”。洛斯马诺斯岩洞的壁画中包含了几十个极富视觉冲击力的彩色人手图案，这些图案可以在图 2–3 中看到[9]。

图 2–3　阿根廷洛斯马诺斯岩洞壁画中的人手图形

图片来源：Wikimedia Commons（CC BY-SA 3.0）。

在世界各大洲的文明中，人手和手指的形象都在二维符号和艺术的演化过程中扮演了重要角色。从人手图形画作出土的地理位置分布判断，人类有可能在离开非洲大陆之前就开始绘制手的图形了。我们只能靠猜测来解读这些人手图形的含义。在某些情况下，这些人手图形之所以会出现在绘画作品中，也许只是因为把手印弄到墙上非常方便而已。然而，至少在某些画作中，考古学家经过细致的分析认为，人手的图形可能具有一些数字方面的功能。考虑到手和数字在各种语言中的联系（我们将在本书的第 3 章中更详细地讨论这个问题），再考虑到其他一些远古文物（如伊塞伍德骨）所包含的清晰数字功能，我们有一定的理由相信，某些壁画中的人手图形可能含有一些基本的数量功能。其中，法国的科斯凯洞窟和加尔加斯洞窟壁画中的人手图形特别突出地显示出计数的功能。即使抛开这些有一定依据的猜测不谈，我们至少可以在这些远古的岩洞壁画中看出人类长期以来一直十分关注自己的双手——人类称得上是一个“恋手”的物种。在本书的第 6 章中，我们将详细讨论人类婴儿的认知问题，到时候我们将会看到，儿童的数字思维发展与他们对双手的迷恋是不可分割的。当儿童第一次尝试表达数量时，他们最有可能用到的工具便是自己的双手。此外，在世界各地的文化中，靠掰手指来数数是一种随处可见的行为习惯。

不管岩洞壁画中的人手图形与数字的历史究竟有着怎样的关系，我们至少可以确认这样一个事实：在数万年的过程中，在世界上的各个角落，旧石器时代的人类所创造出的许多物品都包含描述数量的元素。远古人类的许多雕刻痕迹和绘画作品都可以从数字的角度解释。当远古人类在动物骨头、木块上雕刻，在地面上绘图，在岩洞的墙壁上绘制美术作品的时候，他们将自己的思维投射在了这些物体上，而对数量的描绘和记录显然是其中一个不断重复的主题。

为什么在这些远古艺术和其他人造物品中，对数量的描述占有如此重要的地位呢？我个人认为，导致这一结果的原因至少有两个。第一个原因是，与其他人类经历的基本方面（比如时间、感情，或某种特定的物理地点，事实上，在旧石器时代的文物中，曾出现过用表示天体运动周期的标记来间接地描绘时间的现象）相比，数量能相对容易地用二维符号表现出来。感情、物理地点等内容要求创作者具备更加复杂的艺术技巧，才可能通过绘画把它们比较准确地描述出来。而要想表示单位和数量，只需使用简单的线条或其他标记就可以直接而轻松地做到。然而，这样的论点又产生了一个新的问题，那就是：为什么人类可以如此容易地用标记来抽象化地代表其他物品，而不须直接描绘这些物品本身？我认为，这个问题的答案（至少部分答案）很可能就在我们的手中——人类细长的手指就像是一种简单的直线标记。在一定程度上，我们可以说，我们的手指就好比是一种三维的线条。因此，在全世界范围内，许多文化族群中的人们都会像使用自己的手指一样用线条来表示数量，当然，并不是所有文化族群中的人们都具备这样的能力。换句话说，从手指计数系统地进化到标记计数系统，这之间所需要的思维能力上的飞跃相对比较小，而要发明另一种全新的视觉系统表达抽象的概念则相对要困难得多。从实际的角度来说，标记计数系统用一种比较简单直接的方式把抽象的概念投射到了二维空间中，因此数量的表达是相对简单的，而其他一些事物和理念则在艺术上较难被描绘，或者较难与某种简单的表达方式联系起来。

第二个原因也许比第一个原因更加重要：刻在各种器皿上的数字标记（或者说“掰手指数数行为的绘画版本”，当然这种说法带有一定的假设成分）之所以在考古证据中更加常见，是因为它们对创作者而言更实用。用抽象的表示方法来指代数量能够对人类的生活起到极为显著的作用。我们很容易就能想象到，这样做可以给人们带来许多潜在的好处。比如，在袭击某一部落前先在图表上表示出该部落的精确人数，或者跟踪记录下周围所有捕食者的准确数量。同样，我们也很容易理解，跟踪记录一个月运周期的天数能为远古人类带来许多好处。

即便不去跟踪记录这些数量，人类或许也可以生存和繁衍下去，但进行这项活动确实可以为人类带来许多额外的好处，这也解释了为什么世界上几乎所有的文明都选择了使用数字。不管是在战争中还是在狩猎活动中，学会抽象地表达数量能够帮助人类提高自己的生存概率。史前数字符号的功能绝不仅仅是精神上或社会上的，也不是用来装饰和炫耀的。至少在某些情况下，是否掌握史前数字符号完全可能成为决定人类生死存亡的关键因素。

理解了以上两个原因，我们便不难理解为什么史前数字符号在旧石器时代人类的抽象表示领域中占有如此重要的地位。在对抽象概念的二维表示领域，数字符号一直起着极为重要的作用，这一点并不仅仅在石器时代成立。即便在石器时代结束了几千年以后，人类已经逐渐能够用更加精巧的符号系统来表达自己的思维，数字符号仍继续在抽象表达领域占据极为重要的地位。在人类发明书写技术的初期，数字又一次占据了舞台的中心地位。

—— 早期的数字 ——

位于伦敦市中心的大英博物馆有一个非常独特的大中庭，它被一个钢化玻璃组成的伞盖结构覆盖。这个透明的伞盖结构能对光线起到一定的过滤作用，它精妙地滤去了伦敦灰色的天空，而把一种空灵的白色光芒投射到博物馆中令人印象极为深刻的展品上。从很多方面来看，大英博物馆的藏品是无与伦比的，因为大英帝国从世界各地搜集（在某些情况下，使用“掠夺”这个词可能比“搜集”更准确）珍宝的能力是其他国家难以匹敌的。这些藏品包括著名的罗塞塔石碑，无论你在什么时候从大中庭左转进入西南角的展厅，你都会看到罗塞塔石碑被一大群像记者一样手持相机的游客们围得水泄不通。而在这个展厅的楼上，陈列着一件不太受参观者关注的藏品。这件藏品体积较小，看起来也很平凡，然而如果我们的目的是理解人类文字产生的历史，那么这件展品带给我们的启发可能比楼下的罗塞塔石碑还要大。这个展厅的主题是人类的文字历史，布展方式相当朴实，墙上毫无修饰地固定着一块有约 5 300 年历史的石碑（这件展品的历史比楼下的罗塞塔石碑还长 3 000 年）。这块石碑各边长只有几厘米，在碑上有一些 5 300 年前刻上去的线条和点。我们现在知道，这些线条和点是用来表示数量的——很可能是一次经济交易中经手的谷物或其他产品的数量。与石器时代的史前数字符号相比，这块石碑上的符号显得更加系统化，它们已经不再仅仅是表达数量的“标记”，而是一种标准化的二维符号交流形式。这块石碑上的符号是我们目前已知的最早的书面符号，每条线和每个点都表示一定的抽象数量。换句话说，这块石碑上的符号是真正的“数字符号”。

虽然在更久之前，世界各地就出现过各种各样零星的符号来表示行为，然而真正的文字产生于美索不达米亚地区。书写技术出现的时间与这块石碑的制成时间相一致。这块目前在伦敦展出的石碑让我们看到了一场源于美索不达米亚地区的重要转变，在这次转变中，人类从简单地描绘数量升级到了真正地用文字书写。金石学家和其他学者通常会将“文字”和“原始文字”（proto-writing）区分开来。文字是指把某种特定的语言完全地转化为书面形式。而原始文字则是一种更为久远的符号记录行为。（当然，没有石器时代雕刻史前数字符号的行为那么久远）。原始文字只能描绘一些“类文字”，因此原始文字所能表达的含义十分有限。要判定一件文物上的符号究竟属于文字还是属于原始文字并不是一项简单的工作。事实上，从原始文字到文字是一个逐渐发展的过程，而硬要把每件文物严格区分为属于文字或者原始文字显然违背了以上事实。

在这里，我们先不讨论术语选择的问题。目前，学界广泛接受的结论是：文字首次完全成型于新月沃土，更加具体地说，文字是由美索不达米亚的苏美尔人发明的。然而，文字也不完全是一项中东的发明，因为在中国和美索不达米亚分别独立发展出了文字。文字从这些地区传播开来，到达不同的地区，在适应了当地语言、社会以及经济需要后得以继续发展。今天，全世界共有几十种文字系统，而现在我正在用其中一种向你们传达我的思想。然而，如果从历史和事实的角度进行考证，所有这些文字系统的源头都可以追溯到三大主要文字传统。在本章中，我们将重点讨论起源于美索不达米亚地区的人类最古老的真正文字系统的产生过程（在本书的第 9 章中，我们还将讨论其他文字系统的起源）。美索不达米亚地区是人类文字诞生的地方，而这其中的故事将向我们展示数字在文字的诞生过程中起到了怎样的核心作用[10]。

从某种角度来看，数字符号在书面文字中扮演重要的角色是一种非常自然的情况，因为人类在生活中熟练掌握和使用数字符号对于我们从事的社会经济活动曾经发挥过，并且仍然具有极为重要的功能。在考古记录中，大部分保存最为完好的表示数量的书面符号都是硬币或者类似硬币的文物，这些文物的功能是表示某种特定的货币价值。由于在人类文字历史的大部分时间段中，识字的人只占总人口数量的极小部分，因此，在很长一段时间（甚至在今天世界的某些地方仍然如此），硬币以及其他表示特定数量的货币是人们唯一有能力识别的数字符号。虽然真正的文字在欧亚大陆和美洲大陆分别独立起源和发展起来，然而几千年来，文字一直是个别社会中一小部分人的特权，只有这一小部分人掌握文字，并将这种文字代代相传。农业水平的发展间接催生了识字阶级的产生，识字阶级的存在从经济上来说是奢侈的，只有在较高的农业水平下，这一阶级才有可能作为一种专门的职业而存在。在美索不达米亚地区的农耕社会中，数字的经济功能在专业书写者发展文字的过程中扮演了重要角色，正是因为数字扮演着这种重要的角色，我们才会在大英博物馆的大中庭看到上文中所提到的那块著名的石碑文物。下面让我们来简要地了解一下关于这一过程如何发生的一种理论。

美索不达米亚地区的人们很可能早在 8 000 年之前就开始交易大量的农产品和动物。要完成这样的交易，人们需要一项重要的辅助技术：那就是必须能够用符号的方式来描述数量，并且这样的信息必须能够进行长距离的传输。出于这样的需要，美索不达米亚地区发展出了一种关键性的方法，这种方法在今天看来也许十分原始，然而在当时的情况下可以算得上是革命性的发明——人们在结实的陶土容器中放入一定数量的标记物，并把这样的陶土容器作为一种合同。因此，我们可以想象，如果一位地主同意向另一位地主支付一定数量的绵羊，那么他们就可以将黏土制成球状表示这次交易。容器中装有一定数量的标记物，标记物的数量就代表了合同中绵羊的数量，然后这个球状容器经过烘烤变硬，烤好后的球状容器就代表了这个合同。它可以经历长途运输，而在合同执行的时候则可以打破这个球状容器确认合同中约定的绵羊数目。为了让这样的记录方式变得更有效率，需要在陶土容器外部用某种符号来表示内部标记物的数量。随着时间的流逝，人们不仅发明了表示数量的符号，还发明出了另一些符号用来表示常见经济交易中的商品种类。写在陶土容器表面的这些符号能够与陶土容器内部标记物所代表的数量匹配。在真正的货币尚未被发明的时代，这样的匹配系统显然能够显著提高经济交易的效率。

目前，我们并不清楚这种用来描述交易物品的三维定量导向系统究竟在美索不达米亚地区盛行了多长时间。但我们可以猜测到的是，最终苏美尔人放弃了在容器内部放入一定数量的标记物的做法，于是这套表示数量的系统逐渐从三维转化成了二维。（当然，也许这种三维定量导向系统仍然在某些地方继续使用）。也就是说，苏美尔人不再用装有一定数量标记物的陶土容器来表示商品的数量，他们开始直接在一些陶土制成的薄片上刻上符号表示商品的数量，这种陶土片最终完全取代了装有标记物的陶土容器。人们逐渐意识到，装有标记物的陶土容器事实上是完全多余的，要确保合同的履行，我们只需要用一种系统化的方式在陶土片上表示出商品的种类和数量就行了。人类的第一种真正的文字系统——楔形文字系统很可能就是在这样的过程逐渐产生的。随着时间的流逝，人们逐渐把这种用于表示商品和数量的贸易记录系统推广应用到了其他领域。一代又一代的书写者不断发展出了各种各样表示商品和其他概念的新符号，这些符号便是表意文字。把这些表意文字写到陶土片上的方式也逐渐被固定下来。人们使用灯芯草和芦苇小心地书写这些文字，使得辨认和读取这些文字变得更加容易。人们还逐渐发明了各种各样的语法规则。随着语法规则的完善，最终任何口语可以表达的意思都可以通过文字变成书面记录。虽然我们常常会使用“文字的发明”这类语句，然而实际上，文字并不是一下子就被发明出来的，而是在几千年的历史进程中逐渐演化、不断完善的。这场漫长的演化过程始于美索不达米亚地区。显然，在文字系统开始产生的时候，表示数量的方法已经存在了——并且它们在早期的文字系统中扮演了极为重要的角色。

接下来，“画谜原则”（rebus principle）的产生加速了文字系统的演进。虽然苏美尔人发明的第一种书写形式是表意文字，但“画谜原则”产生之后，人们逐渐改用以声音为基础的符号。“画谜原则”是指用同样的符号来表示两个同音异形词或读音相近的词。为了举例说明这一原则，让我们来考虑一种简单的假想情况：假设现在的英语使用表意的方式来书写，那么每一个符号都代表某种基本的含义，而不是表示一种读音。接下来，让我们想象“眼睛”（eye）的概念是由一对括号和括号中的星号来表示的，也就是将“眼睛”写成（*）。于是，我们用（*）来表示真正的眼睛，这种表示方法是符号化的，并且比较抽象。然而，假设在这种英语的文字系统中，“我”（I）这个概念还没有对应的符号来表示。事实上，我们很容易想象到这其中的原因，因为“我”这种抽象的概念是无法用某种实体化的符号表示的。毕竟，当不同的人说话的时候，“我”指代的是不同的对象。然而，如果你像历史上的许多书写者一样擅于实用的技巧，你便很可能想到，我们事实上可以用（*）这个符号来同时指代“眼睛”和“我”这两个概念，因为两者的发音在英语中是完全一样的。这就是所谓的画谜原则。画谜原则的发明标志着人类在文字系统进化史上前进了重要一步，有了画谜原则，我们便可以发展出一套更加抽象的、以声音为基础的文字系统，而这样的文字系统所需的符号数量比表意文字系统所需的符号数量少得多。由于数字符号在古代的文字系统中具有极为重要的地位，它们当然会受到画谜原则的影响。在画谜原则发明之后，这些代表数量的符号开始被用来代表其他的同音词。事实上，今天的某些现代书写习惯能够为上述假说提供佐证。比如，在发短信的时候，人们会用数字来代替谐音的词语，以缩短信息的长度。“2 good 4 you”代表“too good for you”（对你来说太好了）。在这个例子中，打字者用“2”来代替“too”，用 4 来代替“for”，这样做是为了减少敲键盘的次数，从而更快、更轻松地传递他想要交流的意思。然而，我们很容易想象到，在古代，人们选择用数字来表示“too”和“for”这样的词语并不是为了省事，而是因为当时表示“too”和“for”这两个词的书面符号并不存在[11]。

显然，画谜原则加速了以音节为基础的文字系统以及以字母为基础的文字系统的发展。但是我们应该注意到，画谜原则要发挥作用，首先必须已经存在一些能表示不太抽象的事物（比如商品和数量）的符号。这便引出了讨论中一个非常值得我们注意的重点：人类用符号来表示数量的行为倾向比文字更古老，也更基础，正是人类的这种行为倾向为后续的文字发展——如画谜原则的发展打下了基础。而如果没有画谜原则，就没有我们今天使用的文字系统（比如英文字母）。

最终，在美索不达米亚地区发展出了一些高级的文字形式，比如书面的数学文字。苏美尔人以及继他们之后居住在美索不达米亚地区的巴比伦人发展出了精细的书面数学符号。比如，在距今 3 600 年前，巴比伦人已经懂得代数和几何，他们能够解二次方程，并且发现了 π（或至少发现了 π 的近似值）。从历史进程的角度来看，人类对数量的表示仿佛一种灵感的火种，这种灵感的火种促成了苏美尔文字的发展，而苏美尔文字最终又令人们具有了使用更高级的方式表示数量的能力。[12]

下面，让我们来总结一下这部分内容。在这里我们看到：第一，表示数量从本质上来说十分有益于人类；第二，数字概念相对比较容易用抽象的符号表示。在前文中我们看到，旧石器时代的人们就已经能够开始用一些标记来表示数量了，这种情况充分地印证了以上两点，而这两点至少是古老文字系统产生的部分原因。从石器时代到农耕时代，在人类的符号记录历史中，我们一直能够隐约看到数字这条金光闪闪的线索。

—— 古代数字符号中的规律 ——

虽然目前认为苏美尔人是首次掌握真正数字符号的人，但在世界的其他地区，我们同样可以看到书面数字符号演化的痕迹。事实上，在世界历史的各种地区，我们都可以看到数字符号的产生。有文献证据的书面数字系统至少有一百种，当然其中大部分是在其他书面数字系统的基础上发展而来，或者发明这些书面数字系统的人至少知道其他族群的人已经能够书写数字符号了。时至今日，这100多种书面数字系统中的许多已经废止不用，但现存的一些例子可以让我们理解这些系统曾经是如何被使用的。

当我们研究这些已废止的书面数字系统和目前仍在使用的书面数字系统的时候，我们可以很清楚地看到，世界各地不同的人类族群在书写数字的时候遵循着一些通用的规律。为了说明这些通用的规律，让我们来看看几种曾经在人类文明史上发挥过重要作用的数字系统。首先，让我们来看一下我们目前正在使用的书面数字系统，这套系统通常被称为“西方数字系统”。这套系统是由阿拉伯数字系统改进而来的，而阿拉伯数字系统又是由一套在印度发展起来的书面数字系统改进而来的[13]。

那么，我们所使用的西方数字系统究竟是怎么工作的呢？在这套系统中，只有10个数字符号，它们分别是0、1、2、3、4、5、6、7、8、9。也许你会说：这不是很显然吗？当然，我们只需要10个数字符号。事实上，因为我们目前使用的数字符号采用的是十进制，要想在十进制的基础上设计出一套数量少于10个或多于10个的数字符号可能都不太容易。但是，我们应该注意的是，数字符号系统并非一定要用十进制，并且从理论上来说，一个系统可以拥有任意数量的数字符号。古希腊人使用的一种数字符号系统——字母表数字系统就使用大约 24 个不同的希腊字母来代表不同的数值。此外，让我们再来看看我们怎样用这 10 个数字符号来组成较大的数字，比如二百二十二在西方数字系统中表示为：222。要想知道 222 这个数字所代表的具体数值，我们必须了解和掌握一些相应的规则。我们知道，222 这串符号表示的并不是简单的加法。222 并不表示 6，也就是 2+2+2。222 这串符号表示的是乘法，然而 222 也并不代表把三个 2 简单地相乘，如果那样的话，222 这个数字将代表 8，即 $2\times2\times2$。事实上，222 这串符号中包含有“数位”的概念，而在我们的数字符号系统中，“数位”这个概念的存在意味着每个数位上的数字应该被乘以 10 的几幂次。因此，222 这串符号代表的是 2×10^2 加上 2×10^1 加上 2×10^0，也就是 200 加上 20 再加上 2。换句话说，当你读写西方数字系统下的数字符号时，你需要将数字与 10 的几幂次相乘，然后再将各项相加。所以当你读到数字 2 456 346 的时候，你知道这个数代表 $2\times10^6+4\times10^5+5\times10^4+6\times10^3+3\times10^2+4\times10^1+6\times10^0$。通过这样的分析我们不难看出，我们使用的这套数字符号系统实际上相当复杂，之所以我们平时意识不到这一点，只是因为我们太熟悉这套系统了，以及用十进制的方式来组合数量从表面看来似乎是一种再自然不过的做法。然而，虽然十进制系统在世界的数字符号和口语数字系统中极为常见，但人类并非先天具有某种基因上的优势使我们能够自然而然地用十进制的方式思考数量。要学会使用今天的数字符号系统需要付出相当大的努力，关于这一点只要看看小朋友们得花多长时间才能掌握大数的读写规则就明白了。此外，数字符号的读写规则视不同的文化环境而有所不同，在我们不熟悉的地区和文化中，人们所使用的数字符号系统与我们所熟悉的系统有很大的差异。许多数字符号系统并不是以十进制为基础的。为了更深入地理解这一点，现在让我们稍微偏离讨论方向，看一看古代的玛雅文化。

帕伦克城隐藏在茂密的热带雨林中，并且不时为迷雾所包围。18世纪后半叶，欧洲的探险家们发现了帕伦克城，而在此之前的许多个世纪中，这座石头城一直为神秘的自然环境所遮蔽。在帕伦克城被发现时，这座中美洲古城中的大部分文化遗产早已被西班牙征服者和其他侵略者摧毁。帕伦克城位于恰帕斯高地的山脉之中，自发现之日起，帕伦克城中的一系列古代文明遗址就让许多前来探险的人们叹为观止。在18世纪晚期，欧洲探险家将在帕伦克城中发现的一些玛雅象形文字符号摹画下来，而到了19世纪晚期，人们又拍摄了这些玛雅象形文字的第一组照片。虽然玛雅人制造出了大量精美的刻本（一种用树皮纸张制成的可折叠的书本，内有彩色文字），其中许多却被西班牙传教士付之一炬。这些传教士中就包括臭名昭著的狄亚哥·迪兰达（Diego de Landa）。狄亚哥·迪兰达一直都在强迫中美洲原住民皈依基督教，为了达到这个目的，他销毁了大量带有本土符号的手稿和作品，其中包括大量传统的玛雅文字范例。在得知某些玛雅人仍然继续使用他们的传统玛雅文字后，狄亚哥·迪兰达又烧毁了大量玛雅文字资料。由于狄亚哥·迪兰达及此后其他殖民者的破坏，只有极少数的玛雅文字和刻本得以保存，其中有三本最终分别流传到了欧洲的巴黎、马德里和德累斯顿。此外，帕伦克、蒂卡尔、科潘以及其他玛雅遗址中保留的一些刻在石头上的神秘铭文，也能帮助我们想象和推测玛雅的文字系统。在玛雅遗址中，石头上刻着各种具有异国情调的动物图形和衣饰华美的人物形象，以及其他许多符号，这些符号究竟有什么含义呢？它们是真正的语言文字符号还是仅仅是一种图画艺术作品呢？在过去的200年中，学者们开始逐渐破译玛雅文化的手稿，然而关于上述这几个以及与之相关的问题，学者们展开了长达几十年的激烈辩论。

令人意想不到的是，在解读玛雅文字符号的过程中，第一个重大发现居然是通过研究德累斯顿图书馆中的一份玛雅刻本的复制品而取得的。1832 年，康斯坦丁 · 萨缪尔 · 拉菲内克（Constantine Samuel Rafinesque）对上述刻本中的一些规律给出了一份分析报告。康斯坦丁 · 萨缪尔 · 拉菲内克是一个拥有许多爱好和才能的奇怪的法国人。拉菲内克在这个刻本中分析出来的规律也同样出现在帕伦克和其他玛雅古城遗址中的一些宫殿的石刻上，而这些符号此前已经困扰了探险家们很多年。拉菲内克注意到，在这些石刻和刻本中，虽然大部分是难以解读的图形，但其中也有一些反复出现的点和线的序列，这些点和线的序列看起来没有与它们相邻的符号那么图形化。它们究竟代表着什么呢？拉菲内克发现，从来不会出现四个以上的点连成一行的现象，但是一个点、两个点、三个点以及四个点的序列却经常出现。此外，拉菲内克还发现，点经常出现在与线相邻的位置上。于是，拉菲内克推测，这些点可能代表数量。事实证明他的推测是正确的。一个点表示一个元素，两个点表示两个元素，以此类推。拉菲内克进一步推测，玛雅人用一条线来表示数量 5，就像在纸上使用标记计数系统的时候，我们会在 4 个标记上划一条斜线来表示数量五一样。拉菲内克的这一解读使我们对玛雅符号的理解有了质的改变，也成了破译玛雅文字系统的第一步。破译玛雅文字系统的第二个主要发现同样与玛雅文化的数字符号有关，这个发现表明，玛雅人使用的数字系统已经相当精细了。

在拉菲内克发现上述规律几十年以后，一位名叫恩斯特 · 福斯特曼（Ernst Förstemann）的德国学者对德累斯顿刻本中的数字符号给出了进一步解析。1880 年至 1900 年间，福斯特曼发表了一系列这方面的学术研究，其中一项非常重要的发现是：德累斯顿刻本中的玛雅数字符号常常代表着与天文现象有关的较大数值，比如金星的周期。福斯特曼的分析精确而严格，经受住了后世大量学者的反复检验，在 20 世纪对玛雅文字的解读领域中起到了基础作用。福斯特曼不仅详细解读出了玛雅历法中的关键元素，还揭示出了玛雅人所使用的精细的数学工具。[14]

虽然福斯特曼等学者破译出的玛雅数字系统并没有以十进制为基础，但这个数字系统与我们今天使用的数字系统在结构上却具有很多明确的关联之处。那么，玛雅人究竟是如何书写数字符号的呢？首先，他们用一个符号来代表数字零——这可能是世界上代表数字零的最古老的符号。在玛雅人的数字系统中，符号零被当作一种占据数位的工具，这一点与我们今天使用的西方数字系统是高度相似的。我们今天使用的数字符号系统是横向排列的，即将某个数字向左移动一位代表这个数字应乘以 10 的下一个幂次。而玛雅人使用的数字符号系统则是纵向排列的，将数字上下移动代表着这些数字应乘以不同的幂次。（然而，在文字记录中，玛雅人又会将这些数字符号旋转过来变成横向的，这一点有些令人迷惑。）此外，与今天我们所使用的十进制系统不同，福斯特曼发现玛雅文化的数字符号系统是以数字 20 为基础的。换句话说，玛雅人使用的数字系统不是十进制的，而是二十进制的。为了让读者能够直观地看到玛雅的数字符号系统是如何表示数字的，我在图 2–4 中写下了两串玛雅数字。图 2–4 中的左边一串符号代表的是数字 437。图中的虚线将这串数字分为几个部分，这体现在玛雅的纵向数字写法中包含着几个数位，每个数位上的数字需要乘以不同的幂次，当然在实际的玛雅数字书写中，并没有这样的虚线。（此外，为了让这几个例子看起来更加清晰，我故意增大了数位之间的间距。）在左边这串数字中，我们看到，在最下面的一个数位中包含了三条线和两个点，这组符号代表的是数字 17——也就是 5+5+5+2。而在中间的这个数位上，只有一个点。这个点表示的是数字 1 乘以基数的一次幂。由于玛雅的数字符号系统是二十进制的，所以基数为 20，也就是说中间数位上的这个点代表的是 1×20^1。而在最上面的数位中，一个点表示 1 乘以基数的 2 次幂，即 1×20^2。也就是说，最上面的这个点表示的是数量 400，中间的这个点表示的是数量 20，而最下方的这一系列点和线表示的是数量 17。将这三部分的数量加总，我们便可以得到这些符号所表达的数字是 400+20+17，等于 437。与我们所使用的数字符号系统一样，玛雅数字系统也包含了乘法和加法的意义，只不过玛雅数字系统使用的进制基数与我们使用的系统不同。

图 2–4 中右边的玛雅数字表示的是数量 1 080。在右边的图中，最下方的数位上有一个椭圆形的玛雅符号，这个符号代表的是零。在中间的数位上，四个点和两条线表示的是数量 14（即 5+5+4）。由于玛雅的数字系统是以 20 为基数进位的，所以中间数位上的数量是 14 乘以 20 的一次幂，即 14×20^1，等于 280。最上方的数位上有两个点，这两个点代表 2×20^2，也就是 800。于是，从上至下的三个数位上的数量分别是 800、280 和 0，因此这个数字应该为 1 080。[15]

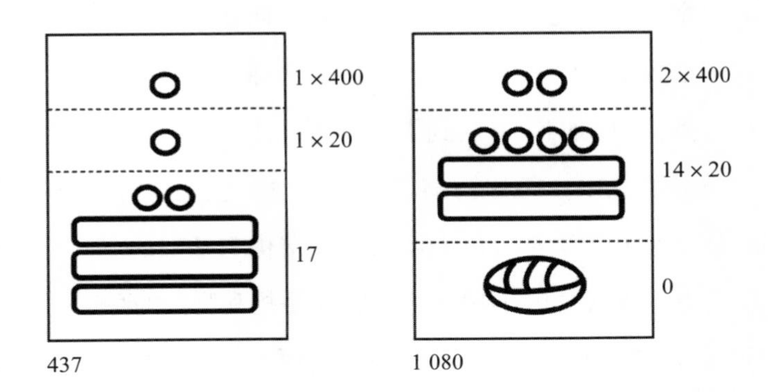

图 2–4 玛雅数字符号的例子。注意对于历法中所使用的数字符号，有些点可能表示数量 360 而不是 400。这种二十进制系统的变化使玛雅人可以跟踪记录年份

也许，玛雅数字系统看起来不怎么方便，因为它不是以十进制为基础的。然而，正如我在上文中已经提到的内容，人类并不是与生俱来就懂得以 10 为基础来思考数量的，我们中的大部分人之所以习惯以 10 为基础来思考数量，只是因为我们所使用的语言以及我们在学校里学习的数字符号系统恰好是十进制的。事实上，玛雅人的这套数字符号系统非常实用，并且被沿用了很长时间。此外，这一数字符号系统形成的时间也比我们使用的西方数字符号系统要早了好几个世纪。如果玛雅人觉得这样的系统不方便使用，他们就不会在如此长的时间中坚持使用这一系统了。

虽然玛雅人书写数字符号的方式在我们看来十分陌生，但事实上，这个数字符号系统与我们使用的数字符号系统之间极其相似。首先，与西方数字符号系统一样，玛雅的数字符号系统十分依赖于数位的概念，零也起到了占位的作用。虽然在玛雅数字符号系统中数位是纵向排列的，而我们使用的数字符号系统中数位是横向排列的，但在这两个系统中，数位都代表将相应位置上的数字与基数的幂次相乘。在我们使用的数字符号系统中，这个基数是 10，而在玛雅人的数字符号系统中，这个基数是 20。不过，这些基数的选择并不是随机的。在玛雅的数字符号系统中，5 和 20 起到了十分重要的结构作用，而在我们使用的数字符号系统中，10 也扮演了这种重要角色。这两个事实说明，上述两种数字符号系统都是以人体的生理结构为基础的。人类的每只手有 5 根手指，两只手共有 10 根手指，而手指和脚趾的总数是 20。5、10、20 这几个数字在玛雅数字符号系统和西方数字符号系统中扮演着重要的角色，这绝对不是一种巧合。除了在这两种数字符号系统中，5、10、20 这三个数量还在其他独立发明的数字符号系统中扮演着重要角色[16]。

现在，让我们再来考察一下印加文化使用的奇普系统（Quipu system）。奇普系统是一种三维的结绳记事系统，印加人用棉线或羊驼、美洲驼之类动物的毛等材料制成绳子，然后在绳子上细心地打出绳节来表示相应的信息。印加人将这种绳子与其他的细绳配合使用，组成几条或几千条一组的绳索，而这些绳索都连接在一根较粗的主绳上。主绳上连接的每条绳索代表一个单独的数字。绳索上的绳结起到数字符号的作用，印加帝国的会计师们利用这些绳索和绳结来记录税收和货物，甚至进行统计普查活动。这套系统不管从形式上来看，还是从材料上来看都是相当独特的，然而，事实上，印加数字符号系统中的这种符号配置的方法与我们所使用的西方数字符号系统从很多方面来看是相当接近的。与西方数字符号系统一样，奇普系统的基础也是将各组数字分别与 10 的几次幂相乘再相加（也就是说，奇普系统也是十进制的）。此外，奇普系统也包含表达零的方式。某条特定绳索上的绳结数量表示与 10 的幂次相乘的数字。绳结之间较短的距离表示数位的间隔，而较长的间距表示零。比如，我们可以考虑一条绳索上有这样一系列绳结：在绳索的底部有一个绳结（1），接下来是一个较小的间距，再接下来是三个相邻的绳结（30），然后又是一个小的间距，间距后面是两个相邻的绳结（200），接着又有一个小的间距，然后在这条绳索的最上方靠近较粗的奇普主绳的连接处又有一个单独的绳结（1 000）。从技术上来说，这条绳索代表的数字是 $1+(3\times10^1)+(2\times10^2)+(1\times10^3)$，也就是 1 231。现在，再让我们思考另一条绳索：这条绳索的底端有一个单独的绳结（1），然后是一个较长的间距（0），接着是 3 个相邻的绳结（300），然后又是一个较短的间距，最后在绳索的最顶端是两个相邻的绳结（2 000）。这条绳索代表的数字是 $1+(0\times10^1)+(3\times10^2)+(2\times10^3)$，也就是 2 301。简而言之，虽然从物理上来看，奇普数字符号系统与我们所使用的西方数字符号系统极为不同，但事实上两者具有很多相似之处：第一，它们都是以十进制为基础的；第二，它们都依赖符号零而存在。在世界各地的博物馆和私人收藏中，共有大约600个奇普系统的例子，从这些例子中，我们可以清楚地看出，奇普数字符号系统与西方数字符号系统之间具有上述结构上的相似性[17]。

在过去的几千年中，世界上各种不同地区发展出了许多数字符号系统，其中大部分系统都在结构上具有相当程度的相似性。存在这种相似性的部分原因在于书面数字只在少数的几个地点独立产生过。然而，相邻的文化或者周边国家的影响并不能完全解释各种数字符号系统之间的相似性。因为如果我们只考虑相邻文明和周边国家的影响，那么像罗马数字这样的系统显然应该对今天通用的数字符号系统产生更大的影响。事实上，罗马数字系统逐渐不再流行，如今只在少数文章中才会出现。罗马数字系统主要有两个问题：一是没有零作为占位符号，二是常常需要用很长的序列来表示相对较小的数量（比如XXXⅧ表示38）。而取代罗马数字系统的数字符号系统则有两个优势：一是存在表示零的符号，二是通过占位的方法来表示10的幂次。

当然，不同数字符号系统之间还存在一些我们这里没有讨论的区别。然而，不管是在现代还是在古代，即使是互相没有关联的数字符号系统之间，在基数选择方面也不会有很大的区别。这实际上是基于一个非常简单的事实：世界上的大部分主要数字符号系统都有一个共同的设定。不管是产生于中国，然后在东亚各国中逐渐发展起来的十进制数字符号系统，还是产生于印度、中美洲或者安第斯山脉的数字符号系统，都不约而同地展示出这种设定——这些数字符号系统的基数恰好都是10或者5的倍数。显然，这种设定的出现是由于人类所具有的一些解剖学特征：在我们的身体上反复出现的数量对我们发明数字的方式产生了极大的影响。这一因素不仅影响了书面数字符号，也同样影响了口语数字符号——这一点我将在本书的第 3 章中进行更详细的讨论。几千年来，人类的手指和脚趾在世界范围内对数字符号的结构产生了广泛的影响。（当然，脚趾相对来说没有手指那么重要）。

—— 结语 ——

在本章中，我们并没有全面地检视人类数字文物的历史，因为要完成这一工作需要相当大的篇幅。比如，我们并未讨论在古代罗马和现代日本等许多地方被用来辅助数字思维的算盘系统。但是我想要顺带提及的是，世界各地的算盘系统在结构上也是以 5 或者 10 作为基数的。[18] 然而，本章并不全面的讨论仍向我们展示了古代符号表示系统的一些重要特点。我们的讨论显示，早在旧石器时代，世界各地就已经出现了用表格表示数量的人类活动，这一点从许多旧石器时代的文物中都可以看出。这种现象说明，史前数字符号可能是人类发明的最早的几种非文字符号之一（或者说，是一种抽象程度较低的类符号）。在旧石器时代的艺术作品中，常常出现人手或者手指的图形，有时这些图形甚至可能代表着某种远古的计数活动。此外，由于表达数量是一项相对较为简单、对人类而言又非常有用的活动，所以标记计数系统和其他史前数字符号的使用为人类日后发明思想和概念的二维表示方法做出了重要的贡献。

随着人类的发展，对较大数量的表示方式也在不断演进。人类希望凭借数字符号系统把较大的数量用较小数量的组合表示出来，并且希望这些较小数量的组合能与人类的生理能力相匹配。最终，我们发展出了基于某些特殊基数的数字符号系统，而这些特殊基数来自人类身体与生俱来重复出现的组合，即我们的手指。在数字符号的演化过程中，人类对手的重视发挥了关键性的作用，人手的图形之所以频频出现在石器时代的岩洞墙壁上，也同样是由于人类对手的重视。人类的思维需要依赖人类身体的帮助，尤其在追踪和记录数量的活动中，人类需要依赖手和手指的帮助。口语数字符号的种种特点也同样支持上述结论，这一点我们将在本书的第 3 章中做更详细的讨论。而在本章中，我们通过对书面数字符号的讨论支持了上述结论。此外，在本章中我们还看到，数字符号在人类书写的萌芽期就已经存在，并且数字符号很可能在文字书写的发展过程中发挥了关键性作用。

第3章 今日世界的数字之旅

人类学家（包括考古学家、语言学家及其他领域的人类学家）总是在不同文化间穿越。这种穿越既可以是地理意义上的，也可以是时间意义上的。人类学家在不同的文化之间遨游，研究人类怎样生活，以及曾经怎样生活。我们的穿越探寻之旅有一个终极的目标，那就是更深入地理解作为智人的一员究竟意味着什么。在理想的情况下，人类学家应该像海绵一样不断吸收各种各样的知识，而我们获得这些知识的途径包括直接接触现存的人类文明，以及间接接触已经消失的人类文明（如研究这些古代文明留下的文物）。从某种意义上来说，我们人类学家与其他文明的接触和交换注定是不平衡的——因为不管以什么样的方式来衡量，我们获得的东西都远比我们给予的东西更有价值。

然而值得庆幸的是，在某些特殊的情况下，我们偶然也有机会向我们学习和研究的对象介绍我们自己文明的一些特点，而这些特点对于对方来说正好也具有很高的价值。几年前，在亚马孙雨季来临之前的一个酷暑天里，我便十分幸运地获得了这样的机会。那天，我正在与一群生活在亚马孙河流域的巴西人踢足球，两个本地人加入了我们的比赛。这两个本地人虽然个子不高，但体力和敏捷度都十分惊人。在这场比赛中，这两个本地人是场上得分最高的球员，我想这一点并不是巧合。比赛结束以后，我用葡萄牙语与这两个本地人交谈（他们能听懂一点儿葡萄牙语）。通过交谈，我发现这两个人来自于加拉瓦拉文化（我在本书的第 1 章中提到加拉瓦拉文化），这个本地文化族群约有 100 名成员。我立刻热情地向这两个加拉瓦拉人学习起来，因为他们所使用的加拉瓦拉语是世界上少数没有表示数字词语的语言。然而，我很快发现，这两个加拉瓦拉人也非常热情地想从我这里获得一些知识——他们看到我是骑摩托车来的，他们非常希望了解如何驾驶摩托车。在接下来的几个星期中，我和这两个加拉瓦拉人交流了各自文化中的许多知识：我学习了他们的语言，而他们学会了如何驾驶越野摩托车。在我与这两个加拉瓦拉人以及他们的朋友和家人（与这两个加拉瓦拉人一样，他们的朋友和家人也试图逐渐远离村庄的生活）相处的过程中，我主要发现了两个事实：第一，与之前学界的认识不同，事实上，加拉瓦拉人有他们自己的数字系统，而且这个数字系统还相当有趣和迷人；第二，在学习驾驶摩托车方面，加拉瓦拉人技术高超、胆量又大，令人钦佩。

加拉瓦拉人生活在普鲁斯河附近的两个村落，普鲁斯河是亚马孙河的主要支流之一。加拉瓦拉人使用的几种语言相互之间的关联性很高，这几种语言的源头都是一种已经灭绝的古代语言——“原始阿拉瓦语”。原始阿拉瓦语大约流行于 1 000 年前。现在，语言学家已经确认，加拉瓦拉人使用的这几种语言都包含一些基本的表示数字的词语，而且这几种语言中表示数字的词语是非常相似的。比如，在所有阿拉瓦语中，表示数量“2”的词语都非常接近，我们可以据此判断出这些词语都是语言学上所谓的“同源词”。在语言学中，有些相近的词语是一种语言从另一种语言中借用来的，而这个借用的过程通常发生在距今较近的时间。而另一些相近的词语则是由同一个古代的语源演化而来的，这类词语就是“同源词”。语言学家在掌握了一系列同源词后，就可以以此为凭据重新构造这些词语的语源，即某个已经灭绝的古代词语。在我们这个例子中，语言学家通过上述分析方法确定，在原始阿拉瓦语中表示数量 2 的词是“* pama”。（语言学中，在一个词语前面加上*的符号表示这是一个由语言学家重新构造出来的已经灭绝的古代词语。）由于目前世界上使用的大部分语言中都有表示精确数量的词语，因此语言学家可以用这种方法在几乎所有的语系里重新构造出表示数字的古代词语。即使是澳大利亚的原住民语言中也包含一些表示某种数量的词语，而澳大利亚的原住民语言在数词的发明方面是相对比较欠缺的。上述所有这些事实都显示，口语中表示数量的词语是历史极为悠久的人类发明，不管是对世界上现存的各种语言来说，还是对早已灭绝的古代语言而言都是这样。在这一章中，我们将检视世界上各种口语中表示数字的词语，并从中提炼出一些关键性的发现。在本章中，我将口语中表示数字的词语简称为“数字”（而书面语言中表示数字的词语则称为“数字符号”）。[1]

在加拉瓦拉语中，表示数量 2 的词是 fama，显然这与原始阿拉瓦语中表示数量 2 的词“* pama”十分类似。我在采访亚马孙河流域结识的加拉瓦拉人的过程中非常清楚地发现，他们所使用的加拉瓦拉语中除了 fama 以外还有许多其他表示数字的词语。在其中的一次采访中，我在加拉瓦拉人面前的桌子上摆出了一排物品，并要求受访者用本地语言中的一个词语来表示桌上物品的数量。共有 7 名成年加拉瓦拉人自愿参与了这项实验，而这 7 名受访对象给出的回答是一致的。接下来，我又要求受访者用葡萄牙语翻译他们刚才给出的描述数字的词语，在回答这一问题时，受访对象给出的答案总体上也是一致的。根据以上的实验结果，我得出了这样的结论：与学界此前的认识不同，加拉瓦拉人其实是有自己的数字系统的。像当今世界上的许多其他语言一样，加拉瓦拉语中表达数字的词语被外来数词所取代。这是因为加拉瓦拉人常常不得不与使用这些外来语的人打交道，而这些外来文化的经济实力更强，导致这些外来语中的数词比加拉瓦拉语中的数词更加有用。（关于这一点可以参见本书第 9 章中关于濒临灭绝的数字系统的讨论。）虽然加拉瓦拉人已经采用了巴西境内常用的葡萄牙语数词，然而我所采访的加拉瓦拉成人仍然记得他们自己语言中主要的基数词[2]。加拉瓦拉语中的数词如下表所示。（括号中的词是可以有，也可以没有的附加语言成分。）

加拉瓦拉语数词表

数量	加拉瓦拉语中描述这一数量的词
1	ohari
2	fama
3	Fama oharimake
4	famafama
5	(yehe) kahari
7	(yehe) kahari famamake
10	(yehe) kafama
11	(yehe) kafama ohari
20	(yehe) kafama kafama

上述的加拉瓦拉语词语为我们打开了一扇十分有用的窗，我们可以透过这扇窗更好地研究世界各地口语中的数词。因为这套加拉瓦拉口语数字系统中包含了一些在世界上大部分语言中都通用的规则。尤其是，加拉瓦拉语中出现的基数在世界许多其他口语数字系统中也有所体现。基数是指在某种语言的数词中反复出现的字词，这些基数通常以直白可见的方式反复出现，但有时它们也会以一些较为隐晦和非直接的方式出现。基数是构建其他数词的元素[3]。（这本书的第 2 章中我们曾经看到，“基数”一词还可以用来指书面数字系统中的进制基数，即每个数位上的数字会乘以这个基数的幂次。）下面，让我们来简要地研究一下加拉瓦拉语中的基数。首先，我们可以很清楚地看到，fama 一词在这些表示数字的词语中反复出现。fama 表示 2，而 famafama 表示 4，也就是说，表示是将表示 2 的词重复两遍。与此相类似的是，表示 10 的词是（yehe）kafama，其字面意思是“用两只（手）”。在（yehe）kafama 这个词语中，括号中的 yehe 表示“手”的意思，在实际使用中可以加上 yehe，也可以不加。根据以上事实，我们可以推断出加拉瓦拉语使用的是二进制的基数（即基数是 2）。换句话说，在加拉瓦拉语中，人们用 2 这个元素来构造表达某些更大数量的词语。然而，显然在加拉瓦拉语中，2 并不是他们使用的唯一基数。我们可以观察到，在 5 以上的所有数字中，人们开始使用 yehe 这个词，当然 yehe 这个词可以以非直接的方式出现。在加拉瓦拉语中，“5”这个词的字面翻译是“用一只手”。由此，我们可以看出这个系统也使用五进制基数。“7”这个词语的字面翻译是“一只手和两根手指”，而“10”这个词表示为（yehe）kafama，即“用两只手”。对于表示更大数量的词，加拉瓦拉人用 10 作为基数，例如表示“17”和“20”的词中都出现了 10 这个元素。

显然，在加拉瓦拉语中，人们并不会给每一个数字命名一个新词，而是使用某些不断出现的基数来构造数词。事实上，加拉瓦拉语的这种特点是世界上大部分口语数字系统的共同点。此外，在许多口语数字系统中，数字 5 都是一个不断出现的基数，这一点在加拉瓦拉语中体现得也很明显。在世界上的大部分口语数字系统中，都有把数字 10 作为基数的现象。然而，五进制的使用也是非常常见的，加拉瓦拉语就是一个例子。此外，世界上还有一些口语数字系统是以二十进制为基础的，即把数字 20 作为基数。某些语言中还有与加拉瓦拉语类似的二进制痕迹。总的来说，我们新近发现的加拉瓦拉语展现出世界上许多语言的数字系统所共有的特点，因此这是一种非常具有代表性的口语数字系统。在世界上的各种语言中，人们常常把某些词语当作构造其他数字词语的基础，而这些基数词语最常见的是 5、10、20 ，有时也会是 2。换句话说，这些数字系统反映出人类在处理数量概念时的一种很强的倾向，那就是：人类习惯用我们的生理特点，尤其是我们的手指，来帮助自己处理数量的概念。

下面让我们再来考虑另一种亚马孙河流域的语言——卡利吉亚纳人的语言，我在做学术研究时曾对卡利吉亚纳语有所涉猎。卡利吉亚纳语与前文提到的加拉瓦拉语毫无关系。像世界上的大部分数字系统一样，卡利吉亚纳语中的数字系统的特点是在表达较小数量的词语时是完全无法解析的，也就是说在这些表达较小数量的词语中无法找到像加拉瓦拉语中的 fama 这样的基数元素。在下面的这个表单中，我列出了卡利吉亚纳语中几个表示数字的词。

卡利吉亚纳语数词表

数量	表示这一数量的卡利吉亚纳语词语
1	myhint
2	sypom
3	myjyp
4	otadnamyn
5	yj-pyt（“我们的手”）
6	myhint yj-py ota oot（“1 根手指以及我们的另一只手”）
11	myhint yj-piopy oot（“我们的一个脚趾”）

从上面的这个表中，我们又一次看到了世界许多口语数字系统中的通用规律。首先，表示数字 5 的词显然与“手”这个词相关。此外，数字 5 还是构建表示更大数量（比如 6）的词语的基数。除了这些五进制的痕迹以外，卡利吉亚纳语还展现出了在世界各地语言中更为常见的十进制特点。比如，在卡利吉亚纳语中，“11”这个词的字面意思是“我们的一个脚趾”，显然这个词语中隐含了十进制，因为一个脚趾加上数字 10 才是这个词语想要表达的数字 11。在卡利吉亚纳语中，表达比 11 更大数量的词语也是以十进制为基础的。

事实上，世界上大约存在 7 000 种不同的语言，这其中大部分语言所使用的数字系统都以这样或那样的方式体现出了十进制，因为在这些语言中，都以数字 10 为基数来构建表示大数的词语。而表示较小数量的词语则常以二进制为基础（比如在加拉瓦拉语和卡利吉亚纳语中），或者是无法解析的（如卡利吉亚纳语中对最小的几个数字的表达）。人类之所以常常选择十进制和二进制作为数字系统的基数，是因为我们在发明数词的时候通常都要依赖我们的手——这一动机对语言学家而言已经不是什么新鲜事了。掰手指是把数字概念拓展到物理世界的最简单且有效的方法。人类在这一拓展的基础上又加入了用手指数数的习惯，以及其他相关的计数方式，然后再把这些方式推广到口语的世界中。也就是说，人类使用了转喻的方法，用“手”“手指”“脚趾”等词来命名数字。

在许多语言中，描述较大数量的词语都是以短语的形式出现，而这些短语具有清晰的物理根源。比如，在卡利吉亚纳语中，表示数字11的短语意为“我们的一个脚趾”。在现代语言理论中，有这样一条重要的原则：经常使用的词语会在语音上被简化——因此，常用词语会随着时间的流逝变得越来越短。根据这个原则，合成词和以短语形式出现的词语会被使用者不断缩短。由于这个原因（以及其他一些原因），常用词的历史词源常常不是很明显，而不常使用的词语则更容易保留原始形式。这样看来，卡利吉亚纳语和加拉瓦拉语等语言中的一些表示数字的词之所以具有一眼可见的词源，是由于这些词并没有被频繁地使用。与之相反的是，在其他语言中，数词扮演了非常重要的角色，在口语中出现的频率也很高，于是在具有这些特点的大部分语言中，即使是表达较大数量的词语也很难找到明确的词源（请读者回忆一下，在前文中我们曾经提过，由于加拉瓦拉语中的数词不是很常用，所以许多语言学家曾经认为在加拉瓦拉语中根本不存在表达数字的词）。比如，你在英语中表达较大数量的词中，完全找不到任何明确指代手指、手、脚趾或者脚的痕迹。[4]

然而，请注意在上面这个语句中我说的是“明确指代”。事实上，不那么明确的指代确实是存在的。因为在英语中，表达数字的词不仅在书面上用十进制的符号系统来表示，在口语中也是严格按照十进制表达的。比如，在英语中“thirteen”（13）、“fourteen”（14）等词都以“teen”结尾，而“teen”的意思就是把前面的数字加上 10。比如“thir+teen”表示 3+10，即 13；而“four+teen”表示 4+10，即 14，以此类推。20 以上的数字也以十进制的方式表达，只不过 10 的概念出现在词尾的“ty”而不是“teen”中。此外，在英语中表示较大的数量时不是以加法为基础的，而是以乘法为基础的。然而，“twenty”（20）、“thirty”（30）、“forty”（40）、“fifty”（50）、“sixty”（60）、“seventy”（70）、“eighty”（80）以及“ninety”（90）这些数词的写法清楚地展现了一些以数字 10 为中心的运算：2×10，3×10，4×10，等等。隐藏在这种十进制规则背后的生物学根源与卡利吉亚纳语背后的生物学根源其实是一样的：人们用手指来数数，有时候也用脚趾来数数，然后当人类开始对这些数量进行命名的时候，他们选择的名称便在一定程度上与指代这些数量的人体部位相对应。

上述这条规律在世界上的各种人类语言中是普遍存在的。为了说明这一点，让我们来看一看另一种以十进制为基础的欧洲语言——葡萄牙语。葡萄牙语虽然也属于更大的印欧语系，但它属于罗曼语族。因此，葡萄牙语与英语的关系并不是特别近，因为英语属于印欧语系下的另一分支——日耳曼族语。在某些情况下，英语中的数词与葡萄牙语中的数词具有高度的相似性，然而在另一些情况下，它们之间又有明显的区别。虽然葡萄牙语中表达基数 10 的符号与英语不同，但葡萄牙语的十进制基础也是非常明显的。

葡萄牙语数词表

数量	**表示这一数量的葡萄牙语词语**
1	um
2	dois

（续表）

数量	表示这一数量的葡萄牙语词语
3	tres
4	quatro
5	cinco
6	seis
7	sete
8	oito
9	nove
10	dez
11	onze
12	doze
13	treze
14	quatorze
15	quinze
16	dezesseis
17	dezessete
18	dezoito
19	dezenove
20，21，22，…	vinte，vinte um，vinte dois，…

从上表中，我们再一次看到，表达数量 1~10 的词似乎没有什么规律，是随意创造出来的。然而从数字 11 开始，我们开始看到一些规律。因此，我们可以认为计数的过程从数字 11 重新开始，而前面 1~10 这 10 个数字只是起到了基数的作用。在数字 11~15 中，我们可以看出这几个词的前半部分和数字 1~5 有一些模糊的相似之处，并在前半部

分的基础上又加上了词尾“ze”。当然，在现代语言中，“ze”这个词尾已经没有明确的意思，然而显然在古代语言中它表示“加 10”的意思。而对于数字 16~19，我们同样发现这几个数字和数字 6~9 有相似的成分，它们是由数字 6~9 和数字 10 组合而来的。在这里，这种组合表现得更加明显，因为在现代葡萄牙语中，“e”是一个表示“和”的连接词。因此，数字 16 在葡萄牙语中的字面意思就是“10 和 6”。而在表达更大的数量时，则要以 10 的整数倍递进，于是，21 写作“vinte um”，即“二十一”。表示 31、41 等数量的词也采用了相同的构词规则。简而言之，葡萄牙语中表示数量的词语显然是以十进制为基础的 [5]。

在这里，我们必须强调这样一个事实：有时候人们会认为，这些数字系统之所以以十进制为基础，是因为这种方法在数学上较为方便，然而这种看法并不正确。首先，即使是在一些没有数学传统的社会中，他们的口语数字系统也清楚地表现出十进制的特点，比如卡利吉亚纳语中就是这样。其次，在欧洲语言中，这些十进制口语系统的出现比书面数字符号和现代数学的出现要早几千年。如果我们研究一下由语言学家重现的原始印欧语中的数字系统，这一点就会表现得很清楚了。原始印欧语是包括英语、葡萄牙语以及其他 400 多种互相关联的语言的共同祖先 [6]。原始印欧语流行于大约 6 000 年前，流行区域遍布黑海的某些周边地区（关于原始印欧语流行的具体地区，目前相关专家仍然在激烈争论，但大致范围应在今乌克兰周围的草原地区或安纳托利亚地区附近）。由于一些历史事件的发生，使用原始印欧语，以及原始印欧语派生出来的其他语言的民族对整个世界产生了深远的影响，因此今天世界上有将近一半的人口在使用各种各样的印欧语言。在下表中，我列出了一些语言学家重新构建出来的原始印欧语中表达数字的词语。在前文中我们曾经提到，在一个词的前面加上 * 是表示这是一个由语言学家通过分析重新构建起来的词。也就是说，我们没有掌握任何手稿或历史文物证据证明这些词确实采用了表中给出的形式，然而通过研究源自印欧语的一些现代语言中相关词语之间的联系，我们可以比较确定地判断出，在已经消失的原始印欧语中，表达数字的词语确实是以下表中列出的形式存在的[7]。

原始印欧语数词表

数量	表示这一数量的原始印欧语词语
1	* Hoi(H)nos
2	* duoh
3	* treies
4	* kwetuor
5	* penkwe
6	* (s)uéks
7	* séptm
8	* hekteh
9	* (h)néun
10	* dékmt
20	* duidkmti
30	* trihdkomth
40	* kweturdkomth
50	* penkwedkomth
60	* ueksdkomth
70	* septmdkomth
80	* hekthdkomth
90	* hneundkomth
100	* dkmtom

虽然在重新构建出的原始印欧语词汇表中，某些词可能的形式不止一种，并且几种形式之间可能存在着一些微小的差异，但原始印欧语中表达数量的词语体显出明显的十进制特征。在上表中我们没有列出表示数字 11~19 的词，其实在原始印欧语中表示数字 11~19 的词都是以“10 和 x”的形式存在的，其中 *x* 为 1~9 中的某个数字。表示 20 以上数字的词同样展现出明显的以 10 为基数的规律。这些词都含有“dkmt”或者它的某种变体，这是因为在原始印欧语中，10 这个数字表示为 * dekmt。20 以上的数字是使用乘法，而不是加法的原则来构建的，就像在英语和葡萄牙语中一样。比如，20 写作 * duidkmti，其字面含义（大约是）“两个十”，而 30 写作 * trihdkomth，其字面意思是“三个十”，以此类推。

在世界其他主要语系中，我们也可以明显地看到，十进制特征在古代口语数词中占据重要的地位。下面让我们考察以下三种语系：汉藏语系、尼日尔 – 刚果语系、南岛语系。与印欧语系一样，汉藏语系也是一种流行范围很广的语系，今天全世界共有超过 400 种属于汉藏语系的语言在被不同族群的人们使用。使用汉藏语系语言的总人口超过 10 亿人，因为汉藏语系中包括两种使用人数非常多的语言——普通话和广东话。在讨论原始汉藏语系中表达数量的词语时，一定会涉及关于原始汉藏语的语音学方面的讨论，而这将使我们的讨论变得过于深奥且更令人费解，因此我们不如来看一下在现代汉藏语系中使用范围最广的语言——普通话，研究一下使用这种语言的人们是如何表达数量的。和欧洲的语言一样，普通话中表达数字 1~10 的词语也是无法解析的。也就是说，你在表达数字 1~10 这些较小数量的词语中找不到任何重复出现的语言单位。在普通话中，表达数字 10 的词语是“十”，而表达数字 11~19 的所有词语都由两个部分组成，第一部分是“十”，第二部分是一个小于 10 的数词。比如，表达数字 11 的词语是十一，即“十和一”。而表达数字 17 的词语是“十七”，字面意思是“十和七”。表达更大数量的词仍然是以十进制为基础的，这说明数字 10 是整个数量表达系统的基数。然而在表达数字 20~99 的词中，首先会出现一个表达较小数目的词，然后才会出现表示 10 这个基数的词。比如，表示数量 70 的词“七十”，其字面意思是“七十”，与表达数量 17 的词“十七”的顺序正好颠倒。表达其他 10 的倍数的词语也遵循相同的规则。用一句话总结上述的内容：在普通话中，表达数字的词也是以十进制为基础的。事实上，十进制的特点在普通话中体现得比在英语中更加明显。

尼日尔 – 刚果语系是世界上另一个主要的语言体系。如果以语系中包含的语言种类数量为标准，那么尼日尔 – 刚果语系是世界上最大的语言体系。一项最近的调查显示，尼日尔 – 刚果语系中包含超过 1 500 种不同的语言。在尼日尔 – 刚果语系中，使用范围最广的语言之一是斯瓦希里语。斯瓦希里语隶属班图语族，是一种在东非地区被广泛使用的语言。从下表的例子中，我们可以清楚地看出，斯瓦希里语中表达数字的词语也具有明显的十进制基础。而事实上，在整个尼日尔 – 刚果语系中，用十进制的方式来表达数量是一种普遍存在的现象。从下表中我们可以看出，在斯瓦希里语中，表示 11~13 这类数量的词语由两部分构成：一个部分是表示较小数字的词语（例如“tatu”就是表示数量 3 的词语），另一个部分是表示数量 10 的词语“kumi”。

南岛语系在地理上的分布广度大到令人惊讶。这一语系包括 1 200 种以上语言，这些语言的流行地点间隔很远，从马达加斯加到东南亚，再到夏威夷。此外，许多太平洋岛屿上的人们也使用南岛语系下的语言，这是因为在过去的 2 000 年中，说南岛语的人们通过航海不断扩展他们的生存范围，前往世界上的其他地方。研究显示，原始南岛语可能具有一套十进制的数字系统，并且南岛语系涵盖的大部分语言都表现出十进制的特点。比如，研究显示，属于南岛语系的波利尼西亚语群就具有历史非常悠久的十进制系统传统 [8]。有趣的是，在许多南岛语系的语言中，也同时可以看到五进制系统的痕迹。五进制的特点与十进制的特点一样，具有无法回避的解剖学动因，尤其是在原始南岛语中，表示数量 5 的词语与表示“手”的词语是完全相同的，这个词写为：* lima[9]。

斯瓦希里语数词表

数量	**表达这一数量的斯瓦希里语词语**
1	moja
2	mbili
3	tatu
11	kumi na moja
12	kumi na mbili
13	kumi na tatu

至此，我们的数字之旅已经清楚地说明了以下事实：在世界上最大的几个语系（包括印欧语系、汉藏语系、尼日尔 – 刚果语系以及南岛语系）中，十进制的影响显然非常广泛。而在亚马孙河流域以及世界其他地方的一些较小的语系中，十进制的痕迹也同样明显。显然，十进制系统的这种影响可以追溯至数千年之前。早在远古的时候，不同地方的人类文明就各自发现数字可以自然地用 10 或者 5 的倍数来表达。正如我们在前文中讨论书面数字符号时看到的那样，这种思维上的习惯是以人类的生物学特点为基础的。描述数字的词语常常来源于描述手的词语。虽然在有的语言中，描述数字的词语与手没有直接

关系，但大部分语言中的十进制（或者相对没有那么常见的二十进制或五进制）特点清楚地反映出人类对数词的选择具有明确的解剖学基础。近年，著名语言学家伯纳德·科姆里（Bernard Comrie）对隶属不同语系、分布在不同地理区域中的196种语言进行了广泛的调查和研究。科姆里发现，在这196种语言中，有125种在表达大于10的数量时严格采用十进制系统。此外，另外两种常见的数字系统分别是十进制/二十进制混合系统，以及纯二十进制系统——前者在196种语言中占有22种，而后者占有20种[10]。

二十进制的数字系统在中美洲、高加索山脉地区以及非洲中西部地区较为盛行。此外，在某些欧洲语言中也可以看到不太明显的二十进制数字系统。例如，在法语中，某些表达较大数量的词语在结构上是以20为基数的。比如，在法语中，表示数量99的单词是quatre-vingt-dix-neuf，即4 × 20 + 10 + 9，显然这里使用了二十进制和十进制的混合系统。在英文中，我们也能找到一些二十进制数字系统的例子，当然这样的例子并不太常见。让我们回忆一下亚伯拉罕·林肯在他那著名的葛底斯堡演说中使用的措词——“four score and seven years ago”，这句话说的是：在这场演说发表87年前，美国取得了独立。虽然“score”一词在此处的用法在英语中并不常见，但这个词的存在说明了，从语言学的角度来看，英语中也有一些二十进制数字系统的痕迹。

在某些情况下，同一种语言可以同时包含五进制、十进制乃至二十进制的特点。隶属非洲中苏丹语系分支的曼福语就是这样。在曼福语中，表示数量1~5的词很难找到明确的词源。这一特点在世界上的各种语言中都十分常见，表示较小数量的词语通常无法解读。而表示数量6~9的词语是以五进制为基础的。比如，表达数量6的词写为elí qodè relí，字面含义是“手抓住了1”。而表示数量11的词则写为

qarú qodè relí，字面含义是“脚抓住了 1”。表示大于 20 的数量的词则都以短语“múdo ngburú relí”为基础，这个短语表示数字 20，其字面含义为“整个人”。上述例子清晰地体现出以下事实：人类的数字系统是围绕某些基数构建的，而这些基数可以对应着人类的一只手、两只手、整个人等，其中“整个人”意味着一个人的所有手指和脚趾[11]。

虽然这种以 5 的倍数作为基数的现象在全世界的各种语言中都较为常见，但我们应该强调的是，在对数量的描述中，十进制系统占据了尤为重要的地位。我们必须再次强调的一点是，人类选择 10 作为基数显然是基于人类的生理特点，而不像人们有时候认为的那样，是因为十进制在数学方面用起来更方便，或者是因为人类天生觉得 10 这个数字具有某种特别完美的属性。十进制系统之所以比二十进制系统更加流行，也显然是出于生理上的原因：与我们的脚趾相比，我们的手指不仅更加醒目，也更加容易使用。我们的 10 根手指就在我们的视野范围之内，它们操作起来十分方便，因此能够更自然地成为一种计数工具。于是，人类掰手指数数的习惯帮助我们发明出了各种表达数量的词语。那么，为什么十进制系统比五进制系统更加常见呢？这个问题的答案相对不那么显而易见，但我们仍然可以用解剖学上的事实来解释这一现象：人类的 10 根手指虽然分布在两只手上，但手指与手指之间相当类似，而脚趾和手指之间则存在比较明显的区别——不管是从所处身体位置的角度来看，还是从器官形态的角度来看都是如此。对此，语言学家贝恩德·海涅（Bernd Heine）解释道：“在人类的感知中，手和脚之间的区别较大，而两只手之间的区别较小，因此数字 10 看起来比数字 5 更适合作为计数的基数。”[12]

我们前文中讨论过的一些例子已经比较清楚地体现了上述结论：表达 5 以上数量的词语常常来源于人类用身体数数的自然行为。比如，在卡利吉亚纳语中，表示数字 6 的词语的字面释义为“1 根手指以及我们的另一只手”。通常，随着时间的推移，这样的短语会被不断简化（变得越来越短，其字面意思也变得越来越不明显）。英语中表示数字的词语显然经历过这种简化过程。然而，在某些语言中，这些表示数量的词语仍然保持了相对明显的含义，这其中包括对加法和乘法概念的表示。在前文中，我们曾讨论过普通话中表达数量的词语，数字 11~19 是以加法为基础的，它们的结构是“10 加上 x”。而表达 20、30、40 等数量的词语则是以乘法为基础的，它们的结构是“10 的 x 倍”。就像普通话一样，世界上的大部分数字系统中都隐藏着加法或乘法原则，以此来构建表达较大数量的词语。有时候，在构建描述数量的词语时也会用到减法，但减法出现的频率比加法和乘法要小许多。在以十进制为基础的语言中，也可能出现以减法构建数词的现象。在日本原住民使用的阿伊努语中，表达数量 9 的词是 shine-pesan，字面意思为“减去 1”。同样，表达数量 6~8 的词也是通过减法构建的。然而，没有任何一种语言把减法作为构建数词的主要基础。大量证据显示，在世界上的各种数字系统中，加法所扮演的角色比乘法扮演的角色更加重要，而乘法的重要性又超过了减法。用除法来构建数词的情况也存在，但是这样的例子极为少见。[13]

在构建数字词语的时候，人类除了经常使用加法运算以外，还有另外一种与之相关的倾向，那就是在表达加法运算的时候常常使用“拿”“抓”这类字眼。这种现象在世界许多语言中的数字短语中都有所体现。比如，在卡利吉亚纳语中，表达数量 11 的词的字面意思为“拿我们的一只脚”。而在曼福语中，表达数量 11 的词的字面意思为“脚抓住了 1”。除了“拿”“抓”以外，各种语言还常常靠“用”“以”等词语来表达把小数量加起来生成的大数量。比如在加拉瓦拉语中，“yehe kafama”等短语中包含“ka-”这一前缀。“yehe kafama”这一短语表示“十”，字面翻译为“用两只手”，而“ka-”这一前缀表示的就是“用”的意思。

在各种语言中，我们还能发现其他一些相对较弱的规律。这些规律也同样显示出，人类的身体部位在数词的产生过程中发挥了重要作用。比如，表达“数数”“计数”等行为的词语常常是由表达“手指”和“将手指弯曲”等意思的词语演化而来的。（比如，在北美的阿萨巴斯卡语系的分支和祖鲁语中，“将手指弯曲”和“数数”都是相互关联的词语。）

此外，在不同的语言中，还存在另外一些构建数字词语的通用做法，这些做法与人体的生理基础无关。比如，我们还没有讨论到表示很大数量的词语，比如“千”或“百万”。对“千”或“百万”等概念的表达方式也体现出明确的十进制特点，虽然表达这些概念的词语在词源学上可能与表达小数的词语不同，但一般来说在表达这些大数概念的时候我们都会使用10的几次幂。此外，表达大数的词语和表达小数的词语之间还存在另外一种区别，那就是表达大数的词语常常可以做名词使用，而表达小数的词语则只能做形容词使用。比如，在英语中我可以说“hundreds of people”（数以百计的人）或者“thousands of people”（数以千计的人），但却不能说“sevens of people”（数以七计的人）或者“eights of people”（数以八计的人）。此外，这些表示极大数量的词语在实际的口语中较少用到，在世界各地的语言中出现的频率也相对较低。虽然世界上几乎所有语言都包含表达基础数字的系统[14]，但是许多语言中的数字系统无法表达超过100的数量或者超过20的数量，或者超过10或20的某个其他倍数的数量。事实上，在接下来的篇幅中我们将会看到，在澳大利亚、亚马孙河流域以及其他一些地区的许多语言中，它们的数字系统只能精确表达 10 以下的数字。

通过以上对世界各地语言的简要讨论，我们可以得到一些关于口语数字系统的通用结论。首先，这个世界上的几乎所有语言中都包含口语数字系统。虽然我们在上文中只讨论了这些语言中极少数的几个例子，但这些例子已经清楚地告诉我们，在世界上相距万里的不同地区中，在各种相互间毫无关联的语言中，都普遍存在描述基础数字的词语。其次，上文的讨论显示，在世界各地的各种互不相关的语言中，表达数量的词语之间存在着极强的相关性，因为大部分语言都选择了类似的计数基数，而这种基数的选择体现出了生理方面的动因，即人类常常以人体器官为基础来构建数字系统。最后，语言学方面的证据显示，这种以人体器官为基础来构建数字系统的做法不仅在世界各地普遍存在，而且历史极为久远，可以一直追溯到有语言学数据记载的时代。在语言学家重建出的几种最重要的古代语言（这几种古代语言包括原始汉藏语、原始尼日尔–刚果语、原始南岛语、原始印欧语，这几种古代语言是目前世界上大部分通用语言的始祖）中，我们都可以看到以人体器官为基础构建数词的做法。

显然，我们的身体特征极大地影响了我们的思维习惯，也在很大程度上决定了我们如何看待和理解我们周围的世界。目前，许多认知科学领域的研究成果都证实了生理特点对思维的影响。在认知科学中，有一个领域叫作“具身认知”（embodied cognition），该领域主要研究我们的身体特征如何塑造我们的认知过程。基础的数量推理过程就是具身认知的一个很好的例子，因为我们是通过使用自己的身体来理解和处理数量的（在本书的第 8 章中，我们将进一步讨论这一点）。我们在第 1 章中已经看到，如果不使用自己的身体以及我们身体周围的空间将时间的概念进行具化，人类是很难理解时间流逝这一抽象概念的。

同样，通过本章对各种语言中的基础数字词语的讨论，我们可以看出，我们在使用我们的手指和脚趾作为理解和处理抽象数量的主要方式，尤其是手指。

从某些角度来看，以上的所有结论都是非常明显的。毕竟，我们每个人在小时候都曾用过掰手指的方法来数数。事实上，在我们长大成人以后，我们有时候仍然会用这种方法来数数。然而，我个人认为，在很多时候，人类数字系统的这种生理学基础常常为人们所忽视，尤其是人们常常注意不到在世界各地的口语数字系统中，以身体器官来描述数量的模式是无处不在的。这种普遍存在的模式说明，描述数字的词语是人类发明出来的——而在发明数字词语的过程中，我们借鉴了自己的手指以及我们的手指曾经表达的那些数量（我们将在本书的第 8 章中更加全面地讨论这个问题）。然而，有些人坚持认为，数字概念是一个独立存在的概念，这个概念也许本就存在于人类的意识之中，而我们只不过是用我们的手指来指代这些概念而已。然而，接下来的第 5 章中，我们将会看到，大量针对当今世界上不识数的族群进行的实验研究证据表明，上述这种假说是很难成立的。虽然关于这一点的讨论在本书稍后的章节中才会展开，但是在这里我们必须先强调这样一个观点：在世界上的各种语言中，描述数字的词语总是围绕着“手”的概念而构建和发展出来的，这种现象有力地反驳了数字概念的先天存在论。先天存在论认为，人类只是对已经存在的数字概念找到指代方式而已。显然，如果情况真的如先天存在论者所言，那么我们就不应该在指代数字的过程中如此频繁地依赖我们的手指。如果先天存在论成立，那么今天世界上的各种语言中就应该存在各种各样不同的计数基数，而这些基数不应该如此强烈地展现出人类曾经利用手指进行计数活动的痕迹。对各种语言的交叉比较研究为我们提供了大量证据，这些证据都支持以下假说，那就是：数字不仅是一种标签，更是一种概念工具。人类首先利用自己的手指理解了数量的概念，然后才据此发明出了数字这一工具。[15]

人类当然是靠自己的头脑发明了数字这套工具，然而这还要依赖我们的手指。大量语言学的数据（包括历史证据以及目前通用的语言中的证据）表明，在世界上的各种截然不同的文化中，人们分别通过一些现已无法确定的事件独立发明了数字语言，而这些独立的发明有一个共同的核心灵感，那就是用手来命名像 5 和 10 这样的数量。人类可以将自己的手指与不同的数量对应，许多不同族群的人都发现这样做能带来很大的好处。然而，从符号的角度来看，手指对数量的表达效果其实十分有限，用手指计数也不是一种完全抽象的表达数量的方式。幸好，我们发明了词语。词语是一种终极的抽象符号化工具，我们可以通过词语很好地表达数量的概念。然而，人类通常必须先在自己的手指和数量之间建立更具体的“具身联系”，然后才能使用词语这一工具来描述数量。因此，我们可以说，数字发明的基础是人类的身体。因为人类的身体含有手指和脚趾，我们才可能发明出表达数量的真正抽象的符号——数词。这种抽象的符号可以在不同的族群和文化之间被轻松地学习和传播，并且能够满足许多现实需求。数词是一种真正的语言和概念工具。

—— 进制基数的其他诱因 ——

虽然目前世界上的大部分数字系统都直接或间接地以人类的手指和脚趾为基础，但人类也可以以其他元素作为基础来构建数字系统。除了五进制系统和十进制系统以外，还存在着二进制系统。比如在加拉瓦拉语中，我们看到表达某些较小数量的词语中有很明显的二进制特征。在本书的第 9 章中我们将会看到，在芒阿雷瓦群岛人的传统数字系统中，还存在着更为精细且高级的二进制系统。除了某些文化中使用的二进制系统以外，以下这些进制系统也在不止一种文化中出现，这些进制包括三进制、四进制、六进制、八进制以及九进制。此外，还有一些语言使用或者曾经使用十二进制或者六十进制的数字系统。我们在本书的第 1 章中已经提到，今天的我们之所以把 1 个小时划分为 60 分钟，又把 1 分钟划分为 60 秒钟，就是因为古代的苏美尔人和巴比伦人曾经使用六十进制的计数系统。

有趣的是，八进制、十二进制以及六十进制数字系统的源头可能也与人类的手有关，当然这些系统和人手之间的联系不及五进制或十进制系统与人手的联系那么紧密。虽然人类有 10 根手指，但在我们目前观察到的用手指计数的方法中，并不是所有方法都仅限于在手指和数量之间建立对应关系。在有些方法中，人们会使用另外一些规则来表达数量。由于存在这些不那么明显的其他规则，不同的文化中的人们用手指计数的方法也有所不同。在这里，我可以举一个特例，在印度商人使用的手指计数系统中，其中一只手的每根手指代表 1 个单位，而另一只手的每根手指则代表 5 的倍数。于是，在这个系统中，如果使用者一只手伸出 2 根手指，而另一只手伸出 3 根手指，那么他所表示的数量是 17（$2 \times 1 + 3 \times 5$），而不是 5。

除了数手指本身以外，人们还可以很方便地去数手指之间的空隙。事实上，在各类数字系统中相对少见的八进制系统可能就是这么来的，因为我们两只手上的手指之间共有 8 个空隙。此外，在我们每只手除大拇指以外的手指上共有 12 条线（每个指关节上都有一条线）。这些线条也是在我们视野范围内相当醒目的标志，我们可以用一只手的手指去数另一只手上的这些线条，从而让这 12 条线起到表达数量的作用（如图 3–1 所示）。在我们了解了导致人们选择十二进制数字系统的这些生理因素以后，我们还知道 5 × 12 = 60。由于十二进制和五进制的计数方法分别与人类的手部特征具有清晰的联系，古代美索不达米亚人选择六十进制数字系统进行计数也就显得不那么奇怪了。当然，我们没有明确的证据证明六十进制就一定与人手有关。然而，这显然是一种合理的假说。60 这个数字正好能够很方便地被 5、10、12 整除，如果说古代美索不达米亚人完全是随机地选择了 60 作为基数，那未免也太凑巧了 [16]。

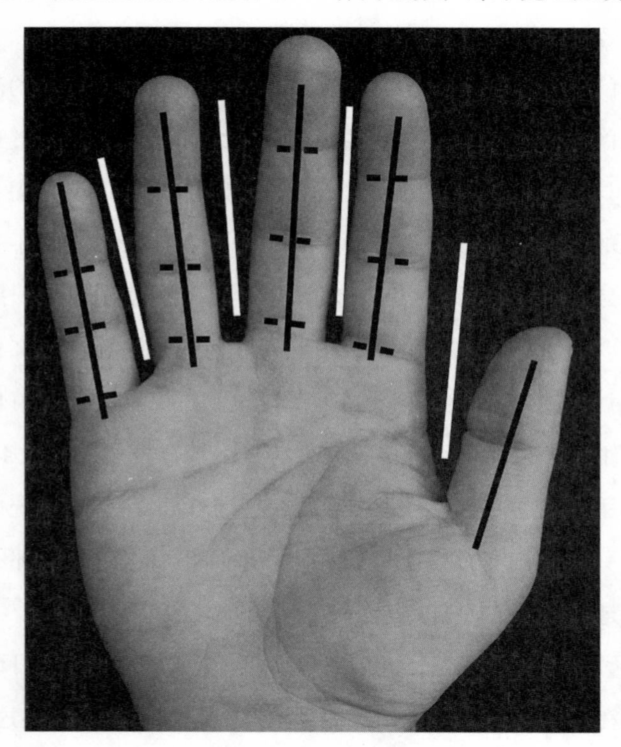

图 3–1　世界上的大部分数字系统都是以人类手指的数目（10）为基础的。然而，人类手部的其他一些特征也可能会影响数字系统的选择。图中白线显示的是手指之间的 4 个空隙，而黑色虚线显示的是 12 个指关节，这些手部特征也可以对数字系统起到塑造作用

图片来源：作者摄。

在这里，我不想对所有不太常见的进制基数做过多的说明，但是我们必须意识到，这些不太常见的进制是真实存在的。我不希望读者留下这样的错误印象：由于某种内在机制以及某些其他因素，人类必须以相同的方式来通过我们的手指去理解和处理数量。除了使用手指之外，人类也完全可以利用环境中的其他一些事物（主要是人体的其他生物特征）来理解和处理数量。事实上，也确实存在这样的情况。人类之所以选择二进制数字系统，可能是因为我们的许多生物学特征都是成对出现的。尤其是在我们的头部有两只眼睛、两只耳朵、两个鼻孔以及双颊。在某些语言中存在一些比较薄弱的证据，这些证据显示表达数量 2 的词语可能是由表达上述脸部器官的词语演化来的。比如，在卡利吉亚纳语中，表达数量 2 的词语是“sypo”，而表达“眼睛”的词语是“sypom”。（不过，我们并不清楚这种情况是否仅仅出于巧合。）

用手以外的其他身体部位来计数的系统是真实存在的，这其中包括一些相当奇特的系统。在新几内亚岛西塞皮克省存在一种奥克萨普明语，在这种语言中，27 个数字依次对应于人体的 27 个部位，这些部位包括手指、眼睛以及双肩。这些用来计数的身体部位从一只手开始，然后沿着一条手臂向上，经过头部，然后再沿着另一条手臂向下，最后止于另一只手。据文献记载，新几内亚的其他一些地方也存在类似的计数系统，比如亚普诺人使用的计数系统。在亚普诺人的语言中，计数词语与身体的许多部位相关，这些部位包括手指、脚趾以及身体上的其他一些部位，这些身体部位一共对应 33 个数词。由于这种系统并不能产生带有进制基数的口语数字系统，因此在这里我们不对这类数字系统进一步讨论。但是这类数字系统的存在是值得我们关注的，因为它向我们展示了人体的生理结构是如何以另一种方式影响计数方法的。[17]

此外，我们还可以在某些文化中观察到一些比较少见的进制基数：比如，美国加利福尼亚地区的萨里南语使用四进制数字系统，而新几内亚南部的一些语言则使用六进制数字系统。六进制的数字系统受到了语言学家的很多关注。这方面的研究显示，新几内亚的一些语言之所以使用六进制数字系统，是因为地区文化中的一些特点。甘薯对这些地区原住民的生存起到至关重要的作用，也在这些地区的经济中扮演了基础性的角色。有趣的是，在摆放和储存甘薯的时候，当地的人们习惯使用一种六乘六的排列方式，这似乎是该地区六进制数字系统产生的诱因。随着时间的推移，这种以特殊物件为基础的计数方法变得越来越抽象，并且被推广到更广泛的领域中，于是当地人开始使用六进制数字系统对所有物品进行计数[18]。

许多其他数字系统也受到以人体之外的其他物品为核心的计数方法的影响，这些物品通常在当地的文化中占据重要地位。在美拉尼西亚和玻利尼西亚的一些语言中，存在或曾经存在着一些特殊的计数系统，这些系统的特点是：在数不同种类的物品时要使用不同的计数方法。在古代高地斐济语中，人们数独木舟的时候用“bola”一词来表示数量 100，而在数椰子的时候，则用“koro”一词来表示数量 100。在古代高地斐济语中，虽然进制基数受到十进制的影响，但数词却与涉及的具体物品种类有关。我们将在本书的第 9 章中进一步讨论玻利尼西亚语中的数词，届时我们将会看到，这些数词其实具有一些认知上的优势。

有趣的是，从一些罕见的数字系统中我们能够看到一些奇特的文化现象的影响。得克萨斯大学语言学家佩欣丝 · 埃普斯（Patience Epps）发现，在亚马孙河流域西北部的某些语言中，描述数量的词是以亲属关系为基础的。多尔语和哈普语是亚马孙河流域西北部的两种语言，它们相互关联，在这两种语言中都有上述情况出现。说多尔语的人在数 4~10 的数量时不仅会用手指，还同时使用词语进行补充。手指表示被清点的物品的数量，而词语表示这一数量是奇数还是偶数。如果这个数量是偶数，他们就会说这个数量“有一个兄弟”，而如果这个数量是奇数，他们就会说这个数量“没有兄弟”。类似的是，在哈普语中，表达数量 3 的词语的字面含义为“没有兄弟姐妹”，而表达数量 4 的词语的字面含义为“有兄弟姐妹陪伴”。这种“兄弟”数字系统可能起源于在南美洲盛行的用兄弟姐妹来换婚的习俗。与新几内亚地区以甘薯为基础的六进制数字系统一样，这种以亲属关系为基础的数字系统也说明了一个事实：虽然在世界上的大部分地区，数字系统是以人的身体部位为基础的，但数字系统也可以以其他事物为基础。以人的身体部位作为数字系统的基础是世界各地的语言的一种常见现象，但并不是通用的规律。在语言学中，我们经常看到这种普遍但并非绝对的规律。[19]

—— 口语数字的有限系统 ——

由于在多尔语中，描述数量 4~10 时不仅需要用到手指，还要用到描绘兄弟的一些词语，所以这种数词算不上严格意义上的口语数字。因此在多尔语中，只有描述数量 1~3 的词语才是真正的口语数字。与多尔语一样，有些语言也只存在表示有限范围内数量的口语数字。在这些语言中，有些数字系统没有进制的概念。在对有限数字系统进行的一次近期的研究调查中，语言学家们发现，有超过 12 种语言根本不存在进制的概念，还有若干种语言无法精确描述超过 2 的数量，甚至有一些语言无法精确描述超过 1 的数量。当然，这些语言只占世界上所有语言中的极小部分，世界上大部分语言都有进制的概念，并且这些进制基数的选择反映了用人体部位计数的习惯。此外，上述这些情况比较极端的语言大部分存在于亚马孙河流域。虽然这些语言目前看来是没有进制概念的，但我们没有绝对的证据证明这些语言中从未有过进制的概念，因为在有些情况下，这些族群的人们可能由于采用了更有效率的数字系统而逐渐弃用了原本存在于该文化中的数字系统。（比如，我们前文提到的加拉瓦拉人就是如此。）在某些文化中，年青一代可能没有学会该文化的古老的原创数字系统，于是这些原创数字系统便逐渐失传了。在这种情况下，研究者很容易错误地认为那些古老的数字系统从来就不曾存在过。然而，即使是考虑到这些社会语言学的因素，我们仍然能够比较确定地判断某些语言中确实只有有限数量的原创数字，而且在这些系统中是没有进制的概念的。比如，语言学家认为，亚马孙河流域的西里夏娜语和毗拉哈语都没有任何表示精确数量的词语。我对毗拉哈语的情况比较熟悉，因此我会在本书的第 5 章中详细地讨论关于毗拉哈语的一些细节，而对于西里夏娜语的具体情况，我则不是非常明确。有些学术报告指出，西里夏娜语中总共有三个表达数量的词语，这三个词语的字面含义大致分别为："一或者几个""二或者几个""三或者更多"。[20]

在亚马孙河流域某些语言的有限数字系统中，人们可以精确地描述数量 1 和 2，但对 3 或以上的数量只能做出不够精确的描述。比如，蒙杜鲁库语就是这样。最近，蒙杜鲁库语成为心理语言学研究的热门领域（参见本书第 5 章）。此外，另一个广为人知的事实是，在大部分澳大利亚原住民语言中，也只存在比较有限的数字系统。有一些语言学家曾经声称，大部分澳大利亚原住民语言中都没有能精确描述超过 2 的数量的词语。然而，现在看来，上述说法夸大了这些语言中数字系统的局限性。事实上，澳大利亚的许多原住民语言中都有原创的数词可以精确地描述各种数量，在有些情况下，它们甚至能把进制的概念与加法及乘法运算相结合，并且通过这种方式把描述小数的词语组合在一起，达到表达较大数量的效果。语言学家克莱尔 · 博文（Claire Bowern）和杰森 · 岑茨（Jason Zentz）对澳大利亚的各种原住民语言进行了广泛的调查研究，这项研究发现，这些语言中的数字系统确实常常具有很大的局限性。但是，大部分澳大利亚的原住民语言并不像某些语言学家之前判断的那样属于"一、二、很多"型数字系统。至少和亚马孙河流域的狩猎者族群或采集者族群使用的数字系统相比，澳大利亚原住民语言中的这些数字系统是相对比较高级的。在这项调查涉及的近 200 种澳大利亚原住民语言中，所有语言中都包含表达数量 1 和 2 的词语。然而，这些语言中约有 3/4 能够准确表达的最大数量是 3 或者 4。尽管如此，在这些语言中，许多语言都用描述数量 2 的词语作为描述其他数字的基数。有几种语言用表达数量 5 的词语作为基数，而有 8 种语言中的词语能够精确描述的最大数量是 10（没有任何一种语言把 7、8、9 或者 11 作为它所能精确描述的最大数量）。从这些情况中我们可以看出，即使是在澳洲大陆上，我们也能够零星地看到以手指为基础来创造数词的方法。鉴于这块大陆上的人们早在 40 000 年之前就与其他大陆上的人群相对隔离，上述情况显然具有很重要的意义。显然，与世界其他地区的人们一样，某些澳大利亚大陆上的原住民族群也以人体部位为基础，独立发明出了用语言表达数量的系统。[21]

—— 结语 ——

曾经，大部分语言学家都认为，人类的各种语言之间的区别是相对表面的，所有人类语言实际上都存在着一些更深刻、更普遍的共同特点。而如今，越来越多的语言学家认识到，现存的人类语言之间的差异其实是非常深刻和本质的，从实证的角度来看，并不存在任何一种适用于所有人类语言的共同特点。[22] 在本章中，我们对世界上的各种口语数字系统进行了简要的讨论。显然，在这场短暂的数字之旅中，我们没有发现哪个共同特点是适用于所有语言的；我们已经非常明确地看到，认为所有语言都包含能精确描述数量的数词的旧观点是错误的。此外，我们还看到，在不同的语言中，人们构建数字系统的方式有较大的差异，有些语言中的数字系统涉及的范围极为有限，而另一些语言中的数字系统（比如我们所使用的数字系统）几乎能够描述任何数量。在这场数字之旅中我们还看到，某些地区的原始语言虽然表面上看来无法表达数字，但实际情况却并非如此，比如在澳大利亚大陆上的一些原住民语言中，以及在亚马孙河流域的加拉瓦拉语中，我们都能够看到这样的现象。更加精确完备的语言学研究文献让我们得以更准确地了解当今世界上的各种数字系统的真实情况。

虽然世界上的各种数字系统之间具有上述明确的差异，我们也同样能够很清楚地看到，在世界上的各种口语数字系统之间，存在着一些共同的特点。这些特点描述起来非常简单：第一，描述数量的词语常常来源于描述“手”的这个词；第二，人们常常用 5、10、20 或者这几个数字的某种组合作为数字系统的进制基数。在有人类居住的大陆上，不管是古代的语言还是现存的语言中，我们都可以清楚地看到上述这两个特点。这种情况说明，人类先通过把数量和自己的身体部位相联系，以便更好地理解数量的概念，然后又通过进制基数把抽象的数量在语言上具体化。而人类之所以能够把数量和自己的身体部位联系起来，是因为手指和脚趾这些器官非常醒目地天然存在于我们的视野范围内，这些人体部位所对应的数量组合不断引起人类的注意，等待着人类的发现（在本书的第 8 章中，我们会更详细地讨论人类是如何利用这种灵感的）。人类的手指根根分明，并能与数量形成对应关系，这个工具让我们把不能完全理解的抽象概念具体化，并且把对这些抽象概念的表示形式从手转移到口，再转移到其他人类成员的头脑之中。[23]

第4章 数字之外的语言

数字统治着我们讲述和书写的语句。现在，我正写下这些语句以便向读者传达我的思想，而要在英语中创造或者理解这些语句，就必须不断地涉及我们谈到的物品或概念的数量。让我来回放一遍上面这个语句的英语表达，并把表示数量的地方用加粗的方式标出来："Even the word**s** that **I am** writing now as **I** convey **these** thought**s** can only be produced and comprehended in English with constant reference**s** to the quantit**y** of item**s** or concept**s** that **are** being talked about."在上面这个句子中，英语的语法竟然要求我在11个不同的地方区分我谈到的东西的数量。这个句子并不是我生造出来的古怪句子，但英语语法中涉及数量的频率就是这么高。此外，语法规则中经常涉及数量的语言也远不止英语一种。很多语言都要求使用者在说话或书写的时候不断明确表示所谈及的东西的数量，或者进行某项活动的人的数量（比如，"我"

和“我们”的区别)。在本章中，我希望让读者了解到，在世界上的各种语言中，上述关于数量的语法区别是十分重要的。在接下来的篇幅中我们将会看到，语法中的数字是非常常见的，而且这些现象也同样反映了一个与人类的生物学特点相关的重要结论。前一章中提到的表示数量的词语反映出的是人类手部的特点，而本章中讨论的语法中的数字反映的则是人类在神经生物学方面的一些特点。

在本章中，我首先会对各种语言中语法上的数字做一个概览，然后我会谈及一些人类神经生物学方面的基础研究成果，这些研究成果也许能够部分解释上述概览中揭示的语法特点形成的动因。本章中谈及的数字既不是描述数量的词语(我们在第 3 章中讨论过描述数字的词语)，也不是书面的数字符号。

—— 名词数字 ——

首先，我们要谈到“名词数字”(nominal number)这个概念。名词数字是指对名词进行变形处理，以体现出这个名词描述对象的数量。在英语中，名词形式的变化在很大程度上涉及语法数字的概念。比如，如果我描述的是一个人，我会说“person”，而如果我要描述超过一个人，我会说“people”。在这里，语法数字的概念是模糊的，从名词的形式上我们只能看出不止一个人，而看不出人的具体数量。英语中其他非常规的名词复数的变化还包括：tooth 和 teeth(“牙齿”的单数和复数形式)，mouse 和 mice(“老鼠”的单数和复数形式)，criterion 和 criteria(“评判标准”的单数和复数形式)，等等。这些名词形式的变化可能令初学英语的人困扰不已。然而更让人感到痛苦的是，英语中还有一些非常规的词是单复数同形的，也就是说不管这些名词描述的对象是一个还是多于一个，这些名词的形式都保持不变，比如 deer（鹿）和 sheep（羊）。此外，英语中还有一些看起来不那么奇怪的特殊的单复数变形方式，比如 children（“孩子”的复数）、men（“男人”的复数）、oxen（“牛”的复数）等词是通过在名词的单数形式结尾加上“-en”这个后缀来表示数量的变化的，这与英语中标准的复数变形方式是不一样的。从语言的历史演化角度来看，这种变形方法来自另外一种语源。在英语中，把名词变成复数形式的标准方式是在词尾加上某个音节，这个音节一般写作 s，但形式上也可以有一些其他的变化。下面三个单词的单复数形式展示了这种标准形式的变化：

（4.1）cat 和 cats（猫）
car 和 cars（汽车）
house 和 houses（房子）

在上述三个例子中，在词尾加上 -s 的后缀表示右侧的词语描述的是数量多于 1 个的“猫”“汽车”“房子”。在英语中，没有后缀的名词一般是单数形式，而加上 -s 后缀的词一般是复数形式。想必从你学习英语的第一天开始，你就已经知道这个规律了。然而，事实上英语中的单复数变化并没有这么简单，即使都是在名词词尾加上 -s 的标准变形，其中也存在一些差异。如果你不明白我为什么这么说，那么让我们重新读一遍上述三组单词。这次请你把重点放在发音方面，你就会发现虽然三个词的复数形式都是在词尾加上 -s，但是这三个后缀其实并不完全相同。“cats”一词中的 -s 属于语言学家所说的“清音”，也就是说发这个音的时候你的声带是不震动的。而“cars”一词中的 -s 是“浊音”，如果你把这个音拖长，会产生一种蜂鸣般的声音，这说明你的声带在震动。在“houses”一词中，-s 也是浊音，但是在这个音前面插入了一个元音，因此这个后缀的实际发音类似于“-uhz”。虽然在发音上具有以上区别，但英语中的常规复数形式变化还是有统一性的，毕竟就书写而言，上面所说的三个词的复数形式都是在原词末尾加上字母“s”。

和英语一样，许多其他语言都通过在名词上加上前缀或者后缀来区别名词所表达的数量。大部分语言会在名词的单数形式上加上前缀或后缀来把名词变成复数形式（复数形式表示这个名词指代的对象数量超过 1）。让我们来看看葡萄牙语中的相关例子，以下三组葡萄牙语词语的意思和前文中三组英语词语的意思是一样的：

（4.2）gato 和 gatos（猫）
carro 和 carros（汽车）
casa 和 casas（房子）

与英语一样，葡萄牙语也用后缀 -s 来表示复数。但这并不代表英语语法和葡萄牙语语法中的数字规则是完全一样的。比如，在英语中，后缀 -s 的读音有各种变化，而葡萄牙语中则不存在这些变化。此外，在葡萄牙语中，除了名词有单复数两种不同的形式以外，与名词相邻的词语也要根据名词的单复数在形式上有所变化。比如，在葡萄牙语中，“我的（一栋）房子”（my house）表示为“minha casa”，而“我的（多栋）房子”（my houses）必须表示为“minhas casas”。也就是说，名词前面表示所属关系的代词也必须反映出单复数属性。同样，在英语中我可以说“the house”或者“the houses”，而在葡萄牙语中上述这两个词分别要被翻译为“a casa”和“as casas”，即一旦名词的单复数发生改变，前面的冠词也必须变化形式来反映单复数属性。

欧洲语言之间的这些相似性可能会让我们误以为在名词后面加 -s

后缀是许多语言（甚至是大部分语言）的通用规则。然而，近几十年来语言学家们研究世界上的各种其他地区的语言发现，改变名义数字的语法规则实际上是千变万化的。此外，语言学家还越来越清楚地知道，在许多语言中，不管名词指代的是单数还是复数，名词的形式都保持不变。让我们来看看亚马孙河流域的卡利吉亚纳语是如何表示“猫”和“房子”的单复数形式的：

（4.3）ombaky 和 ombaky（分别是“猫”的单复数形式）
ambi和 ambi（分别是“房子”的单复数形式）

在卡利吉亚纳语中，不管指代一只猫还是多只猫，不管指代一栋房子还是多栋房子，“ombaky”（更准确地说，这个词对应的不是英语中的“cat”，而是“jaguar”，指的是野生猫科动物美洲豹）和“ambi”（指代英语中 house 一词）这两个单词的形式都不会发生变化。这一规则适用于卡利吉亚纳语中的所有名词，因为卡利吉亚纳语中根本没有名词数字这一概念。（但是在代词方面，卡利吉亚纳语中有“我们”之类的概念，所以从严格的技术意义上来讲，这种语言也不是完全没有语法数字的概念。）

语言学家马修 · 德赖尔（Matthew Dryer）对世界上的各种语言进行了全面透彻的调查研究。这项研究共调查了 1 066 种语言。德赖尔发现，在这 1 066 种语言中，有 98 种语言和卡利吉亚纳语一样，没有把名词变成复数形式的语法规则。由此看来，名词不做复数变形的语言并不少见。对于说英语等欧洲语言的人来说，把名词变成单数或复数形式是学好母语的必须掌握的一项关键技能，因此我们可能很难相信世界上竟然有大约 10% 的语言里根本没有名词单复数变形这种说法。但是，我认为其实更加值得我们惊叹的是，世界上绝大多数的语言

（大约占所有语言的 90%）里竟然都有关于数量的语法规则，这些规则让人们能够明确地表达他们谈论的对象的数目是一个还是多个。这种区分单复数的语法规则在世界上许多完全没有联系的语言中都有所体现，这说明在人类交流和表达意思的时候，“一个 / 多个”之间的区别是一种非常重要的信息。虽然你可能会觉得关注“一个 / 多个”之间的区别简直是理所当然的，但是从先验的角度来看，事实上很难说清楚我们究竟为什么要在说话的时候如此频繁地区分“一个 / 多个”。为了研究为什么在语法上区分单复数的规则会在人类语言中如此普遍，我们必须先研究一下在其他语言中存在的与数量有关的语法现象[1]。

在某些语言中，名词不仅有单数和复数形式，还有一种不同的形式——“对偶”形式。当说话者谈及的对象有且只有两个的时候，就要用到名词的双数形式（dual cateqory）。比如，在阿拉伯语中，可以通过在名词后面加上后缀 -an 把名词变成双数形式，而此外还有另一种不同的后缀来表示复数形式。虽然这样的语法现象对说英语的人来说可能显得有些陌生，但事实上很有趣的是，在英语的始祖——原始印欧语中也有名词的双数形式。古希腊语、梵语以及其他一些源于原始印欧语，但现在已经消失的语言中都曾有过名词的双数形式，语言学家根据这些证据判断，原始印欧语中也有名词的双数形式。比如，在古代希腊语中，“o hippos”表示“一匹马”，“to hippo”表示“两匹马”，而“ hoi hip-poi”表示“多匹马”[2]。事实上，古代英语中也曾有过名词的双数形式，在今天我们使用的现代英语中，仍然能够看到名词双数形式留下的微弱痕迹。虽然我们在名词的词尾加上后缀时并不区分名词指代的是两个对象还是两个以上的对象，但在其他一些英语词语中对“两个”和“两个以上”其实是有所区分的。比如，当我说“either of them”（或者是这个，或者是那个）而不说“any of them”

（他们中的任何一个）的时候，听者便明白我在谈论两个人。同样，如果我说“both of them”（两者都）而不说“all of them”（他们中的所有人），听者也会明白我谈论的对象有且仅有两个。因此，我们看到，除了“two”（二）、“three”（三）这些明确表示数量的词以外，在英语里还有其他方式来区分“一个”、“两个”以及“多于两个”这三种不同的数量类别。而在阿拉伯语等其他一些语言中，双数则是一个更加常规的数量类别，通过在名词后面添加相应的后缀就可以把名词变成双数形式。除了阿拉伯语以外，斯洛文尼亚语也是一种有双数形式后缀的现代语言。

某些澳大利亚大陆的原住民语言中也有表示双数的语法形式。约克角半岛上的人们使用迪尔巴尔语。下面，让我们来看看迪尔巴尔语中双数形式的例子：

（4.4）Bayi Burbula miyandanyu.
（布尔布莱亚笑了。）

（4.5）Bayi Burbula-gara miyandanyu.
（布尔布莱亚和另一个人笑了。）

（4.6）Bayi Burbula-mangan miyandanyu.
（布尔布莱亚和其他几个人笑了。）[3]

从上面的例子我们可以看出，后缀 -gara 表示该句指代两个人，而后缀 -mangan 表示该句指代多个人。所以，-gara 后缀起到了双数形式符号的作用。从严格的技术角度来看，-gara 是一种联合性质的双数符号，因为第二个句子的含义是“布尔布莱亚和另一个人笑了”而不是“两个布尔布莱亚笑了”。而且，与英语中的复数形式符号不同，-gara 后缀只能加在表示人的名词后面。在另外一些澳大利亚原住民语言中，存在一些更直接地起双数符号作用的语法成分，这些符号表示谈及对象的数量有且仅有两个。在卡亚戴尔德语（Kayardild）中，后缀 -yarrngka 就起这种作用。比如，在卡亚戴尔德语中表示“姐妹”的词是 kularrin，而 kularrinjiyarrngka 则表示“两个姐妹”的意思。[4]

在有双数形式的语言中，双数变形更常体现在代词上，甚至仅仅体现在代词上。（你可以回忆一下语法课上学过的这个知识点：代词通常用来代替名词，主要指代说话者或者说话者谈及的人。）让我们来看一看上索布语里的一些代词的例子，上索布语是德国东部一个较小区域中所使用的语言。

（4.7） ja 和 ty（“我”和“你”）
（4.8） moj 和 woj（“我们俩”和“你们俩”）
（4.9） my 和 wy（“我们”和“你们”）

（4.7）中的两个代词是单数形式，分别指代第一人称和第二人称。（4.9）中的两个代词是复数形式，也是分别指代第一人称和第二人称。而（4.8）中的两个代词要翻译为英语则必须引入“two”（二）这个单词，在表示双数的时候，英语里需要明确出现表示数量 2 的字眼，但在上索布语中并不需要——因为上索布语中有（4.8）中列出的这种双数形式的代词。虽然双数形式的语法元素不如复数的语法形式那么常见，但是双数形式的例子在现代语言中显然也是存在的，此外在古代语言中也曾经存在过双数形式的语法元素。

某些语言中甚至还有语言学家称为“三数形式”（trial inflections）的语法规则。“三数形式”表示指代对象的数量有且仅有三个。然而，在世界上的各种语言中，只有极小一部分语言中存在这种语法现象，具体来说，一些南岛语系下的语言中包含有“三数形式”的语法元素。

让我们来看看摩鹿加语中的以下句子：

（4.10）Duma hima aridu na’a.

（我们三人拥有那栋房子。）[6]

在上述句子中，“aridu”一词指代有且仅有三个人，因此，“aridu”一词是一个三数代词。

然而，以语法形式来指代精确数量的情况就仅此而已了。比如，语言学家尚未发现世界上的任何语言中存在表示指代对象数量有且仅有 4 个的语法元素 [7]。除了上面提到的单数、双数、三数、复数这几种语法数字以外，还有另一种我们尚未谈到的语法数字——“少数”。“少数形式”常见于南岛语系中的一些语言，这种语法元素模糊地表示指代对象不多但并不精确的数量。比如，在某个只有约 60 位居民的小村庄里，通用的语言是博马斐济语。在这种语言中，如果说话者与数量较少（最多十几人）的其他人进行对话，他会用第二人称少数代词“dou”来指代听他讲话的人们；而如果说话者在和全村所有人进行对话，他会用第二人称复数代词“omunuu”来指代听他讲话的人们 [8]。

在世界上的各种语言中，语法数字的区别不仅表现为功能上的差异，还表现为形式上的巨大差异。如果我们比较（4.1）、（4.2）和（4.6）中的例子，就可以看出，在英语、葡萄牙语和迪尔巴尔语中，表示复数的后缀在形式上差别很大。然而，我们应该注意到，上述三种语言都是通过在名词词尾加上后缀的方式来表示复数形式的。这种现象并不是出于巧合：在世界上的各种语言中，在词尾加后缀是表示复数形式的最常见做法（其出现频率远远高于其他形式的复数符号）。当然，在词的开头加上前缀也是一种较常见的表示语法数字概念的方法，在前文中我们提到一项涉及世界上 1 066 种语言的语言学调查，这项调查发现在这 1 066 种语言中，有超过 10% 的语言用前缀来表示语法数字。下面，我举一个斯瓦希里语的例子，来说明如何用前缀表示语法数字：

（4.11）ji-no 和 me-no（分别是“牙齿”的单复数形式）[9]

除了在名词的头或尾加上前后缀以外，人们还可以用其他更加奇特的方式来表示语法数字。在某些特殊的例子中，存在这样的语法现象：在一个词语的中间加上某些成分，就把这个词语变成复数形式，语言学家把这种做法称为给词语加上“中缀”。下面是一个图瓦里伊富高语中给名词加中缀的例子，图瓦里伊富高语是菲律宾的一种本地语言。

（4.12）babai 和 binabai（分别是“女人”的单复数形式）[10]

注意，在上述例子中是通过在 babai 一词中加上 -in- 这个中缀来把这个词变成复数形式的。

此外，还可以通过重复某个名词中的一个或几个音节来把这个名词变成复数形式，语言学家把这种语法变形的方式称为“重叠”。图瓦里伊富高语中也有通过重叠表示复数的例子，在下面的例子中，人们通过重复 tagu 一词的第一个音节来把这个词变成了复数形式：

（4.13）tagu 和 tatagu（分别是“人”的单复数形式）[11]

在各种语言的语法中，把单数名词变成复数的方式还不止这些。比如还有另一种做法叫作“异干互补”，即用一个完全不同的词来表示某个单数名词的复数形式。例如，在现代阿拉伯语中，表示“一个女人”的词语是“mar’ah”，而表示多个女人的复数形式则是“nisa”。在肯尼亚的恩多语中，表示“一只山羊”的词语是“aráan”，而表示多只山羊的复数形式则是“no”。学习这些用异干互补构成的单复数变形非常困难，因为我们必须把每一组词的单复数形式都背下来。不过，异干互补还不是最难掌握的单复数变形方式。在拉丁语、俄语以及许多其他语言中，不同的名词需要加上截然不同的后缀来变为复数形式，比如同一个名词在句子里是主动用法还是被动用法决定了这个名词应该用哪种后缀来变为复数形式。

至此，我们已经对世界各种语法中的数字表达有了一个总体的了解，通过上文的讨论，我们可以得到以下几个结论。第一，不同语法中的名义数字的变化在形式上具有很大的不同。在大部分语言中，单数名词通过增加后缀来变成复数形式；在其他一些语言中，单数名词通过增加前缀来变成复数形式；在少数语言中，还存在一些特殊的单数变复数的方式，比如“重叠”等。此外，我们还看到，某些语言的语法里完全不存在单复数的变化，比如卡利吉亚纳语。虽然各种语法之间单复数的变化形式存在这么多的差异，但这种语法现象在功能上也存在一些清晰的共同点。大部分语言都区分“单数”和“复数”的概念，而另外有些语言则有“单数”“双数”“复数”之分。极少数语言中还有“三数”这个类别。但是，在这方面我们发现了一个非常重要的事实：没有任何一种语言中有精确表示 4、5、6 或者其他更大数量的语法元素，要精确地表达这些较大的数量，就必须用到表示具体数量的数词。显然，在人类语言中，我们倾向于精确区分数量 1、2 和 3，而对其他数量却只做模糊的区分。在下文中我们即将看到，这种现象的产生可能有一些神经生物学方面的基础[12]。

—— 其他词类中的“数” ——

语法数字的概念通常表现在名词这一类别中，这是因为数的概念主要涉及说话者指代的人或物品的数量。然而，在各种人类语言中，有时候语句的其他部分也会根据指代对象的数量变化而变化。很多语言要求根据主语指代的数量对语句中的动词进行形式上的变化。对于说英语或者其他欧洲语言的人来说，动词的这类变形是我们非常熟悉的语言现象。请看以下两组英文句子的例子：

（4.14）The car is fast.　　The cars are fast.
　　[（一辆）汽车开得快。]　　（多辆汽车开得快。）

（4.15）He runs slowly.　　They run slowly.
　　（他跑得慢。）　　（他们跑得慢。）

在第一组句子中，动词“be”的形式从“is”变成了“are”，因为左边句子的主语是单数形式，而右边句子的主语是复数形式。如果用语言学术语来描述的话，动词进行这种变形是为了让动词的数和主语的数相互“匹配”。

在第二组句子中，当主语是单数时，动词加上后缀 -s，而当主语是复数时，后面的动词则不加后缀 -s。当然，在这组句子中，动词的后缀还反映出动作发生的时间（“时态”）。（只有在时态为现在时的情况下，才可以说“he runs”。）事实上，动词的后缀常常把数字的概念和其他一些语法类别的概念（比如时态的概念）混合在一起。语言是一种混乱的东西。

让我们再看看两组葡萄牙语的句子，请注意这两组句子中动词的数字形式是如何与主语的数字形式相匹配的：

（4.16） Ele Foi ontem.　　Eles foram ontem.
　　（“他昨天走了。”）　　（“他们昨天走了。”）

（4.17） Marta jogou futebol. As mulheres jogaram futebol.
（“马尔塔踢过足球。”） （“女人们踢过足球。”）

在（4.16）中，当主语从单数变成复数时，动词的形式从“foi”（走）变成了“foram”。在（4.17）中，当踢球的人数从一个变成多个时，动词“jogou”（踢）的后缀发生了变化。（4.14 至 4.17）中的所有句子都展示了一种人类语言中常见的语法现象：当句子主语的名词变成复数形式时，动词也要变形。然而，在另外一些语言中，上述规则则会发生一些改变：在这些语言中，动词不是和主语匹配，而是和宾语匹配。这种现象在欧洲语言中的巴斯克语中有所体现，这种语言较为孤立。我们之所以说巴斯克语是一种“孤立”的语言，是因为它与任何其他已知的语言都不相关。下面，我们来看看巴斯克语中的例子：

（4.18） Nik luburuak irakurri di-tut.
（我读过这些书。）

在上面的这个句子中，助动词“tut”被加上了前缀 di-，这表示被阅读的书不只有一本，而不表示读书的人不只有一位。至此，我们已经看到，语法数字的概念不仅在世界上的各种语言中普遍存在，而且在形式上可以说是千变万化。语法数字有时表现为在名词后面加上表示复数形式的后缀，有时表现为用双数形式的代词来指代两个人，有时表现为在动词前面加前缀以匹配句子中某个名词的数目，还有时会表现为对名词或动词做其他特殊形式的变形。

然而，语言的无穷变化远不止于此。让我们来看看英语中的不定冠词。我可以说“a car”（一辆车）或者“a computer”（一台电脑），但显然“a cars”或“a computers”在语法上是错误的。虽然不定冠词

“a”并不是一个数词，但这个词显然表达了一些与数量有关的信息。除了英语之外，许多其他语言也具有上述这一特征，当指代对象的数量不同时，必须使用不同的冠词。比如，在德语中，“das Auto”的意思相当于英语中的“the car”（这辆汽车），但是如果名词 Auto 变成复数形式 Autos，则必须把定冠词从“das”变为“die”。让我们再来看一下英语中的指示词，比如 this 和 that。指示词传达的信息是：说话者谈论的具体对象离说话者是近还是远。我可以说“this pen here”（这边的这支笔）或者“that pen over there”（那边的那支笔），但是，如果我谈论的不是一支笔，而是多支笔，我就必须改变句子里的指示词，上面两个句子需要分别变为：“these pens here”（这边的这些笔）和“those pens over there”（那边的那些笔）。

在某些语言中，有一类词的功能和使用方式与英语中的指示词差不多，语言学家把这类词称为“分类词”（classifier）。分类词可以是词，也可以是词的元素，这些词或词的元素对相邻的名词起到分类的作用。然而，与指示词不同的是，分类词对名词进行分类的依据不是离说话者有多远，而是名词指代对象的生命特征或者功能等其他因素。有趣的是，在对物品进行计数的时候，常常出现分类词和数词连用的情况。让我们来看看亚瓜语中的一些例子，亚瓜语是一种发源于亚马孙河流域西北部的原住民语言：

（4.19） tĭ-kĭ ï（一——分类词） vartura［（已婚的）女人］
（一个已婚的女人）

（4.20） tĭn-see（一——分类词） vaada（鸡蛋）
（一个鸡蛋）[14]

在上面的例子中，分类词以后缀的形式出现在数词“一”的词尾，而后缀的形式和后面的名词有关，谈论女人时用的分类词和谈论鸡蛋时用的分类词是不一样的。在很多语言中，计数的时候都会用到分类词，世界上两种使用范围最广的语言——汉语和日语——里都有这种分类词。在某些玛雅语言中，名词被分为几十类，每类词在计数时都要做不同的处理。在英语中，也有分类词系统存在的痕迹。当我们对不可数名词进行计数的时候，我们必须对这些物件的形状做出分类。从语法的角度而言，我不能说“thirty clays”（三十个粘土）、“thirty dirts”（三十块污泥）或者“thirty sands”（三十粒沙子）。为了符号语法要求，我必须首先在这些不可数名词前面分别加上一些表示形状的词，比如“clumps of”（几团）、“mounds of”（几堆）或者“grains of”（几粒）；然后，再把这些名词变成单数形式。而“cars”“pencils”“books”等可数名词则可以直接和数词连用，中间不用加起分类作用的词。“thirty cars”［三十（辆）车］的用法在语法上完全正确，而“thirty clumps of car”（三十团车）则听起来不那么对劲儿。

显然，在语法的世界中，区分指代对象数量的方式是无穷多的。但是，我们应该注意到的一点是，所有这些方式（包括动词与名词之间数的一致性，以及单数形式的定冠词等）都是为了把很小的数量（主要是 1，有时会延伸到 2 和 3）与其他较大的数量区分开。而对于较大的数量，语法数字的概念则是模糊的，不够精确。这种特征在表示具体数量的词中也同样存在。在第 3 章中，我们集中讨论了表达具体数量的词，在这里我们可以指出另一个显而易见的事实，那就是：在语言中还存在一些表示模糊数量概念的词。比如在英语中就包含这样的词：a few（少许）、a couple（几个）、many（许多）、several（若干）等。这种类型的词很可能存在于世界上的所有语言中，因此我可以举出无数个例子。比如，在尤卡坦玛雅语中就存在表示模糊数量的词“yaab”，意为“许多”[15]。令人惊讶的是，某些语言完全依靠或者几乎完全依靠这种表示模糊数量的词来描述数量的概念。在接下来的第5章中，我们会讨论世界上许多不识数的族群，到时候我们会看到很多具有这一特点的语言。

还有其他一些表达模糊数量的词可以用来指代一个对象中包括多种不同种类的东西。比如，在英语中，我可以用“herd”一词指代一群有蹄动物。如果我想要指代一群会游水的动物，我可以说“a school of fish”或者“a pod of dolphins”。事实上，在英语中，这类形容一群动物的词有几十个。“A gaggle”指一群不飞的鹅，如果这群鹅会飞，那么应该改用“skein”一词。如果你想得到学究们的肯定，那么请一定要注意以上两个词的区别。假如我想形容一群鸭子而不是一群鹅，那么我应该用“a flock”。事实上，很多以英语为母语的人也搞不清楚这些词之间的区别，这也是可以理解的，毕竟这种区别没有多大的实际用途。然而从语言学的角度来看，这些词之间的区别毕竟是存在的，这种语言现象体现出另一种区别一个和多个的方式。

这种一个和多个的区别还可以体现为某些动词之间的微妙区别。比如，如果我看到一头大象在迅速移动，我会说它在“running”（跑）；但假如有许多头大象在迅速地移动，我则应该说这些大象在“stampeding”（涌）。在英语中，之所以要使用上述两个不同的动词，是因为做动作的大象的数量变化了，而不是因为同一头大象多次做出了跑的动作。有趣的是，在其他一些语言中，这种动词上的变化则用于区分一个事件发生了一次还是多次，而非用来区分该事件中出现的人或物品的数量是一个还是多个。这种“动词复数化”的语法现象在非洲萨赫勒地区隶属乍得语族的豪萨语中有所体现。比如，在豪萨语中，动词 aikee 和 a"aikee 都表示“送”的意思，但 a"aikee 一词中的前缀 a"- 表示“送”的动作发生了一次又一次。也就是说，在豪萨语中，上述动词的形式变化取决于这个动作发生的次数，而非实施“送”这个动作的人有几个，也不取决于接受“送”这个动作的人有几个，或者被“送”的东西有几件。

亚马孙地区的卡利吉亚纳语中也有一些特殊的动词形式，如果动词发生这些变形，则表示涉及的物品有多个而非一个。这种现象有些令人意外，因为在前文中我们曾经提到，在卡利吉亚纳语中根本没有语法数字的概念（除了在代词上有一些区别以外）。但是，在卡利吉亚纳语中，确实有些动词天生带有复数的意味。比如，在卡利吉亚纳语中，动词 ymbykyt 表示“几个人到达了”。而动词 piit 表示“拿走几件东西”——不管拿东西的人有几个。此外，在描述跑、走、飞等动作的时候，也会用到一些有复数含义的动词。我曾对 24 位说卡利吉亚纳语的原住民做过一项实验，在实验中，我用不同的复数动词描述一些动作。实验结果显示，动词的选择会影响说卡利吉亚纳语的人对这些动作的看法，而对说英语的人则没有这种效果，因为在英语中不存在这种形式的动词变化 [16]。

很多时候，人们会认为，语法数字的概念仅仅表现为名词的单数和复数形式的区别。从上面的讨论中我们看到，实际情况显然比这复杂得多。世界上几乎所有语言的语法中，都有数字的概念，语法数字却像一头会变形的怪兽一样，能以各种形态出现，叫人琢磨不透。有时候，语法数字的区别确实表现得很简单，比如在词尾加上后缀就可以表示复数形式。然而在其他一些时候，语法数字的区别并不仅仅是“一个”和“多个”这样简单的区别，而是可能将数量细分为更多类别，比如“一个”、“两个”以及“许多”的区别。此外，我们还看到，语法数字的概念并不仅仅表现在名词的变化上，动词也可以通过变形来表达指代数量或者动作发生的次数。冠词和分类词等其他类词也同样反映出人类喜欢区分不同数量的习惯，尽管有些时候在对话中似乎根本没有必要区分这些数量。事实上，人类的语言不仅反映出人们喜欢区分不同数量，还通过不断地指代和表达数量强化了人类对数字的关注。

虽然在各种不同的人类语言中，关于数量的语法规则可谓五花八门、千差万别，但是在这种语法现象中，我们仍然能够发现一些十分显著的规律。第一点，世界上绝大部分语言的语法中都含有数的概念。随着语言学研究的不断深入，语言学家越来越清楚地认识到，不同语言之间的差异是相当大的，然而语法数字的概念却是世界各地语言的语法中最普遍出现的特点。第二点和第一点同样重要，那就是，虽然在世界上的各种不同语言中，表达语法数字的规则各不相同，但是这些规则所起的作用其实相当类似。首先，各种语言的语法都倾向于把所有数量分成两类：1 和 1 以外的所有其他数量。即便有些语言的语法会把数量细分成更多个类别，类别的数量也不会太大——目前已知的所有语法最多对以下三个精确数量进行了单独分类处理：1、2、3。尽管五进制和十进制是世界上最常见的数字系统进制，也没有任何语言的语法会用在词尾加后缀的方式精确地表示数量 5 或者 10。我们知道，在世界上的各种语言中，人们会用各种千奇百怪的前缀和后缀表示许多我们想都想不到的意思，然而我们却从来不用这些语法上的方法来表示 3 以上的精确数量，这种现象应该引起我们的重视。上述这些现象把一个清晰的问题摆在我们面前，那就是：为什么人类的语法如此关注数量，却只用模糊的方式来指代数量（除了表达 1、2、3 这几个较小数量时）呢？如果我们想精确地表达 3 以上的数量，我们就必须用到数词，而不能仅靠语法上的区别表达这种意思。在这里，我们似乎可以看出一种倾向，那就是：精确地表达较大的数量对人类而言不是一件平常的事情，然而精确地表达 1、2、3 这几个数量对人类来说却是相当平常的。事实上，实际情况也是如此。为了理解为什么人类可以很自然地区分某些数量，却无法自然地区分另一些数量，我们必须先了解一下人类用来理解数量的工具——我们的大脑。

—— 以神经生物学为基础的语法数字 ——

顶内沟（IPS）是人脑中的众多脑沟之一。顶内沟在顶叶中横向伸展，从皮质中央一直延伸到皮质的后部。顶内沟是人脑中负责数字思维的主要部分，这一点在第 8 章中我会进一步地展开讨论。在顶内沟中产生的某些数字思维同时具有两方面特点：这些思维功能既是个体产生的，又是种系衍生的。也就是说，在个体发育的过程中，某些数字思维出现在极早的发育阶段；同时，在物种进化的过程中，某些数字思维很早就出现在我们以及与我们相关的物种身上。从某种程度上来说，人类以及其他与人类相关的物种天生就具有进行数字思维必备的“硬件”条件。

然而，请注意：这仅仅是从某种程度上来说，但“某种程度”究竟是什么样的程度呢？说实话，不是太高。此处涉及一个本书一再强调的重点：抛开文化方面的因素不谈，人类大脑所能提供的能够处理数字的工具实在不怎么高级，甚至有些粗糙。但是，这些工具是真实存在的。如果我们抛开人类在数字方面的文化传统，仅看人类的神经生物学特点，那么人脑顶内沟中的数字处理功能似乎能够解释前文提到的问题，即为什么人类的语法中对大部分数量仅进行模糊的表达。从神经生物学的角度来看，人类与生俱来的处理数量的功能只有两部分：一是辨别小数量（尤其是 1、2、3）之间区别的功能，二是区分小数量和大数量的功能。因此，在语法中把所有数量分成两类——1 和其他所有不是 1 的数量——其实是一种非常常规的做法。

大量认知心理学、神经科学以及其他相关领域的文献证明，人类即使没有受过任何数学训练，也能快速区分几组数量较小的物品之间的区别（在本书的第 6 章中，我会讨论婴儿的认知发展过程，到时候会对这一点进行更详细的讨论）。人脑顶内沟中的基础神经生物功能已经赋予了我们这种追踪分辨物品的能力。人类可以快速而准确地分辨出 1 个物品、2 个物品和 3 个物品的区别。然而对于更大的数量，人类天生的神经功能只能让我们模糊地感受到数量之间的区别。为了说明我们天生具有的分辨较小数量之间区别的能力有多么强大，让我们来看一个有些极端的例子：假设你走在纽约市的一条狭窄的小巷里，突然，你看到一群乔装打扮的犯罪分子正袭击一名受害人。如果这群犯罪分子的人数小于等于 3 人，那么哪怕你只有不到一秒钟的时间来处理这个视觉场景，你也能够立刻判断出犯罪分子的确切人数。只要这几个犯罪分子曾清晰可见地出现在你的视野里，事后警察对你进行问询时，你就能够非常确定地指出你看到了几个犯罪分子。然而，让我们再考虑另一种情况。假设你在上述小巷中行走并目击了犯罪事件，但是这次有 6 个犯罪分子站在受害人旁边。假设你只有不到一秒钟的时间来处理这个视觉场景，然后犯罪分子就逃走了（或者你逃离了这个危险的地方）。那么，如果事后警察询问你当时的情况，你还能非常自信地说出犯罪分子的确切人数吗？恐怕不能。当人们必须很快地判断一组对象（比如，清晰可见的人）的数量时，我们只能准确区分数量 1、2 和 3，而如果对象的数量大于 3，我们就只能对数量进行大致的判断了。

对于大于 3 的数量，只有当两组数量相差较大时，我们才能够较好地区分。比如，在上面的例子中，如果警察问你犯罪分子的人数是 6 人还是 7 人，你很可能会答错，因为数量 6 和数量 7 之间的差距不是很大。然而，假如警察根据其他的线索判断，犯罪分子的人数要么是 6，要么是 12，并且让你选择你看到的人数是 6 还是 12，你就能给出正确答案，因为数量 12 足足比数量 6 大了一倍。然而，如果不是在 6 和 12 这两个选项中二选一，而是要独立且精确地判断出有 6 个人，我们就必须用数词逐一清点这 6 个人。在上一段中的第一种情形下，以你的目击证词为基础的警方报告的准确度是相当高的，但是在第二种情形下，这份报告的可信度便值得怀疑了。也许你确实看到了 6 个犯罪分子，但是再仔细想想，你觉得又似乎有 7 个人，或者有 5 个人，然而其实……8 个人也不是完全不可能。如果你没有机会逐一清点犯罪分子的人数，或者没有机会使用被我们称为“数词”的口语符号来对这几名犯罪分子进行计数，那么你的证词就是不可信的。从先天的“硬件”角度来说，人脑的顶内沟以及其他皮质区域仅仅具有较小数量之间区别的能力，这一点已经被多项实验和大脑显像研究所证实了。

从某种角度来看，上述结论似乎是很显然的——较小数量之间的区别当然比较明显了，不是吗？但是，众多学者通过大量研究所得到的结论还远不止这些。事实上，人类并不只是“相对”来说比较善于区别小数量，或比较不善于区分大数量。我们理解和处理数量的精确度并不是随着数量的增长而逐渐下降的，在 1、2、3 和所有其他数量之间，存在着一道清晰的分界线。换句话说，我们天生就会用精确的方式去理解和处理 1、2、3，并且天生就会用模糊的方式去理解和处理其他数量。著名神经学家斯坦尼斯拉斯 · 德阿纳（Stanislas Dehaene）曾说：人类具有一种天然的“数字感觉”，这种感觉使得我们能够精确地理解和区分类似 1、2、3 这类数量。更准确地说，我们的大脑（尤其是大脑的顶内沟部分）具有两种不同的数字感觉：一种是精确的数字感觉，另一种是模糊的数字感觉。在现实中，人类的“精确的数字感觉”实际是一种追踪物品的能力，这种能力常常被称为“平行个体化系统”（parallel individuation system）。这种系统的功能并不仅仅是让我们对数量进行思考和处理。它的功能之一是让我们能够精确地辨认出几个数量不多的对象——比如，1~3 名犯罪分子。因此，我把这种平行个体化系统称为“精确的数字感觉”，以方便读者记忆。与“精确的数字感觉”相对应的是“模糊的数字感觉”，有了这种功能，我们就能对较大的数量（比如 5~7 名犯罪分子）进行估计。在接下来的几章中，我们还会进一步讨论人类这两种不同的数字感觉。我们都知道，对数量的推理能力是人类区别于其他物种的独特能力，上述这两种数字感觉是人类进行数量推理的基础，但是它们只是比较原始的思维功能，离发展成为真正的数学思维还有很远的距离[17]。

关于神经生物学的基础背景知识就先介绍到这里。在了解了这些知识以后，也许我们就可以接着上文继续讨论语法数字的概念，并且对这一议题产生一些新的认识。首先，从神经生物学的角度来看，人类天生具有识别和处理数量的能力，这便解释了语言学研究中的一项发现：各种人类语言的语法中普遍存在数字的概念。绝大部分人类语言中都有表达数字的概念的语法规则，即使在没有这些规则的语言中，数字的概念也对人们构造句子和单词的方式产生了重要影响。数字的概念可以在名词、动词、冠词、分类词和其他许多词类中体现出来。其次，语法规则所指代的确切数量只有十分有限的几种。在大部分语言中，语法仅对一个和多个的区别进行界定，但在有些语言中也会对数量 2 和数量 3 进行语法上的单独分类处理。最后，虽然语法数字的概念也会涉及较大的数量，但没有任何一种语言会对较大的数量进行精确处理。

在本书的第 3 章中我们可以看到，大部分数字系统都是以人类的生物学特点为基础发展出来的。在人类的大部分语言中，数字都与人类的手及手指有着明显的历史联系。本章中列出的大量研究成果表明，各种人类语言还有另一个共通之处，那就是其中语法数字的概念具有一些共同点。然而，这些语法上的共同点不是来自人类身体构造的特点，而是来自人脑的一些特点。我们的语法只对小数量进行精确处理，而我们的大脑（尤其是大脑的顶内沟部分）也只能精确地处理这些小数量，这绝不是巧合。

如果人类语言中的数词和语法数字都源自人脑的上述特点，那么表达很小数量的数词就应该和表达较大数量的数词存在某些区别。事实上，语言学方面的证据证明，这种区别确实是存在的。表达数量 1、2、3 这类词的来源常常无法追溯，但这些词的词源常常和同一种语言中表达较大数量的词有所不同。人类常常用身体部位来命名 5 或 10 等数量，但却极少会用身体部位来命名 1、2、3 这几个数量（当然，也存在一些十分少见的特例，毕竟语言学上的结论通常都不是绝对的），因为我们根本没有必要这么做。对于 1、2、3 这几个小的数量，我们仅凭头脑就可以分辨和处理，自然也就没有必要用外界的工具（比如人的身体部位）作为辅助了。要发明表达数量 1、2、3 的词，我们并不需要把我们头脑中对数量的认识和外部世界中的某种东西对应起来。

此外，表达小数量的词和表达大数量的词之间还存在另一项重要的差异，这种差异同样说明表达小数量的词是直接以人脑内的概念为基础的。前文提到的著名神经学家斯坦尼斯拉斯·德阿纳和其他一些学者都发现，人类使用小数字的频率远远超过使用大数字的频率。事实上，在书面语言中，表达数量 1、2、3 的词出现的概率是其他数字的两倍以上。人们之所以频繁使用这些小数字，部分原因在于我们能够很轻松地把这些小数量做概念化处理。人类高频使用这些小数字并不是因为 1、2、3 在自然界中出现的概率比大数字更高，1、2、3 在人类语言中出现的频率远远超过了它们在自然界中出现的频率。此外，不管是在书面语言还是口语中，数词的出现频率并不会随着数量的增大而逐渐降低，而是在数字 4 处突然下降，也就是说表示 3 的数词出现的频率比表示 4 的数词高出很多。目前，在语言学家进行过词频研究的所有语言中，上述规律都成立。当然，在英语和其他十进制语言中，表达 10、20 等数量的词语也经常出现，这些词出现的概率远远超过其他大数字出现的频率。这个情况也同样说明，某些数字更高频地出现在人类的语言中并不是因为这些词所代表的数量在人类的生活环境中更为常见。这些数词之所以被人类高频地使用，是因为人类的头脑和身体能够更容易地过滤和处理这些数字[18]。

语法上对数量的分类充分反映出人类精确处理小数量的能力要高于精确处理大数量的能力，这一点在前文中我们已经详细分析过了。但是，人类思维认知能力上的这一特点还体现在人类语言的其他方面：比如，表示小数量的数词使用频率更高，而且表达小数量的数词常常词源不明。此外，各种语言中序数词的特点也是体现。序数词描述的是在一系列事件或物品中，某个特定的事件或物品所处的位置。比如，我可以说："只有少数几个国家能第四次（fourth）赢得世界杯，德国是第三个（third）做到这一点的国家。"上述句子中出现了两个序数词，只要把这个句子写下来，我们就能看到英语对数量 1、2、3 和对其他数量区别对待的又一种方式。英语中的序数词包括以下这些：first（第一）、second（第二）、third（第三）、fourth（第四）、fifth（第五）、

sixth（第六）、seventh（第七）、eighth（第八）、ninth（第九）、tenth（第十）、eleventh（第十一）、twelfth（第十二）等。请注意，在这些序数词中，前三个词的结尾是非常规的，而余下的词都统一以 -th 结尾。在序数词中，我们又一次看到表示小数量的词在语言上享受了特殊待遇，这种现象间接地反映出这些小数量在人类的大脑中占据特殊的地位。

在人类的语言中，我们处理小数字和大数字的方式有所不同，关于这一点，我要举出的最后一个例子是罗马数字。罗马数字系统是由用直线表示数字的标记计数系统演化而来的。在罗马数字系统中，小数字是直接用竖线来表示的，比如：1 写作Ⅰ、2 写作Ⅱ、3 写作Ⅲ，而更大的数量则用其他方式来表示。对大数量和小数量做这种区别对待的理由很简单：人类可以快速准确地区分一条竖线（Ⅰ）、两条竖线（Ⅱ）和三条竖线（Ⅲ）的区别，而再多的竖线我们就会处理不过来了，比如，IIIII 的标记一眼看去根本无法精确判断到底有几条竖线。因此，数字 6 记作Ⅵ，而不是 IIIII，前者比后者更容易辨认。从罗马数字 4 的写法Ⅳ中，我们可以清楚地看到，数量 1~3 与其他数量的表示方法显然不同。表达 1、2、3 这几个小数字的方式更加直接，而其他数字则被用另一套更复杂的方式来表达 [19]。

在罗马数字系统中，人们用更简单的符号来表示小数量，这种现象在世界范围内的各种语法数字的规则和各种语言的数词中广泛存在。人类的神经生理学特点使我们能够更轻松地思考和谈论较小的数量，因此我们的语言才会具有上述的共同特征。虽然还有一些其他假说试图解释人类语言的上述特征，但是那些假说都不是特别站得住脚。比如，没有令人信服的证据能说明，在人类的自然生存环境中，小数量比大数量更加常见。但是，人脑的先天数感确实能让人类更好地分辨小数量之间的差别，这一点是有大量科学证据作为支撑的。

当我们概览世界上的各种人类语言时，我们会发现对语法数字概念的表达方式简直千差万别。这样的印象是有几分道理的，毕竟在现实世界里，语法中表达数的方式确实极为丰富多样。但是，如果我们更加深入地研究这个问题，就会发现各种语法中关于数的规则在功能上其实具有许多共同之处。这些共同之处很可能来自人类共同的神经生物学特点，就像各种语言中数词的共同特点来自人类在解剖学上的共同点一样。

—— 结语 ——

我儿子今年还不到两岁。有一天，他坐在我汽车后排的座椅上，和我一起驶过瑞肯贝克堤道。瑞肯贝克堤道横跨青绿色的比斯坎湾，是一座联结弗吉尼亚岛和迈阿密城的桥梁。当我们的车爬上这座桥的时候，我儿子从他右侧的车窗看出去，对着一直延伸至地平线的海湾大声叫道："水！（Water！）"然后，他又转头看向左侧的车窗，观赏海湾和城市的海岸线相接的地方。左右两侧看似并不相接的两块水域让我儿子大为惊讶，于是他高声喊道："两个水！（Two waters！）""两个水"这种说法不太符合英语语法规则，然而这又有什么关系呢？对于还没有掌握可数名词和不可数名词区别的孩童而言，这样的说法是完全合理的。然而在我儿子这句充满童趣的宣言中，还包含着一些更深刻的东西。说英语以及其他语言的人在年龄很小的时候（常常是还不到两岁的时候）就知道，当指代一个以上的物品时，要把名词从单数形式变成复数形式。显然，幼儿很早就已经有能力掌握单数和复数之间的这种区别了。在人类的各种语言中，语法数字的概念通常很重要，而我们的大脑可以轻松地处理这些数的概念，因为人脑先天便具有这种处理数字的功能。正是因为人脑先天具有这样的特点，语法数字的概念才会在各种人类语言中广泛存在。

语言学家越来越清楚地认识到，人类的各种语言之间的差异是非常巨大的。因此，语法数字的普遍存在显然揭示了一些非常深刻和本质的东西。在过去的几十年中，语言学家们深入探访世界上各种偏远的角落，对许多种互不相关的语言进行了研究和记录。在这个过程中，语言学家们发现，不同的语言之间存在着巨大的差别。现在，许多语言学家都认为，人类交流的最大特点之一就在于语言丰富的多样性。有些语言中没有“时态”的概念，有些语言不区分红色和黄色，有些语言的语法里没有清晰的“主语”概念。有的语言中只有 10 个有意义的音，而有的语言则有超过 100 个有意义的音等。人类的各种语言之间存在着深刻而本质的区别，有些语言学者认为，这种区别部分反映了语言逐渐适应不同环境的功能。（我和我的合作者也进行了一些这方面的研究，我们的研究证实，语音系统的某些特点在演化过程中可能受到环境因素——比如极度干旱的环境——的微妙影响。[20]）

虽然不同的语言要适应不同的环境，而且各种语言之间存在巨大的差别，但大量证据显示，在对数量的处理方面，各种语言之间存在着很强的相似性。在本章中我们可以看到，世界上的绝大部分语言中都有表示数字的概念的语法规则。人类的语法极度关注数字的概念，而且关注的重点是把几种小的精确数量和大的模糊数量区分开来。从这个角度来看，语法数字的概念和人脑的神经生物学特点是高度吻合的，因为人脑先天只具有精确识别小数量和模糊识别大数量的能力。

虽然数字的概念在各种语言的语法中广泛存在，但也有一些语言的语法中并没有数字的概念。与之类似的是，在第 3 章中我们提到，并不是所有语言中都有表达数量的词。为了更好地理解数字在人类的故事中扮演了怎样的角色，在接下来的第5章中我们将讨论一个重要的问题：如果某个族群的人既没有语法上的数字的概念，也不掌握表示数量的词，并且不会用任何其他符号表示或描述数量，那么他们的生活将怎样进行？在下一章中，我将带读者走入这些没有数字的奇妙世界。

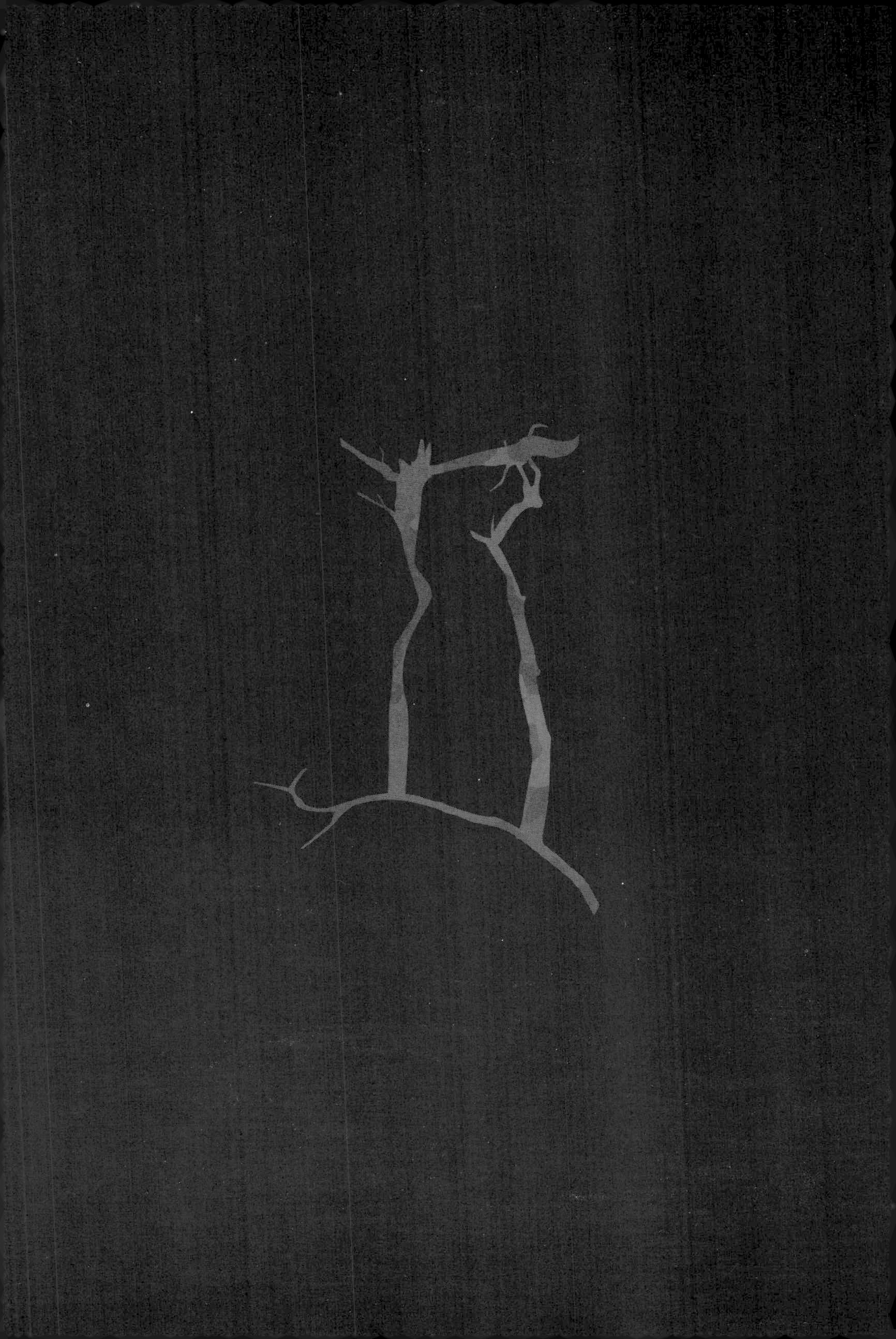

第二部分

没　有　数　字　的　世　界

第5章 无数字的族群

在我的孩童时代，我有时会被热带雨林中的人们描述梦境的声音吵醒。那些人会和睡在自己身边的人分享刚才的梦境，我会听到他们关于梦境的即兴讲述，然后是他们的同伴做出的强烈回应。对我来说，毗拉哈人是一群迷人而有趣的人，他们在夜间睡眠时会随时醒来，向旁边的人描述自己的梦。对于不属于这个族群的人来说，有时候这种行为简直令人愤怒，因为你总是会被吵醒，根本没法好好睡觉。而对于还是小孩子的我来说，毗拉哈人描述梦境的声音传入我家的茅屋，减轻了我对黑夜中的雨林的恐惧，安抚着我的心灵，虽然我基本听不懂他们在说些什么。但就算不了解这些对话的具体内容，我至少知道这样的声音说明村里的毗拉哈人正在惬意地休息，他们没有像我一样对夜晚的雨林心怀恐惧。当我被雨林中的一些不明声音吵醒时，我常常会非常担心，吓得在吊床上一动不动。而毗拉哈人分享梦境的声音却让我感到安心，如果我被这种声音吵醒，我一般都能很快地重新进入梦乡。

要到达我和家人一起居住过的毗拉哈村落，需要沿着亚马孙河的支流曲折地走一个星期，但是如果乘坐塞斯纳单引擎飞机，只需一个小时就可以到达那里。在我们乘坐的塞斯纳单引擎飞机降落的时候，飞行员神奇地把飞机轮子落在一块狭窄的草皮上，而在飞机降落之前，这块草皮完全被周围的林海所掩盖，我一点儿也看不到它的踪迹。今天的毗拉哈人仍然生活在这种与世隔绝的环境中，从我小时候到现在（或者也可以说是从两个多世纪以前毗拉哈人和巴西人的首次接触到现在），毗拉哈人的文化基本上没有发生任何变化。他们仍然住在亚马孙河畔不大的屋舍里。旱季时，白色的河滩会显露出来，在这种情况下毗拉哈人有时也会干脆放弃自己的住处，跑去睡在河滩上的木板上。他们仍然会在夜晚醒来，和身边的同伴分享自己的梦境，仿佛他们随时都处在对话之中一样。

童年的我与父母及两个姐姐一起住在亚马孙河流域的深处，和一小群以狩猎和采集为生的毗拉哈人共同度过了几个月的时光。从许多方面来看，毗拉哈人都是一群非常了不起的人。除了偶尔害怕夜晚的雨林之外，我的这段童年记忆是非常愉快的，我对毗拉哈人有一种田园牧歌般的梦幻印象。我的父母是福音派的传教人员，他们会让我和两个姐姐与毗拉哈人接触，因为这是他们工作的一部分。然而，除了《圣经》，我们还给毗拉哈人带去了许多其他东西，有些人也许会觉得这些物品无关紧要，而对毗拉哈人来说，这些外来物品或许看起来更加有趣一些。我们带去的西药拯救了许多儿童的生命。但是，除了药品以外的其他东西大部分都不太受毗拉哈人的欢迎，比如，我们带去的大部分食品都令毗拉哈人迷惑不解，就像毗拉哈人吃同伴身上的虱子的做法令我和我的姐姐们无法理解一样。曾经有一位毗拉哈人问我们，为什么要把一种像血一样的东西涂在食物上，他口中的这种像血一样的东西就是西方世界中常见的调味料——番茄酱。还有一件类似的事是，当我们吃沙拉的时候，一位毗拉哈人与其他旁观的毗拉哈人指指点点，好像在说：看，他们好奇怪，他们在吃叶子。除了食物以外，各种西方符号也不受毗拉哈人的欢迎，这其中包括英文字母，因为和其他一些原始部族不同，毗拉哈人似乎完全没有兴趣把自己的语言以书面的形式写下来。另外一种完全不受毗拉哈人欢迎的符号就是数字，我们试图向他们传授这种符号，却遭到了拒绝。[1]

当我们住在村里的时候，在上“床”（吊床）睡觉之前，我们的父母常常给毗拉哈人上数学课。为了增加听课人数，我父母会向当地人提供一种他们比较喜欢的外来食品——爆米花。我家的茅屋位于有着黑色河水的迈西河河畔，茅屋四周点着几盏煤气灯，煤气灯发出的光芒引来了无数飞虫。就在这几盏煤气灯旁边，我的父母尝试着用毗拉哈人的语言教他们学数学。然而由于一系列原因，这种教学尝试没有取得任何进展。这其中最重要的原因是，毗拉哈人使用的语言中完全没有表示精确数量的词语。一般来说，当一种文化想要引进另一种文化中的数字系统时，前一种文化中的人们至少应该知道数词这种东西的存在。然而对于毗拉哈人来说，数字是一种完全陌生的概念。毗拉哈人不仅不了解我的父母试图教给他们的那些表示数量的葡萄牙语单词，而且根本不知道世界上存在表达精确数量的词，更重要的是，他们甚至完全无法区分这些词语所表达的精确数量。

当时的我还是一个小孩，毗拉哈人在学习数字时遇到的这些困难令我深感不解。虽然我的年龄还很小，但我也可以很清楚地看出毗拉哈人并非具有某种学习能力上的缺陷，因此我很难理解为什么认识数字对于他们来说会这么困难。毗拉哈人并没有什么基因上的异常或者缺陷，所以他们在学习数字时遇到的这种障碍（事实上，目前这种障碍仍然存在）并不能以先天的基因原因来解释。此外，我们还知道，少数在其他文化中长大的毗拉哈人在这方面完全没有障碍。事实上，在很多其他方面，毗拉哈人非常聪明且有智慧，他们的认知能力多次给我带来了惊喜和震撼。当然，我留下这样的印象部分原因是我当时年龄太小，但震惊到我的这些事实也确实展现出了毗拉哈人惊人的认知能力：我和我的两个姐姐都曾和毗拉哈儿童一起玩耍，我们跟随当地的孩子穿越雨林，很多时候如果没有他们的引领，我们肯定会完全迷失在丛林中。我看过毗拉哈人钓鱼，他们的钓鱼技术比我高得多。毗拉哈人能分辨各种水果，而我绝对没有这种能力。总体来说，毗拉哈人掌握了许多在当地的生态环境中十分重要的认知技能，而且他们在这些方面的认知水平非常高。然而，在煤气灯下的数学课上，毗拉哈人的水平却与我相去甚远，即便他们是成人，而我只是一个小孩子。

除了毗拉哈人以外，还有一些其他族群的人也因为语言和文化上的障碍而无法学会基本的数学知识。事实上，住在毗拉哈人居住地以东数百千米处的蒙杜鲁库人同样面临着这种困境。蒙杜鲁库人生活在亚马孙河的主要支流塔帕若斯河的上游，他们的部落规模较大，并且曾经比较崇尚武力。从 19 世纪末期开始，蒙杜鲁库人就以割胶为主业，他们中的一些人直到今天仍然从事割胶活动。蒙杜鲁库人工作十分努力，因此他们在 20 世纪初的亚马孙橡胶热期间采集了大量的橡胶。然而，根据历史学家约翰 · 黑明（John Hemming）的说法："不幸的是蒙杜鲁库人非常不善经商，很容易受骗，因为他们连最基本的算术也不懂。雷加唐号河船上的商人在把东西卖给蒙杜鲁库人时经常把商品的价格上涨至原来的 4 倍，这些商品包括巴西朗姆酒及一些毫无用处的专利药品。而因为不懂数学，蒙杜鲁库人当然只能以很不公平的低价出售他们生产的橡胶。"[2]

在本书的第 3 章和第 4 章中，我们都曾提到，在处理数字概念的方式上，各种语言之间存在着很大的差异。有些语言的数字系统能够构建大量描述数量的词，因此可以描述所有数量。然而，许多语言的数字系统就没有这么强大了。毗拉哈语和蒙杜鲁库语的数字系统显然属于后一类。尤其是毗拉哈语，它可能是世界各种语言中最为极端的情况：这是一种没有任何精确数词的语言，连表达数量 1 的词都没有。说毗拉哈语中没有任何表示精确数字的词绝对不是捕风捉影。我的父亲丹尼尔·埃弗里特（Daniel Everett）最终放弃了传教士的职业，转而从事学术研究，正是他首次记录了毗拉哈语中完全没有数字概念的奇特现象，并引起了学界的广泛注意[3]。我父亲对毗拉哈语的描述使得多位心理学家和其他人士决定进行相关实验来测试毗拉哈语中是否真的完全没有数字的概念。比如，让我们来看看心理语言学家们在大约 10 年前进行的一项研究工作。在这项研究中，研究者向毗拉哈人展示了一系列物品——几个线卷，然后询问毗拉哈人这些物品的数量是多少。全部 14 名参与实验的毗拉哈人都用"hói"一词来表示 1 个物件。"hói"一词在毗拉哈语中是"小的尺寸"或者"小的数量"的意思，这个词在毗拉哈语中用来描述最小的数量。在毗拉哈语中，描述第二小的数量的词语是"hoi"。"hoi"和"hói"两个词只有原音声调上的区别，然而这两个词的意思却稍有不同。"hoi"的意思大约相当于"几个"的意思。但是，请注意"hói"和"hoi"这两个词所涵盖的意思是有重叠的，我们正在讨论的这个实验的结果就证实了这两个词意义上的重叠。研究者发现，虽然这 14 名毗拉哈人在描述一卷线的时候用词一致，但是在描述较大的数量时，他们选择的词就并不统一了。在描述两卷线的时候，大部分毗拉哈人使用了“hoi”一词，但是也有少数实验对象使用了“hói”一词。（这一现象说明“hoi”并不仅仅指数量1。）面对三卷线的时候，毗拉哈人的反应也不统一。总的来说，随着物品数量的增大，使用“hói”的人越来越少，但是从“hói”到“hoi”的转变过程是逐渐的，两个词在使用上并没有一个清晰的界限。同样，当数量继续增大时，从“hoi”到“baágiso”（这个词的意思大约相当于“许多”的意思，实际上这个词语的字面意思是“拿到一起”）的转变过程也是逐渐的。跟毗拉哈人完全不同的是，说英语的人只需用one（一）这个词来描述数量1，用two（二）这个词来描述数量2，用three（三）这个词来描述数量3，以此类推。[4]

这是一项非常重要的实验结果，此后的其他实验工作也都验证了这一实验结果。这项实验结果说明，毗拉哈语中的三个表示数量的词语都不是精确的数词。这些词语只能模糊地描述数量，其功能相当于英语中的“a couple of ”（几个）、“a few”（少许）等短语。然而，英语和毗拉哈语的区别在于，在英语中除了这些描述模糊数量的词或短语以外，还存在描述精确数量的词，如three（三）和two（二）等；而在毗拉哈语中根本没有描述精确数量的词。毗拉哈语中是完全没有“数”的，也没有我们在第4章中提到的那些语法数字的区别。毗拉哈语甚至整个毗拉哈文化的这种特点令人震惊：毗拉哈人决定完全不把精确数量的概念引入自己的日常经验。而我们前文提到的蒙杜鲁库语中虽然有表示数量的词，但其中的大部分也只能对数量做不精确的描述。2004年，《科学》杂志上发表了一篇研究这一问题的具有划时代意义的论文。这篇论文出自一个由认知科学家组成的团队之手，他们通过研究证明，蒙杜鲁库语中的大部分数词也只能描述模糊的数量。[5]

为什么某些文化在引入精确数字概念的时候遇到了这么大的障

碍？关于这一现象的成因，学界目前还没有统一的结论。但是，可以肯定的是，这种无法引入精确数量的顽固障碍是很不寻常的，因为在大部分文化中，数字系统的传播是很常见的，尤其是与外部文化长时间接触以后，借鉴和引入外部文化的数字系统是一件非常自然的事情。换句话说，当一个文化接触另一个文化后，如果后者存在更多描述数量的词，前者通常会将这些词（或这些词中的一部分）借来为自己所用。即便不直接借用这些词，前一个文化中的人至少也会借用这些词所表达的概念。这种借用的现象很好理解，因为数字实在是太有用了。鉴于存在于人类族群之间的这种常见的借用倾向，我们很难相信某些文化居然能长期接触其他有数字系统的文化，却完全不借用这些数字系统。就算由于某些文化上的原因，引入数字系统对该文化而言特别困难，我们也很难想象这种全然拒绝引入数字系统的情况。然而，我们看到，毗拉哈人、蒙杜鲁库人以及其他一些文化中的人们确实仍然保持着完全不识数（或者几乎不识数）的状态。（不过，有一些迹象表明，毗拉哈人和蒙杜鲁库人这方面的情况已经有所改变。）在接下来的内容中，我们将会看到，不引入数字系统的决定对这些文化中的人产生了许多方面的影响。

—— 在丛林中寻找答案 ——

同样是在 2004 年，《科学》杂志还发表了一篇传播广泛的文章。在这篇文章中，匹兹堡大学的一位心理学家通过实验证明：毗拉哈语中的数词缺失现象对毗拉哈人辨别区分数量的能力产生了深刻的影响。这位心理学家名叫彼得 · 戈登（Peter Gordon），他花了两个夏天的时间访问毗拉哈人居住的地区，在此期间，他在我父母的协助下，对毗拉哈人进行了一系列实验。关于“毗拉哈人无法精确区分3以上的数量”的说法早就存在，但是一直缺乏相关证据。彼得·戈登的实验结果不仅清楚地证明了上述情况确实存在，而且是完全可以重复的。在前文中我提到，在20世纪80年代初，我父母曾试图给毗拉哈人上数学课。从很多方面来看，彼得·戈登的实验方法与我父母的数学课十分类似。[6]

图 5–1 在迈西河的一条支流上，一个毗拉哈家庭驾驶着一艘独木舟。他们身上穿的衣服是他们的世界中少数一件从外界引进的东西

图片来源：作者摄于2015年。

彼得·戈登的实验结果发表以后，毗拉哈人又一次得到了西方世界的关注。然而在这股热潮中，西方世界对毗拉哈人的描述常常并不准确，有时甚至还有丑化的痕迹。对于有些人来说，毗拉哈人的存在仅仅代表了一种返祖的生活方式——时光倒流回石器时代，人类尚不识数的日子又再次出现于今天的世界——他们完全在以一种猎奇的心态看待毗拉哈人。而另一些人则认为，毗拉哈人之所以无法学会数学概念，可能是近亲繁殖所致——种群瓶颈现象导致了某些隐性基因的显示。然而，显然上述两种看法都是完全站不住脚的。事实上，从彼得·戈登的实验结果能够推出的最可信的结论就是：以狩猎和采集为生的毗拉哈人主动选择不使用数字这一工具，因此他们未能获得数字工具本可以带来的某些认知方面的优势。为了更好地理解这种解读，我们首先必须仔细了解彼得·戈登的实验结果，然后我们还必须检视其他学者（包括我自己）的后续研究结果。

但是，在此之前，我想先介绍一些基本的背景知识，即人类究竟是如何理解数字概念的。在第 4 章中我们提到，人类天生具有两种不同的数字方面的感觉。这两种感觉来自人类先天的基因，因此大部分成年人可能根本不觉得这是一种数学能力，并认为它们非常简单。但是，这两种感觉实际上却是人类所有数学思维的基础。第一，人类具有一种模糊的数字感觉，即我们天生具备对数量进行估计的能力。人类的婴儿似乎一生下来就有这种模糊的数字感觉，当两组数量的差距很大时，婴儿能够靠这种模糊数感来识别这两组数量之间的区别。在第 6 章中我们将会看到，人类的婴儿便已知道 8 个物品和 16 个物品之间是有区别的。此外，婴儿还能对较大的数量做模糊的数学运算处理。人类先天具有的第二种数学能力是精确地识别 3 以下数量之间区别的能力。换句话说，只要他是人类的一员，不管来自什么族群，不管处于什么年龄段，都能区分 1 个物品和 2 个物品，2 个物品和 3 个物品，以及 3 个物品和 1 个物品。在本书中，我把这种能力称为精确数感，因为这可以与上文提到的“模糊数感”形成对应，方便记忆。[实际上，这是一种追踪几组数量不大的平行物体的能力，因此在心理学中被称为“客体档案系统”（object-file system）或者“平行个体化系统”。] 在第 4 章中我已经说过，这两种数感都主要由人脑的顶内沟部分负责。

大量研究证实，人类确实具有上述两种原始的数学能力，如今这已经是一个学界公认的事实。然而尽管了解到了这两种能力的存在，我们仍然面临一系列难题：为什么只有人类能够把这两种能力结合起来，其他物种却做不到呢？人类是如何将这两种数学能力结合在一起的？既然人类天生具有模糊处理大数量的本能，那么人类是如何把对小数量的精确识别能力拓展到大数量上去的呢？上述几个问题当然是相互关联的，概括地讲，上面的一系列问题有两种答案。第一种答案是从先天论来解读的，这种答案认为，人脑之所以能够发展出某种能力，一定是因为其本来就是这样运转的。从这种先天论的角度来看，我们人类不仅先天具有精确数感和模糊数感，而且先天就可以逐渐把这两种数感结合起来，这种能力早已写在我们的基因之中。换句话说，这种先天论的看法认为，人类与其他物种的不同点之一即在于，人脑先天具有数字处理方面的优势，所以，随着人类的发展，我们自然而然地意识到数量 5 和数量 6 是有区别的。（虽然“五”“六”这些表示数量的词可能对这一过程起到了辅助作用，但是，即使没有发明这些表示数字的词，我们也一样会意识到数量 5 和数量 6 的不同。）对上述问题的第二种解答则是一种以文化为核心的解答：只有当人类通过接触有数字的文化、通过说有数字的语言而接触了数字的概念之后，我们才可能把天生具有的两种不同数感结合起来。这种看法认为，只有在人类学会表达数量的词语、掌握文化中表示精确数量的符号以后，人类才能学会精确地辨别和处理大于 3 的数量。

这两种观点都能够解释人类为什么会具有其他物种都不具备的数字认知能力，并且这两种观点能做出的预测也非常类似。它们都预测，随着人类在有数学基础的社会中的发展，人的数字处理能力会逐渐提高，人类最终会学会如何精确分辨超过 3 的数量之间的区别。由于当今世界上的所有人类文化几乎都有数字系统，很长一段时间以来，研究者无法找到明确的证据来支持上述两种观点中的任何一种。比如，支持文化决定论的人可能会说，人类的小孩子是在学会数数以后才能精确分辨 3 以上的数量之间的区别的。而支持先天论的人则会反驳：正是因为孩子的大脑发育到了能精确区分 3 以上数量的程度，他们才会在这个阶段学会数数。如果我们能够找到一群身心健康且一直生活在没有数字的世界中的成人，就能更好地判断上述两种观点谁对谁错了。如果某个族群既没有表达数字的词，也没有其他形式的数字文化，那么这个族群内的人是否也能够学会精确地分辨数量之间的区别呢？这些人是不是只能掌握人脑天生具有的对数量进行简单模糊估计的能力呢？如果前一种情况成立，那么这就是支持先天论的有力证据；而如果后一种情况成立，这显然就是支持文化决定论的有力证据了。

基于上述考虑，在针对毗拉哈人的实验中，研究者的重点是搞清楚不识数的毗拉哈人是否能够精确区分 3 以上的数量。彼得 · 戈登的实验包括一系列对毗拉哈人的数量辨别能力进行测试的实验，实验对象是来自两个村落的毗拉哈人。实验的核心问题是：身心健康但不识数的成年人能否精确、统一地分辨 3 以上数量之间的区别？比如，他们能不能分辨 6 个物品和 7 个物品的区别，或者 8 个物品和 9 个物品的区别，甚至 4 个物品和 5 个物品的区别？如果多次重复上述实验，他们是不是每次都能一致地分辨出这几组数量之间的区别？如果答案是否定的，那就说明精通数词和计数不仅是学习数学的基础，也是分辨大部分数量之间区别的前提条件。

彼得 · 戈登的实验主要分为两大类。第一类是匹配实验。在匹配实验中，研究者向实验对象出示一定数量的物品，并把这组物品摆在实验对象面前的桌子上，然后研究者会要求实验对象自行摆出（另一组）

同样数量的物品。在这类实验中，彼得·戈登使用的具体物品是五号电池。匹配实验有好几种不同的变体，其中最基本的一种是直线匹配实验：研究者在实验对象面前把若干节五号电池以均匀的间距排成一行，且间距不大——这种安排使得实验对象既能明确知道这些电池是“一组”，又能看出这些电池彼此独立。然后，研究者要求实验对象从另外一堆五号电池中取同样数量的电池，并排成一行，且与前一行平行。在要求实验对象完成上述任务之前，研究者首先会向实验对象精确地示范一遍如何完成这项任务。（在这项研究中的所有数量实验中，研究者都会首先精确示范如何完成指定的任务，然后再要求实验对象完成这些任务，这是为了尽量减少沟通时可能产生的误解。）除了直线匹配以外，匹配实验还有另一种变体，那就是正交匹配。在正交匹配实验中，同样是由研究者先摆出一行五号电池，然后研究者会要求实验对象摆出一行同样数量的五号电池。在直线匹配实验中，实验对象要把同样数量的五号电池摆成一条与原来线的平行的线，而在正交匹配实验中，实验对象则要把同样数量的五号电池摆成一条与原线垂直的线。匹配实验的第三种变体是短暂出示实验，在短暂出示实验中，研究者先摆出一行五号电池，然后将这行电池拿走，接着再要求实验对象摆出相同数量的五号电池。（也就是说，实验对象在摆电池的时候已经看不到实验中出示的那一行电池了。）以上的几种实验都属于第一类实验——匹配实验。彼得·戈登进行的第二大类实验主要测试实验对象能否分辨一个容器中的物品的数量。例如，研究者在实验对象面前放置一个不透明的罐子，然后当着实验对象的面把若干粒坚果逐一放进罐子里。（从实验对象的角度只能看到罐子的侧面，看不到罐子里面的情况。）接着，研究者再当着实验对象的面把罐子里的坚果逐一取出。每取出一粒坚果，研究者都会询问参加实验的毗拉哈人：现在罐子里还有没有坚果？

虽然彼得 · 戈登的实验有一系列不同的形式，每种实验都会要求实验对象完成不同的任务，但是在所有实验中，毗拉哈人的反应都指向一个清晰的结论：简而言之，毗拉哈人精确区分不同数量的能力非常差。而且，我们还发现一个非常重要的事实：毗拉哈人能够区分 1、2、3 这几个数量，只有在数量大于 3 的时候，他们才表现出数量区分能力上的缺陷。比如，在直线匹配实验中，如果研究者将 1 节、2 节或者 3 节电池排成一行，那么毗拉哈人总是能够摆出同样数量的一行电池。但是如果研究者排出的电池数量是 4 节或 4 节以上，实验对象就开始犯各种错误。在正交匹配实验中，研究者也观察到相同的规律，当然在正交匹配实验中，实验对象（在处理大于 4 的数量时）犯的错误多一些——这完全可以理解，毕竟正交匹配比直线匹配要复杂一些。而在罐中坚果的实验中，说毗拉哈语的实验对象遇到了极大的困难，而且，放入罐中的坚果数量越大，实验对象给出的错误回答就越多。换言之，彼得 · 戈登的实验结果说明：毗拉哈人可以在脑中精确、系统地对数量进行匹配处理，但是他们只能处理 3 或 3 以下的数量。对于大于 3 的数量，实验对象将出现大量错误，而且处理的数量越大错误就越多。毗拉哈人在实验中的表现说明，在处理较大的数量时，他们依靠的是对数量进行模糊估计的能力，而非对数量进行精确区分的能力。

此外，研究者还发现，当毗拉哈人选择错误的数量时，他们对数量的选择并不是随机的。事实上，彼得 · 戈登注意到，研究者出示的数量和毗拉哈人的回应误差之间有明确的关联。当研究者出示物品的数量越来越大时，实验对象给出的数量和正确数量之间的差值也成比例地增大：要处理的数量越大，回应的误差也就越大。这种关联在各种不同实验中表现出极高的统一性。[7] 你可能会觉得这种现象很奇怪。为什么毗拉哈人的错误答案具有如此统一的规律呢？这是由以下两个原因造成的。第一，这种关联说明毗拉哈人确实非常努力地在头脑中对看到的数量进行匹配，即使当研究者出示的数量大于3时，毗拉哈人也并没有因为问题太难而放弃，也没有因为无法处理这些数量而随机胡乱猜测。第二，虽然这种关联说明毗拉哈人确实在头脑中试图匹配自己看到的数量，但他们只能以模糊的方式完成这种匹配。既然我们知道，对于较大的数量，人类的脑功能天生只能模糊处理，那么这一点是完全可以预料到的。

在收集到上述实验结果以后，我们清晰地看到了毗拉哈人的思维特点：他们无法区分3以上的数量——准确地说，他们只能模糊地估计这些数量之间的区别，但无法精确分辨。但同时我们看到，毗拉哈人显然可以精确分辨3以内数量之间的区别。从任何方面来看，毗拉哈人都没有基因上的缺陷，他们和我们一样具有处理小数量的精确数感和处理大数量的模糊数感，他们唯一的问题是无法把上述两种人类先天具有的数感结合在一起。在他们所处的生态环境中，毗拉哈人生活得很成功，他们充分适应了迈西河畔的环境，并且至少在这一环境中生存了几个世纪。毗拉哈语中完全没有表示精确数量的词，毗拉哈文化中也没有什么和数字有关的习俗，除了这两点之外，我们找不到任何其他因素来解释毗拉哈人为何缺乏基本的区分数量的能力。

彼得·戈登的实验结果引发了广泛讨论，许多人认为这项成果清晰地说明，一些看似基础的数学概念并非天生存在于人类的基因中。（也许彼得·戈登的实验是支持这一论点的最为有力的一项证据。）人类是通过文化和语言的传播才后天学会了这些数学概念，也就是说，这些概念是人类后天习得的。既然这些能力是后天习得的，而非先天遗传得来，那就说明这些能力并不是人脑先天“硬件”的一部分——这些能力是人脑“软件包”的一部分，是人类自己开发出了这种“应用功能”。

在评判任何科研成果时，可重复性都是一个非常重要的标准。因此，许多认知科学领域的科学家都迫切希望再次拜访毗拉哈人，并对彼得·戈登的实验进行重复和扩展。就在彼得·戈登的重要论文发表几年后，一个认知科学家团队实现了这一愿望，团队成员包括斯坦福大学的迈克尔·弗兰克（Michael Frank）及麻省理工学院的特德·吉布森（Ted Gibson）。他们发现，毗拉哈人的语言中描述数量的词都不够精确，这一点上文已经提及。不过，该团队不仅通过实验强化了“毗拉哈人没有数字概念”的结论，还重复了彼得·戈登做过的几项实验，包括直线匹配实验、正交匹配实验、短暂出示实验以及罐中坚果实验。他们在一个名为阿吉欧派的村子里重复了上述几项实验。阿吉欧派村距离彼得·戈登当初进行实验的村落有一定的距离，从彼得·戈登做实验的村子出发，沿着河流（乘独木舟）向下行驶好几天，才能到达阿吉欧派村。研究人员对彼得·戈登选择的实验工具做了一些调整，他们认为，五号电池有时候会滚动，这会令这些对毗拉哈人而言本就极具挑战性的任务变得更加困难。因此，他们选择的实验工具是线卷和未充气的橡胶气球，这两种工具的特点是：外形一致、来自外界、对毗拉哈人来说不陌生。线卷可以竖直地静置在桌面上而不滚动。这次实验共有 14 名毗拉哈人参加，14 名实验对象均单独完成实验任务，且不相互交流或影响。在实验中，研究者先在实验对象面前的桌面上排出一定数量的线卷，然后要求实验对象把同样数量的未充气的橡胶气球排成一行。除了实验工具不同以外，这些数量匹配实验的其他方面均严格重复彼得·戈登的设计。在正交匹配、短暂出示和罐中坚果这三种实验中，毗拉哈人的反应和彼得·戈登观察到的结果高度一致。因此，该团队认为，在需要调换物品的空间位置时，或者需要重现他们短暂见过的物品数量时，毗拉哈人确实无法精确地区分大于 3 的数量。请注意，对于熟悉数词和计数行为的人群（比如说英语的成年人）而言，这些任务其实相当简单。

然而，在平行直线匹配实验中，上述团队无法重复出彼得·戈登的实验结果。直线匹配实验是上述几种实验任务中最简单的一种，既不需要调换物品的空间位置，也不需要重现曾经看到的数量。这个团队的实验结果是：虽然存在一些特例，但是在大部分情况下，毗拉哈人在直线匹配实验中可以精确地复制他们看到的线卷数量。当然，只有当以下两个前提条件成立的时候，毗拉哈人才能成功完成直线匹配任务：第一，线卷必须简单地排成一条直线；第二，在完成任务的全过程中，毗拉哈人能看到研究者排出的这组线卷。这一实验结果给解读毗拉哈人的数字认知能力的工作带来了一些新的麻烦。这个团队得出了和彼得·戈登不同的结论，他们认为：表达数量的词是一种认知工具。虽然这项工具对于数量的处理和重现而言是必需的，但是如果仅仅要求辨认数量，则不一定要用到这种认知工具。该团队认为，在彼得·戈登的实验中，毗拉哈人之所以无法完成直线匹配任务，也许并非因为他们的认知能力不足，而是因为一些外部原因：比如也许电池有时候确实发生了滚动，而这种物品的移动妨碍了毗拉哈人对数量的辨认。

2009 年夏季的一个午后，我身处潮湿的亚马孙河流域，一边阅读关于毗拉哈人的这项最新研究成果，一边对另一族群的原住民进行我自己的实验。虽然我认为弗兰克及其同事的研究成果十分可信，但是我无法相信彼得·戈登的实验结果是因为电池滚动而产生了错误。毕竟彼得·戈登的实验是在我父母的协助下完成的（他后续的其他实验也是在我父母的协助下完成的）。彼得·戈登的实验开展于 20 世纪 90 年代初期，在这项实地研究中，我父母充当了他的翻译和助手。我在少年时代曾经和父母一起在亚马孙丛林中生活过（但之后我们一直住在美国），我也曾经亲眼观察过彼得·戈登进行某些实验的过程。此外，在 20 世纪 80 年代初，我曾和父母一起给毗拉哈人上过数学课，我观察到，他们在完成和直线匹配实验类似的任务时，确实存在数量辨认方面的困难，因此我相信，在彼得·戈登的直线匹配实验中，毗拉哈人很可能真的无法完成匹配任务，这与实验使用的工具没有关系。更重要的是，我非常清楚地知道，进行后续实验的阿吉欧派村与其他毗拉哈村落在某一方面存在一个重要的差异——在实验进行前的几个月，我的母亲克伦·马多拉（Karen Madora）曾给阿吉欧派村的人上过数学课。虽然在 20 世纪 80 年代，我母亲的类似尝试没有取得任何结果，但是此时她显然已经取得了一些进展。在教毗拉哈人数学的时候，我母亲不再使用葡萄牙语，而是改用一些她自己发明的毗拉哈语词语，比如 xohoisogio（字面意思是“手的所有儿子”）。在上述团队进行实验时，阿吉欧派村中的某些毗拉哈人似乎已经掌握了一些基本的识别数量的能力，可见我母亲的数学课至少是促成这一变化的原因之一。

为了搞清楚这个问题，几周后我访问了另一个毗拉哈村落，然后又于 2010 年夏天重访该地。在我母亲的帮助下（我的父母都能非常流利地说毗拉哈语），我在上述村落中进行了一系列实验，我的实验结果验证并强化了此前关于毗拉哈人的两项实验（彼得·戈登的实验和弗兰克团队的实验）所得出的大部分结果。尤为重要的是，我的实验结果非常明确地证明了彼得·戈登最初提出的观点：在没有数词和其他表示数量的符号的前提下，未经训练的毗拉哈人无法前后一致地分辨大于 3 的数量之间的区别。即使是在最基础的直线匹配实验中，毗拉哈人也没有办法辨别 3 以上的数量。[8]

我在这个毗拉哈村落中重复了前文提到的匹配实验。我既尝试了彼得·戈登使用的同一工具的设定，也尝试了弗兰克团队使用的线卷和橡胶气球的设定。我还在后续工作中使用一些其他物品取代电池、线卷和橡胶气球，并且得到了一样的实验结果。由于我是在远离阿吉欧派村的另一个毗拉哈村落里进行的实验，我非常确定在实验开始前的几个月中，我的实验对象没有受过任何数字方面的教育。和前面的实验一样，我也选取了14位毗拉哈人参加我的实验（其中包括8名女性和6名男性）。此外我们还对儿童进行了一些额外的实验，他们参与实验的积极性非常高。在三项匹配实验中，只要研究者出示的数量大于4，实验对象给出的答案中就开始出现错误。对于数量1、2、3，实验对象的回应正确率是100%，而在数量增大到4以后，正确率迅速下降，对数量5的回应正确率只有50%，对更大的数量，实验对象的回应正确率进一步下降。在我的实验中，研究者出示的最大数量是10，此时，直线匹配和正交匹配两类实验的正确率是1/4左右，而短暂出示实验的正确率只有1/10左右。

总的来说，我的实验结果显示，只要研究者出示的数量大于3，毗拉哈人就会表现出数量辨认和数量重现方面的困难。前后三次实验研究的结果全部支持上述观点，而且对于大部分实验任务而言，这三次研究的结果具有高度的一致性。此外，虽然弗兰克团队在直线匹配实验中观察到了不同的结果，但是产生这种差异的原因显而易见，这一点我在前文中已经说过了。就算你不相信弗兰克团队获得的不同结果是因为阿吉欧派村的毗拉哈人受过数学训练而导致的，你也必须承认以下事实：在全部三次实验中，毗拉哈人都表现出数量辨认方面的困难，他们无法完成某些数量辨别任务，而这些任务对于任何识数的人来说都是非常简单的。因此，对于毗拉哈人的这些实验结果，最可信的解读就是：处理小数量的精确数感和处理大数量的模糊数感是所有人类成员天生都具有的能力，但是由于没有学习过表达数量的词语以及没有掌握相关的计数技术，毗拉哈人缺乏将这两种数感全面结合起来的能力。因此，在毗拉哈人的头脑中，精确数感和模糊数感是分离的，他们的数量认知能力相较于识数的族群而言是非常有限的。这些研究结果似乎说明，只有成长于有数字的文化且学习过数词的人才能把精确数感和模糊数感结合起来。[9]

除了重复前人做过的实验以外，我还通过其他一些方式对毗拉哈人的数量辨别能力进行了测试。比如，在某些实验中，研究者先把某些姿势或者某种声音（比如拍手）重复一定次数，然后要求毗拉哈人重复这些姿势或者声音。在所有这些实验中，毗拉哈人的表现仍然说明，他们在数量的精确区别方面有很大的困难。不管他们以什么方式感知研究者给出的刺激信号，在辨别数量之间的区别时，毗拉哈人似乎只会使用模糊数感。

不幸的是，虽然各领域的研究者已经收集到了不少关于毗拉哈人的研究结果，但这些结果仍然经常被误读。比如前文中已经提到的，其中一种肤浅且显然不正确的解读是：毗拉哈人在这些实验中的表现说明他们具有某种族群层面的认知缺陷。从实证证据的角度来说，这种解读根本站不住脚。另一种看法认为，毗拉哈人根本没有努力试图完成实验给出的任务，或者在参加实验时走神了，这种看法同样很容易被证伪。只要仔细看一下上述几项实验的结果，就可以发现这种说法与事实是矛盾的：参加实验的毗拉哈人没有胡乱猜测，而是一直在对正确的数量进行模糊的估计。换句话说，不是毗拉哈人不关注数量，而是他们只能用一种模糊的方式来关注数量。第三种解读比前两种更加合理，并且到目前为止，所有关于毗拉哈人的实验数据都支持这第三种解读，那就是，毗拉哈人不识数，他们没有数字语言，也没有其他数字文化的痕迹。毗拉哈文化中数字概念的缺失对毗拉哈人分辨数量和重现数量的能力产生了明显的影响。不仅科学实验的结果支持这种解读，许多外部世界的人与毗拉哈人接触后写出的报告也同样支持这种解读。在毗拉哈文化中，不管是在行为层面还是在物质层面，都找不出任何精确计数活动的痕迹。如果我们研究一下毗拉哈人的房屋结构、狩猎工具以及其他人造物品，就会发现所有这些东西的制造都不需要用到精确区分数量的能力。

然而，有的读者会说，毗拉哈文化中总会有一些方面要求毗拉哈人前后一致地辨别较大的数量吧？对于这个问题，存在一些广泛的误解，我在授课的时候以及在其他一些场合中都多次遇到过这种误解。《石板》（*Slate*）杂志上曾刊登过一篇关于毗拉哈人的实验结果的文章，这篇文章下面有这么一条网友评论，我认为这条评论很好地反映了人们对上述问题的误解。这条评论写道："假设一位毗拉哈妇女有 7 个或者 5 个孩子，那么如果她完全不懂算术的话，不就连孩子们谁大谁小也分不清吗？那么她该如何养育和照顾这些孩子呢？更重要的一个问题是，一位毗拉哈母亲到底能不能记住她有超过两个或者超过三个孩子？如果她能记住这一点，她在其他情况下也应该会计数啊！"

上述评论反映了对不识数族群的两点误解。第一点误解是，模糊地追踪年龄并不一定要用到数字的概念。当亲戚 B 出生时，亲戚 A 已经存在于这个世界上了，我只要知道这个事实，就可以推断出亲戚 A 的年龄比亲戚 B 的年龄大。假设我要搞清楚 3 个亲戚的相对年龄关系，我只需要使用逻辑上的三段论，或者对这三个人直接进行两两比较就可以了。因此，假设一位毗拉哈母亲有 4 个孩子，即使她不识数，她也知道其中一个孩子比另外三个早出生，那么这个孩子就是老大；她还知道另一个孩子出生的时候，所有其他孩子都已经存在了，于是这个孩子就是老四。要理解上述概念，并不一定要用到数量。而要理解绝对年龄的概念（一个人的绝对年龄即此人出生以后地球围绕太阳运行了多少圈，参见第 1 章），则必须先掌握辨别数量的技能。然而相对年龄的概念和绝对年龄是不一样的——有些人很难真正理解这两个概念之间的明显区别，这是因为这些人从小生活在有数字的文化中，在这些文化中，孩子从很小的时候就开始把数字和年龄视作两种无法分割的东西。[10]

上述评论中的第二点误解比第一点更深刻，也更有意思——至少表面看来是这样。一位母亲怎么会不记得自己有几个孩子呢？难道每一位母亲不是在任何时候都必须记得自己的所有孩子吗？当然。但是这其实和辨认数量或计数能力没有任何关系。假设你来自一个人丁兴旺的大家庭。当节日来临时，你要回家和你的四个兄弟姐妹团聚，你的四个兄弟姐妹分别是科里、安杰拉、杰茜卡和马特。然而，科里乘坐的航班被航空公司取消了，因此科里没能赶上本应全家团聚的节日晚餐。假设在晚餐开始之前，你并不知道科里的航班被取消的消息，那么当你在晚餐桌边坐下的时候，你会立刻发问："科里到哪里去了？"我认为你不会环顾四周，然后大声说："我怎么只看到三个兄弟姐妹，我知道我一共有四个兄弟姐妹！"换句话说，你并不需要精确地辨认数量就能知道你爱的某人不在这里。对我们来说，家庭成员是一个又一个具体的人，而不是没有面目的计数对象。当然，我们可以对我们的家庭成员进行计数。但是要搞清楚某个家庭成员是否在场，并不一定使用计数的方法。在这一点上，毗拉哈人也和我们一样——他们不需要进行计数，也能知道家庭成员在不在。没有任何证据显示毗拉哈人必须精确地区分数量才能记住某位家庭成员是否在场，也没有证据显示毗拉哈文化中的任何一项任务要求毗拉哈人必须精确地区分数量。如果毗拉哈文化中真有什么任务要求人们必须精确地区分数量，那么毗拉哈人肯定会引入数词来辅助数量的区分。所以，毗拉哈母亲当然记得自己的孩子，在母亲的头脑中每个孩子都是一个活生生的人，而不是一个个数字。

懂得数字的我们常常会提出各种关于不识数人群的问题，其实这些问题往往反映出我们自身的一些特点。我们生活在充满数字的世界里，因此很难想象没有数字的生活究竟是什么样的。从很小的时候开始，数字就深深地存在于我们的脑海之中，我们的认知生活和物质生活都与数字有着不可分割的紧密联系。关于毗拉哈人的各种研究结果可能会使我们把毗拉哈人当作异类，事实上有时候我们确实是这么想的，在我们的心目中，毗拉哈人似乎是一群生活在现代的旧石器时代人。然而，这种异化的看法并没有抓住这些研究结果的真正意义和价值——这些研究结果揭示的并不是关于毗拉哈人的真理，而是关于整个人类的真理：人类需要数字语言和数字文化的帮助，才能够区分和重现大部分数量。一些在我们看来十分基础的辨认数量的能力既不是人脑先天具有的能力，也不是自然发展出来的，而是人们通过文化和语言后天习得的能力。

虽然关于毗拉哈人的研究成果为上述观点提供了有力证明，但这些研究并不是上述观点的唯一证据，甚至也不是最主要的证据。对工业社会中儿童的数字认知能力的研究结果也同样支持上述观点，我们将在第 6 章中讨论这些研究。此外，还有一些针对其他亚马孙河流域原住民的研究也支持上述结论，比如我们在上文中提到的对蒙杜鲁库人的研究。蒙杜鲁库也是一种亚马孙河流域的原住民文化，但其规模比毗拉哈文化大得多。毗拉哈文化的总人口只有约 700 人，而蒙杜鲁库文化的总人口超过 11 000 人。蒙杜鲁库人住在属于自己的保护区内，他们的聚居地离最东的毗拉哈村落约有 600 千米。虽然蒙杜鲁库人的生活方式和毗拉哈人不同，但这两个族群之间有一些共同点。从历史的角度来看，蒙杜鲁库人和毗拉哈人都在欧洲人到达时成功地捍卫了自己族群的固有领土，流传着英勇的美名。事实上，毗拉哈人是穆拉人的一个小分支，穆拉人这个更大的族群普遍具有英勇善战的美德。正如前文中已经提到的，蒙杜鲁库人和毗拉哈人一样，在数字概念方面有一些困难。

和毗拉哈人不同的是，蒙杜鲁库人并非完全不识数，在蒙杜鲁库语中，存在描述 1、2、3、4 这几个数量的词。然而，语言学家经过仔细研究后发现，蒙杜鲁库语中的这几个词并不像大部分语言中表示这几个数量的词那么准确，这几个词的性质介于英语中的 one(1)、two(2) 和毗拉哈语中的“hói”“hoí”之间。蒙杜鲁库语中数词的非精确特点同样经过了实验的验证。科学家曾做过一项实验，这项实验要求蒙杜鲁库人用数词描述手提电脑屏幕上随机出现的圆点的数量。当屏幕上出现一个点的时候，百分之百的实验对象使用“pug”一词；当屏幕上出现两个点的时候，百分之百的实验对象使用“xep xep”一词。由此可见，蒙杜鲁库语中存在能精确描述数量 1 和数量 2 的词。此外，蒙杜鲁库语中也存在另外两个数词，这两个数词通常分别用来描述数量 3 和数量 4，但也不总是这样。这种情况说明，这两个数词描述的数量也是不够精确，和毗拉哈语中的数词性质类似。对于大于 4 的数量，蒙杜鲁库语会用意义较模糊的词来描述，这些词翻译成中文的意思相当于“一些”“很多”等。此外，研究人员还发现，在蒙杜鲁库语中，这些表示数量的词语似乎并不常用，也就是说，对蒙杜鲁库人来说指代数量是一种不太常见的行为。(在澳大利亚的某些原住民语言中，虽然数词的数量有限，但人们常常会用到单数、双数、复数等概念。显然，蒙杜鲁库人的情况与这些澳大利亚原住民不同。[11])

法国语言学家皮埃尔·皮卡（Pirre Pica）常年在亚马孙地区从事田野实验，他和一群知名心理学家组成团队，对蒙杜鲁库人的基础数字认知能力进行了测试。皮卡团队的研究显示，和毗拉哈人一样，当涉及数量大于3的时候，蒙杜鲁库人会依靠模糊数感来完成基本数学任务。在其中一项研究中，皮卡团队进行了4项基本的数学任务实验，实验对象是55名蒙杜鲁库人以及10名说法语的人（这10个人起到对照组的作用）。在这4项实验中，有两项是模糊性质的，比如：实验对象会在电脑屏幕上看到两组圆点，然后研究者要求实验对象快速判断哪一组中圆点的数量较多。在这种模糊性质的实验中，蒙杜鲁库人的表现和说法语的对照组的表现差不多，因为这些数学任务只用模糊数感就能完成，不需要用到精确数感。而在另外两项实验中，研究者要求实验对象对数量进行精确的表示，且两项实验都涉及减法的概念。在这两项实验中，实验对象会在电脑屏幕上看到一些圆点被放入一个罐子中，然后他们会看到一定数量的圆点又被从罐子里拿出来。其中一项实验要求实验对象在看完这段影像后说出罐子里还剩下多少个点。另一项实验则要求实验对象在几组图像中选出含有正确点数的罐子，例如：实验对象先看到5个点被放入罐子中，接着看到4个点被从这个罐子中拿走。然后，电脑屏幕上会同时出现三个图像：一个内含0个点的罐子、一个内含1个点的罐子以及一个内含两个点的罐子，实验对象需要在这三个罐子中选出含有正确数量的罐子。显然，在这一题中，正确答案是内含1个点的罐子。

上述两项实验都要求实验对象对数量做精确的识别。在这两项实验中，蒙杜鲁库人的表现和毗拉哈人差不多。实验组（蒙杜鲁库人）的表现和对照组（说法语的人）的表现在统计上显著不同。当原始放入罐中的点的数量小于 4 的时候，蒙杜鲁库人（包括成人和小孩）的表现近乎完美。然而当原始放入罐中的点的数量大于等于 4 的时候，蒙杜鲁库人的正确率便显著下降。研究者观察到："对于说法语的人群来说，这些数学任务只要使用简单的精确计算就能轻松完成。……然而，蒙杜鲁库人在完成任务的时候仍然只用到模糊的数字表达能力。"[12]

在许多原住民文化中，数字系统的发展程度都相当有限。虽然很多其他实验也对各种互不相关的原住民的数字认知能力进行了测试，但关于蒙杜鲁库人和毗拉哈人的实验结果最能够帮助我们理解数字这种概念工具对人类的认知能力所起的转化作用。这是因为，蒙杜鲁库人和毗拉哈人既没有表达精确数量的词，也没有语的数字的概念。（近期的一些研究显示，语法数字的概念也能够帮助人们学习数字的概念。[13]）当然，蒙杜鲁库文化和毗拉哈文化中也没有计数的传统，而研究显示，在有数字文化的社会中，计数这项活动是帮助儿童发展出精确数字概念的关键因素之一（参见第 6 章）。蒙杜鲁库人和毗拉哈人是两个互不相关的亚马孙原住民族群，然而针对这两个族群的研究取得了高度一致的结果，从而指向一个清楚的结论：在没有精确数字系统的文化中，人们对于大于 3 的数量缺乏精确区分的能力。这样的结论能够帮助我们理解数字在人类的进化发展过程中发挥了多么重要的作用。因此，我认为上述研究的成果不仅仅是关于蒙杜鲁库人或者毗拉哈人的成果，这些成果具有更深刻、更广泛的意义。这些研究成果告诉我们：在没有表达数量的词语和符号，缺乏这些概念工具的帮助时，人类的基础数学认知功能是如何运作的。在没有这些符号工具辅助的情况下，身心健康的成年人只能靠模糊估计的能力来处理大于 3 的数量。对 5、6、7 这些数量的精确表达能力是人们通过文化习得的，而不是人类天生就具有的。而且，表达精确数量的能力是一种依赖于语言的文化现象。只有当我们的文化赋予我们一系列相关符号（比如表达数量的词）时，我们才可能对数量进行精确、系统的区别。

著名心理学家斯坦尼斯拉斯·德阿纳（Stanislas Dehaene，上文提到的皮卡研究团队中的一员）在他的著作《数感》（*The Number Sense*）一书中，对关于蒙杜鲁库人数量认知能力的实验结果有如下解读："我们的实验……有力地说明，数感在所有人类文化中普遍存在。不管一个文化多么与世隔绝，不管一个文化中的人们多么缺乏教育，他们都一样具有人类共通的数感。然而，我们的实验结果还显示，算术如同一个人类认知能力发展的阶梯，我们从同一级台阶开始起步，但我们最终爬到的高度却各不相同。"[14]

正如德阿纳所言，关于蒙杜鲁库人和毗拉哈人的研究成果说明，所有人类成员都具有天生的数感，更准确地说，所有人类成员都具有模糊数感和精确数感这两种能力。毗拉哈人和蒙杜鲁库人都能够精确、系统地区分 1、2、3 这几个数量，因为他们都具有天生的精确数感（用更准确的术语来说，是他们都具有天生的"平行个体化系统"）。同时，毗拉哈人和蒙杜鲁库人都用他们天生具有的模糊数感来对大数量进行估计。然而，我认为这两项实验还说明了一个更重要的事实：要想在算术的阶梯上登上更高的台阶，就必须首先掌握数字这一工具。决定每个族群最终能在这架阶梯上爬多高的因素并不是我们天生的智力，而是我们所说的语言和所处的文化。如果一个人的母语中没有数的概念，那么他几乎没有机会沿着这架阶梯往上攀爬，事实上，他可能也没有任何要往上攀爬的动力。数字语言及与之相关的其他数字活动是一切数量思维能力的基础，没有这些工具，人类甚至无法发展出最基础的数量思维。

那么，数字语言以及数字文化的其他方面究竟对今天大部分人类成员的数学认知能力起到了怎样的塑造作用？要想全面地解答这个问题，我们还需要进一步的研究。对这方面的研究和探索不仅能帮助我们理解数字工具怎样辅助我们把两种天生的基本数感结合起来，还可以帮助我们理解人类数量思维的其他方面。比如，针对蒙杜鲁库人的研究正在探索这样一个问题：数字工具是如何影响人类把一个数量两等分的能力的？这项研究显示，即使先前完全没有接触过这个数量，蒙杜鲁库人也可以模糊地把一个数量两等分。[15]

最近，针对蒙杜鲁库人的研究还探索了另一个问题：蒙杜鲁库人能在多大程度上用空间概念去辅助数量思维呢？在第 1 章中，我们提到，人们常常用物理空间概念来辅助他们对更抽象的认知领域的理解。在第 1 章中，我们看到这样的事实：几乎所有人类文化都用空间概念辅助对时间概念的理解。与之类似的是，人类也常常用空间概念来辅助对数量概念的理解。在我们的教育系统中，就存在这种把数量概念转为空间概念的做法——我们在学校里都学过如何使用数轴和笛卡儿坐标系。然而在许多其他文化中，用空间概念来注解数量概念的做法似乎并不像英语文化中这么系统。此外，还有一些证据显示，在完全没有接受过学校教育之前，儿童甚至婴儿就已经知道怎样把数量投射到空间中去了。[16]

为了更好地理解把数量投射到空间上的这种认知活动，德阿纳和他的同事们对蒙杜鲁库人进行了以下实验。研究者向实验对象展示了两个圆圈，它们之间有一条线。左边的圆圈里有 1 个黑点，右边的圆圈里有 10 个黑点。然后，研究者给实验对象另外一组点（比如 6 个点），并要求实验对象把这组点放在那条水平线上。研究者认为，如果蒙杜鲁库人完全不懂如何把数量投射到空间上，那么他们可能会把这组点以随机的方式放到水平线上。而在对美国人进行这项实验的时候，参加实验的美国人一般会把这些点有规律地放置在水平线上的某处，因为实验对象会把这条水平线看作数轴。比如，美国人会把 9 个点放在内有 10 个点的圆圈附近，而把 2 个点放在内有 1 个点的圆圈附近。蒙杜鲁库人在摆放这些点的时候也是有规律的，但是他们的摆法与美国人的摆法不同。美国人的摆法是线性的，这种摆法似乎与学校的教育有关，而蒙杜鲁库人在这项任务中居然采取了一种“对数策略”。在这种对数策略下，小数量在数轴上占据了更大的位置：蒙杜鲁库人把 3 个点放在水平线的中心点附近，而把 9 个点放在离左侧圆圈两倍远的地方（9 个点与左侧圆圈的距离是 3 个点与左侧圆圈距离的两倍）。在我们熟悉的线性策略下，我们会让 9 个点与左侧圆圈的距离是 3 个点与左侧圆圈距离的 3 倍。然而在对数策略下，因为 $3^2=9$，所以 9 离原点的距离应该是 3 离原点距离的两倍。而我们知道，蒙杜鲁库人基本上是不识数的，因此许多人认为，上述实验中蒙杜鲁库人摆放点的方式说明：所有人类成员都懂得用空间概念来辅助理解数量概念，不管来自什么文化或者说何种语言。从上述实验中我们似乎可以看出，从未接受过学校教育的不识数人群的头脑中同样有数轴的概念，只不过他们的数轴不是线性的，而是对数形式的。[17]

然而，最新的一些研究结果又显示，并非所有没受过学校教育的人都有数轴的概念。一些近期的实验研究了位于地球另一侧的一个原住民族群，这项研究并不支持“所有人类成员都有数轴概念”这个观点。加州大学圣地亚哥分校的拉斐尔·努涅斯（Rafael Núñez）带领一群认知科学家对约皮诺人重复了上一段中的数轴实验。约皮诺人生活在巴布亚新几内亚的偏远山区中。虽然约皮诺人使用表示数量的词，但他们从不以精确方式来度量时间或空间。并且，努涅斯团队的研究还显示，约皮诺人不会在头脑中以可预测的方式把数量概念投射为空间概念。在上一段中我们说过，大部分蒙杜鲁库人能把代表数量的点以对数方式放在一条代表数轴的线上，然而约皮诺人却没有表现出这种行为。不管是以线性形式还是以对数形式，约皮诺人都不会把数量投射到数轴上。当研究者要求约皮诺人把一定数量的点或者其他物品摆在一条线段上时，约皮诺人总是把所有点都摆在线段的一端。这种现象说明，约皮诺人无法以数量为依据把一条线段分成几个部分，据此我们可以推知，并非所有人类成员都能以空间的方式思考数量的概念——有些族群中的人用空间以外的其他方式思考数量的概念，而具体方式的选择至少部分地取决于他们文化中对相关概念的构建方式。[18]

数字语言和数字文化的其他方面究竟是如何塑造人类对数量的概念化认知的？显然，关于这一问题，我们还有太多东西需要探索和研究。比如，在使用“数轴”概念的程度和方式方面，各种文化之间到底有多大的差异？这个问题目前尚无定论。然而，通过本章的讨论，至少有一点是非常清楚的，即通过研究各种生活在偏远丛林深处、说着各种互不相关的语言的原住民文化，能对整个人类的数学思维情况产生更深的理解。针对这些原住民的研究显示：数字工具和计数活动是人类数学思维发展的重要基础，如果没有它们，人类甚至无法发展出最基本的数量思维能力。本章列举的大量研究结果显示，虽然所有人类成员天生都具有一定程度的基本算术能力，但只有文化中有数字的族群才能真正沿着算术的阶梯向上攀登。

—— 既没有数字也没有声音的人 ——

蒙杜鲁库人和毗拉哈人并不是世界上唯一不识数（或基本不识数）

的人群。研究者还发现了另一个没有数字语言的族群，关于他们的研究同样能帮助我们理解数字工具对基础数学思维的影响，这便是生活在尼加拉瓜的一群使用家庭手语的聋人。由于一些原因，这些聋人从来没有获得学习手语的机会，因此他们像世界其他地区的家庭手语使用者一样，自创了一套手势，用于向周围的人（主要是他们的家庭成员，这些家庭成员也参与了这套家庭手语系统的发明和学习过程）表达意思。家庭手语系统的存在充分显示了人类的交流需求所产生的强大力量。没有听力的孩子即使能接触到某种高度发达的语言，也仍然会用手语表达自己的意思。而尼加拉瓜的这群聋人所使用的手语中没有表达数量的词。

心理学家进行了一系列有趣的实验，用于测试 4 位使用家庭手语的成年尼加拉瓜聋人的数字认知能力。这些参加实验的聋人没有任何关于数词的知识。但是与蒙杜鲁库人或毗拉哈人不同的是，这些聋人生活在有数字的文化环境中，他们知道数量之间的区别是很重要的。比如，这些聋人能够模糊地识别货币的面值，并且能够区分面值大的货币和面值小的货币。然而，虽然他们知道超过 3 的数量之间存在区别，他们却没有办法用精确的方式来指代这些数量——因为他们没有表达数量的词语。

和蒙杜鲁库人及毗拉哈人一样，这些聋人没有任何先天性的认知缺陷。研究者通过一系列实验测试了数字工具的缺失对他们认知能力的影响。这些实验能让我们更好地理解身心健康但不识数的成年人的数学认知能力。与蒙杜鲁库人或毗拉哈人不同的是，这组实验对象具有一种特点：他们虽然不识数，但从小就知道数字工具的存在，只是数字工具从来没有进入过他们的认知生活，因为他们既没有数词的知识，也没有学过如何数数。虽然这些聋人可以用手语来进行关于数量的交流，但当涉及的数量较大时，他们对数量的描述就变得模糊起来，不够精确。

研究者对这些聋人进行了一系列实验，包括最基础的一对一平行直线匹配实验。直线匹配实验的设定和彼得·戈登曾对毗拉哈人用过的设定非常类似。不识数的聋人在这些实验中的表现和毗拉哈人以及蒙杜鲁库人高度类似，研究者观察到："当研究者摆出的物品数量超过 3 个时，参与实验的家庭手语使用者便无法准确地摆出同样数量的物品。"[19] 可见，这些不识数的聋人有着和毗拉哈人以及蒙杜鲁库人类似的问题：他们无法精确分辨大于 3 的数量之间的区别，也无法精确重现大于 3 的数量。比如，在一项实验中，研究者给实验对象观看一些纸牌，纸牌上画有一定数量的物品。然后，研究者要求实验对象用自己的手指表示出纸牌上物品的数量。当纸牌上有 1 个、2 个或者 3 个物品的时候，参加实验的聋人每次都能用手指准确地表示纸牌上显示的数量。然而，当纸牌上显示的物品数量大于 3 时，实验对象给出的回应的正确率便急速下降。并且，随着纸牌上显示的数量越来越大，实验对象的答案和正确答案之间的差距也同样增大。而对照组则完全能够正确地给出回应，不管纸牌上显示的数量是否大于 3。对照组的成员包括两类：一类是能使用正式手语，并且会使用数词的尼加拉瓜聋人；另一类是会使用西班牙语数词的听力正常的尼加拉瓜人。总的来说，针对这组使用家庭手语的尼加拉瓜聋人的实验再次证明了一个我们已经十分熟悉的结论：人类必须掌握描述数量的词，才能够精确、系统地辨别出大于 3 的数量之间的区别。

—— 结语 ——

既然数字是一种如此有用的认知工具，那么为什么某些族群的人选择不使用数字工具，或者没有能够成功地引入这种工具呢？对于这个问题，我们当然可以给出一些安抚性的答案，比如，“因为这些人觉得没有数字的生活更好”，然而这种答案很容易走向家长式领导或文化相对论的误区。这个问题的真正答案也许早已迷失于这些文化未被书写记录下来的历史之中，至少在毗拉哈文化和蒙杜鲁库文化中是这样。不可否认的是，假如毗拉哈人或蒙杜鲁库人能够引进数字这种精妙的认知工具，那么他们一定能够从中得到不少益处。然而，我们同样无法否认的是，即使没有数字工具，这些族群的人也在他们原生的生态系统中长期生存了下来，并且生存得相当不错。[20]

数字是一种如此有用的工具，而且这种工具几乎存在于世界上的所有语言之中，所以，从某种意义上来说，我们几乎难以相信当今世界上还有不识数的族群存在。世界上的各种语言是如此丰富多彩，即便我们相信人类的语言应该具有一些普适的共同点，但也往往会出现一些想象不到的特例。人类的各种语言和文化之间存在巨大的、根本性的区别——当我们接受了这样的事实以后，也许当今世界仍存在一些不识数的族群也就不那么令人惊讶了。确实，某些族群的人们生活在一个与我们截然不同的世界之中，在这个世界里没有数词，没有数字符号，没有约定俗成的表达数量的手势，也没有任何表达精确数量的其他方式。在本章的讨论中，我已经暗示过，从理解数字工具如何塑造人类发展过程的角度来看，这些不识数族群的存在对研究者而言是非常有用的。毕竟，要找到一群身心健康却完全不懂数字的成年人并不容易，他们的存在为我们提供了宝贵的研究机会，使我们能够更好地理解人类数量思维的性质。本章列举的种种研究结果清晰地表明：只有在数字这种认知工具的帮助下，人类才可能在先天能力的基础上发展出更高级的数学思维，也才可能更精确地辨别和处理所有数量。

第6章 数量概念是否与生俱来

人类把年龄定义为我们离开母亲子宫的时刻距离当下时刻的时间长度，之所以这样定义，主要是为了方便。事实上，我们的生命开始于母亲的子宫内，我们从一个胚胎开始发育，慢慢有了意识，生命也逐渐开始。当然，胎儿时期的我们所具有的意识是极为有限的，我们被幽禁于母亲的子宫内，大部分外界刺激信号根本无法触及我们的神经系统。但子宫并不能屏蔽所有刺激，早在胎儿时期，我们就已经开始接触到一种我们神经系统以外的刺激——我们的手指，这种刺激将对我们日后的认知和行为产生深刻的影响。手指带给我们的刺激经验是非常基础的，在我们还不知道什么是味觉、视觉、嗅觉的时候（这方面存在少数例外情况，因为胎儿也有一定程度的上述感觉），手指就已经进入了我们的感觉体验系统，甚至已经被我们放进了嘴里。我第一次见到我儿子的脸，是在一个三维的超声波图像上。那时距离他出生还有两个月左右的时间，我看到他的手就在他的脸颊旁边。我想，当胎儿刚刚开始感知到自己的存在时，手就能随时陪伴自己左右，这也许是一种令他们安心的存在吧 。在我儿子还没见到真正的光线之前，他已经能“看到”自己的手指了，他的手指触碰着他身体的各个部分，似乎在逐一感知这些部分的存在。当然，其他尚在母亲子宫内的胎儿也有和我儿子一样的经验。在胎儿出生之前，他们的生命已经在孕育，一场和手指密不可分的认知之旅也已经悄然开始。人类具有区别于其他物种的数字思维能力，而我们的10根手指在人类数字能力的发展过程中起到了基石一般的作用。因此，在世界上的许多文化和语言中，描述数字的词都和手的概念密不可分。然而，要想理解手在人类数字能力的发展过程中所起的作用，我们首先必须知道，在我们意识到手指可以计数之前，人类已经拥有哪些数量概念。虽然人类从胎儿时期就开始接触自己的手指，但是某些数量概念甚至在此之前就已经存在于我们的脑海中了。毕竟，人类先天就具有一套关于数量的神经认知系统，这套认知系统包括模糊数感和精确数感，这一点在第4章和第5章中已经提过了。这两种数感的存在使我们在生命的早期就能感知数量之间的差别。[1] 然而，虽然每个儿童都具有这两种数感，学会如何精确地思考数量仍然不是一件容易的事。学习如何辨别数量之间的区别是一项艰巨的任务，而这项任务的完成很大程度上依赖于对数词的掌握。对于大部分人来说，这些描述数量的词是通往数字认知世界的桥梁，而它们常常是以手的概念为基础的。

—— 婴儿有数字意识吗 ——

对于不识数的人群而言，他们无法通过任何语言方式把数字的概念传给下一代人，甚至也无法通过任何语言方式令数字的概念在同一代中传递。但是，在前面的章节中我们清楚地看到，这些不识数的族群仍然具有识别小数量的精确数感。与之类似，所有成年人（包括不识数的人）都有能力把两组差距足够大的大数量区分开来。比如，所有神经感知能力正常的成年人都能区分 6 个物品与 12 个物品，或区分 8 个物品与 16 个物品。这种情况说明人类具有模糊数感。表达数字的词和计数活动能帮助人类把上述两种天生的数感结合在一起，当这两种数感结合在一起时，人类便可以精确区分所有数量，而不管这些数量是大是小。

但是，读者可能会问：我们究竟是如何辨别出精确数感和模糊数感是人类天生就具有的能力的呢？人类的许多其他认知能力都曾被认为是与生俱来的，但是现在许多科学证据已经向我们证明，那些能力其实是人类后天习得的。比如，语言学家曾经认为，语言的起源是基于人类基因中的一项或多项突变，这些突变让所有人都具有一种语言本能。换句话说，拥有某种（或者某些）突变基因的人具有了语言能力，由于掌握语言给他们带来了繁衍上的极大优势，这部分人经过自然选择过程存活了下来，而其他不具有这些突变基因的人则被自然淘汰。如今，大部分语言学家已经放弃了上述观点。许多学者认为，语言体现了人类的一系列交流策略和信息管理策略的总和，而在不同的文化中，这些策略既存在明显的差异，也常常具有一些共同点。这种观点越来越为人们广泛接受，从中我们可以看出，自然选择并没有直接筛选出具有所谓语言本能的人，但是自然选择筛选出了一批具有某些认知能力和社会能力的人，而这些认知能力和社会能力最终孕育出了语言。那么，我们如何确定人类的数字感觉确实是一些数量方面的本能呢？人类的数感会不会也只是一些数量思维策略的总和，只是这些策略恰好具有高度的相似性呢？我们如何确信人类天生就具有数量思维呢？[2]

对于上述这些问题，要给出明确的答案是非常困难的。但是，这些问题的答案包括两个主要部分，这两类证据让我们可以比较确定，人类确实具有数字本能——或者更精确地说，人类确实具有两种区别数量的先天能力。

第一类证据来自除人类外的其他动物的行为。在第 7 章中我们将会看到，许多物种都和人类一样具有精确区别小数量和模糊区别大数量的能力。由此，我们可以确定，人脑中的这两套数字系统从种系发生学的角度来看早已有之。也就是说，几百万年以来，这两种能力一直存在于人和其他人类祖先的大脑中。这两种能力甚至可以上溯至一些已经灭绝的物种，它们是人类以及许多和人类相关的脊椎动物的共同祖先。

第二类证据来自还不会说话的低龄人类儿童。这类证据显示，从个体发生学的角度来看，人的某些数学能力在掌握语言之前就已经存在。换言之，早在人类儿童开始通过经验学习和吸收各种概念之前，他们就已经拥有这些数学能力了——这种数学能力是基因送给人类的礼物。虽然这两种数字感觉为所有人类先天所具有，但是随着年龄的增长，人类会进一步发展这些能力，并以之为基础形成更高级的数学思维，而这些后天发展究竟以什么方式进行、能达到什么样的高度是因不同文化而异的。

要完全了解不同文化中的人类婴儿的数量思维情况，我们还需要进一步研究。然而，关于这个问题，目前科学家和语言学家们已有许多成果，在此我将展示该领域内一些最重要的研究结果。

然而，你可能会首先提出这样一个简单的问题：婴儿不会说话，也无法听懂研究者的指示，那么我们究竟要如何通过实验来研究婴儿的思维呢？确实，从实验方法设计的角度来说，这是一项困难的任务，研究人员必须通过创新来克服这个困难。事实上，研究人员已经克服了这个障碍。随着这个障碍被突破，在过去的 30 多年中，我们对人类婴儿的数字认知能力的认识有了近乎革命性的提高。同时，这一进展也使我们对之前一些研究结果的可靠性产生了怀疑，在此前的某些实验中，研究者对婴儿思维情况的错误预期可能影响了实验结果的客观性。此前，许多相关实验的设计要求婴儿通过身体活动参与实验任务，或者要求婴儿与研究者互动，后来的实验者则放弃了这种实验思路，转而关注婴儿在实验中把注意力集中在哪些地方。随着这种实验设计思路的转换，本段开头提到的困难迎刃而解。我们知道，和其他许多物种一样，人类倾向于把注意力集中在新奇的刺激上，这一事实正是这种新的实验设计思路的依据。

让我们考虑一种你可能非常熟悉的常见环境——一家拥挤的餐馆。走进这家餐馆时，你会注意到各种各样的刺激信号：嘈杂的交谈声、银器和盘子碰撞的脆响、把玻璃杯摆到桌子上的声音等。你知道自己进入了一家拥挤的餐馆，因此这些刺激信号都是你事先可以预期的。当你坐下来开始进餐后，很快就不再关注这些你已适应的刺激信号，因为你对它们缺乏兴趣。你会和餐馆里的其他食客一样，继续吃喝，专注于自己面前的食物及与同伴的对话。（我希望你的食物和与同伴的对话中能有一些新奇的刺激，不然你也会对它们失去兴趣。）如果此时有某种新奇的刺激信号进入了你的知觉领域，会发生什么呢？比如，一个玻璃杯从侍者的托盘上滚了下来，掉到地上摔得粉碎。杯子摔碎的声音会立刻引起你的注意，你会试图辨别这种声音的来源。在上述注意力发生转移的过程中，在场的人在生理方面也发生了变化：

你的目光会立刻投向声音的发源地，而且所有其他在场的人可能也都会同时转头望向杯子掉落的地方。此外，比较难注意到的另一种变化是，所有食客可能都暂时停止了进餐或吞咽等活动。从发育的角度看，将目光转向刺激信号的来源和暂停进食的行为都是非常基础的，我们在婴儿时期就有这些能力了。因此，研究儿童发育学的学者们认识到，可以通过这种机制来判断婴儿是否认为某种信号是新奇的。于是，通过观察婴儿把注意力集中在什么地方，研究者就能够找到那些被婴儿视为新奇信号的东西——比如一种新颜色、一种新形状、一种新数量等。研究者在实验中向婴儿展示一些刺激信号，然后观察婴儿的目光以及进食活动是否随之发生变化。具体来说，研究者会关注婴儿在接触这些信号时盯着看的地方，以及他们吮吸动作的变化。要精确度量目光和吮吸活动的变化并不容易，所以这种新的实验方法依赖于一些过去几十年内出现的新工具，这些工具包括装有电子监控器的奶嘴和能够追踪婴儿的目光及眼部活动的摄像头等。

有了这些背景知识以后，让我们来看一些关于婴儿数字认知能力的重要实验，这些实验都基于上文我们提到的一个假设：婴儿会更使劲儿地盯着他们认为新奇的刺激信号看。首先，我们来看看心理学家卡伦·温（Karen Wynn）主持的一项著名实验。20 多年前，这项研究的结果发表于《自然》杂志上，此后，许多学者对这项研究中的实验进行了多方面的重复和改进。卡伦·温的实验有力地说明，在婴儿还不会说话的时候，他们就已经能够辨认数量 1、2、3 之间的区别了，因此这项重要的研究可以作为本章讨论的逻辑基础。参加这项实验的婴儿平均只有 5 个月大。而一些更近期的研究还检验过更小的婴儿（包括新生儿）的数字认知能力（我们很快就会提到其中一项）。在卡伦·温的实验中，参加实验的婴儿共有 32 名。这些婴儿被平均分为两组，一组婴儿的任务是做加法——1+1，另一组婴儿的任务是做减法——2–1，卡伦 · 温希望通过实验测试婴儿是否具有完成上述运算任务的能力。[3]

那么卡伦 · 温究竟如何测试婴儿的运算能力呢？她采用了以下这种简单而天才的方法：每位婴儿面前都有一个展示盒，盒子里有一个娃娃一样的玩具，这种玩具对婴儿有着天然的吸引力。然后，每个展示盒都配有一块不透明的屏幕，屏幕升起时会遮住盒内的娃娃。也就是说，屏幕升起时，婴儿看不到展示盒内的娃娃。这套装置还有一个重要的特点：屏幕两侧各有一条缝隙。接下来，研究者手拿另一个娃娃通过展示盒的侧门放进盒子，第二个娃娃和盒子里原先摆着的第一个娃娃完全相同。（第一个娃娃已被屏幕遮住，婴儿此刻无法看到。）通过屏幕旁边的这两条缝隙，婴儿可以看到研究者的手以及研究者手中的娃娃。从婴儿的角度来看，研究者在盒子里的被遮住的娃娃的基础上又“加入”了第二个完全一样的娃娃。接下来就是这个实验最巧妙的部分了：展示盒设有一个暗门，研究者可以通过这个暗门悄悄地把第一个娃娃拿走而不被实验对象发现，而与此同时第二个洋娃娃被放入展示盒中。也就是说，婴儿看到的是盒子里原有一个娃娃，现在又加入了一个娃娃；而他们看不到的是，在研究者加入第二个娃娃时，实际上还悄悄拿走了第一个娃娃。在第二个娃娃被放入盒中以后，研究者把遮挡在盒子前面的屏幕撤走。婴儿预期的结果（“可能结果”）是屏幕撤走之时，盒子里应该有两个一模一样的娃娃。而婴儿预想不到的结果（“不可能的结果”）是屏幕撤走之时，盒子里只有一个娃娃，因为第一个娃娃被研究者通过暗门悄悄地拿走了。

我们知道，如果发现与预期不符的新事件，人类（包括婴儿）就会盯着这些出乎意料的情况看很长时间。因此，卡伦 · 温假定的实验结果是：婴儿盯着“不可能的结果”看的时间会长于盯着“可能结果”

的时间。也就是说，如果婴儿亲眼看到研究者在一个物品的基础上加上另一个相同的物品，最后却发现仍然只有一个物品，他们会感到惊奇和不解。而如果最后出现了两件物品，婴儿则不会感到惊奇，因为这与他们的预期一致。换句话说，这个实验能够检验5个月大的婴儿是否知道1加1应该等于2，而不等于1。如果婴儿真的知道1加1等于2，而不等于1，我们就可以预测，在上述实验中，他们盯着不可能的结果看的时间会比盯着可能结果看的时间更长，因为不可能的结果似乎告诉他们1加1等于1，而不等于2。结果，卡伦·温发现，婴儿盯着不可能的结果看的时间确实更长。当屏幕被移除，却只出现一个娃娃的时候，婴儿盯着展示盒看的时间在统计上明显更长。

上面我们描述的是加法实验。而在减法实验中，实验所用的展示盒和娃娃都与加法实验一样，只不过婴儿观看到的事件发生的顺序与加法实验相反。首先，婴儿看到没有屏幕遮挡的展示盒正中有两个娃娃。然后，研究者升起屏幕，挡住展示盒的中间部分，让婴儿看不到这两个娃娃。接着，研究者打开展示盒的侧门，把一只空手伸进去，婴儿可以通过屏幕两旁的空隙看到研究者的手。研究者用这只手把屏幕后方的一个娃娃拿出展示盒，并保证婴儿可以清楚地看到整个过程。在“不可能的结果”下，研究者一边移出一个娃娃，一边通过暗门悄悄放入另一个完全一样的娃娃。于是，在“不可能的结果”下，虽然婴儿清楚地看到研究者拿走了一个娃娃，但是当屏幕被撤掉后，展示盒里却仍然有两个娃娃。而在“可能结果”下，研究者通过侧门在婴儿能看见的情况下拿走一个娃娃，也没有通过暗门悄悄放入另一个完全一样的娃娃。因此在“可能结果”下，当屏幕被撤掉后，展示盒里只有一个娃娃。减法实验的结果和加法实验非常类似：婴儿看“不可能的结果”的时间显著地长于他们看“可能结果”的时间。也就是说，当婴儿看到研究者从两个娃娃中拿走一个的时候，他们预期盒子里应该剩下一个娃娃——这说明婴儿似乎知道 2 减 1 等于 1。总体而言，卡伦 · 温上述两项实验的结果都表明，不会说话的婴儿已经知道数量 1 和数量 2 的区别。卡伦 · 温的这个重要实验为相关领域的研究找到了新的方向，此后，心理学家用一些更新颖的方式对婴儿的数字认知能力进行了更深入的研究。随着这些研究的发表，现在学界已经普遍接受了这样的结论：人类的婴儿确实有能力前后一致地分辨数量 1、2、3 之间的区别。

在卡伦 · 温的上述研究成果发表 8 年之后，又出现了另一项关于婴儿认知能力的重要研究。这项研究由心理学家徐飞（Fei Xu）和伊丽莎白 · 斯佩尔克（Elizabeth Spelke）共同完成（哈佛大学教授伊丽莎白 · 斯佩尔克是发展心理学领域影响力最大的研究者之一）。我们之所以要在这里向读者详细介绍这项研究，是因为其结果有力地证明了模糊数感的存在，它清楚地说明，还不会说话的人类婴儿就已经能够模糊地区分较大的数量了。[4]

在徐飞和伊丽莎白 · 斯佩尔克的第一项实验中，共有 16 名平均约 6 个月大的婴儿参加，实验的具体情况如下。在实验中，研究者在白色显示屏上显示 8 个点或者 16 个点，并让参加实验的婴儿逐渐适应显示屏上的这个图案。研究者的具体做法则是向参加实验的婴儿长时间展示这个图案，直到他们对这个图案失去兴趣为止（婴儿不再把这个图案当作新奇刺激）。当婴儿不再看这个图案，或者已经连续看过 14 次这个图案，研究者就认为婴儿已经对上述图案失去兴趣了。在“8 个点”这一组中，研究者给婴儿看大小不同、以不同方式排列、亮度不同的各种 8 个点的图案，直到婴儿已适应这个 8 个点的图案。而在“16 个点”的实验组中，研究者给婴儿看大小不同、以不同方式排列、亮度不同的各种 16 个点的图案，直到婴儿适应这些图案。在婴儿适应了初始数量的点以后，研究者再向婴儿展示 8 个点的图案或者 16 个点的图案。对于“8 个点”实验组的婴儿而言，16 个点的图案可能属于新奇刺激，因为这些婴儿已经习惯了 8 个点的图案。而对于“16 个点”实验组的婴儿而言，8 个点的图案可能属于新奇刺激，因为他们已经习惯了 16 个点的图案。至少对我们这些熟悉数量概念的成年人来说，我们会把点数变化后的图案当作一种新奇刺激，因为我们知道数量 8 和数量 16 是不一样的。但是既不会数数，也不会说话的婴儿到底会不会把点数变化后的图案当作一种新奇刺激呢？这正是这项实验想要知道的。徐飞和伊丽莎白·斯佩尔克的这项实验的结果清楚地说明，人类的婴儿和成年人一样，能分辨数量 8 和数量 16 之间的区别。

徐飞和伊丽莎白·斯佩尔克的这一实验的结果非常容易理解：当刺激信号中包含的点的数量和婴儿已经适应的点的数量不同时，婴儿盯着刺激信号看的时间会长数秒。也就是说，如果婴儿之前习惯了 8 个点的图案，他们就会对着 16 个点的图案多看一会儿。反之，如果婴儿之前已经习惯了 16 个点的图案，他们就会对着 8 个点的图案多看一会儿。婴儿视觉注意力的变化清晰地说明，不管其他参数（如点的大小和排列顺序）如何变化，婴儿都能够区别 8 个点和 16 个点。换句话说，只要两组数量之间的区别足够显著，即使数量较大，大部分婴儿也能识别不同数量之间的差别。[5] 在这里，我们必须强调一点，只有在两组数量之间的区别足够显著的情况下，婴儿才能分辨不同数量之间的区别。因为徐飞和伊丽莎白·斯佩尔克又做了第二项实验，实验表明，如果两组数量之间的区别不够显著，婴儿就无法区分这两组数量。在第二项实验中，研究者基本上重复了第一项实验的步骤，但做了一个重大调整：他们测试的是婴儿能否辨别 8 和 12 之间的区别，而非 8 和 16

之间的区别；和第一项实验相比，在第二项实验中两组数量的比值从 1∶2（8∶16）变为 2∶3（8∶12）。在上述比值变化之后，实验的结果也发生了显著变化。从婴儿视觉注意力的变化情况来看，婴儿无法分辨 8 个点和 12 个点之间的区别。

徐飞和伊丽莎白·斯佩尔克的实验以及其他一些发展心理学家进行的相关实验共同为以下的事实提供了非常有力的证据：当两组数量的比值为 1∶2 或差距更大时，婴儿能够分辨两组大数量物品之间的区别。这说明婴儿天生具有模糊数字系统。而前文提到的卡伦·温的实验证明，婴儿还具有区别小数量的相对精确的数字系统。成年人则具有更加高级的数字认知能力，上述两种人类先天具有的数字系统是所有高级数字认知能力的基础。在第 5 章中我们已经说过，要发展出成人所具有的高级数量认知能力，需要语言这一工具的介入。徐飞和伊丽莎白·斯佩尔克在讨论人类先天具有的两种数字系统的时候，也明确提到了语言的作用。徐飞和伊丽莎白·斯佩尔克写道："当儿童掌握数词的意义并且掌握了计数活动的目的以后，他们就能把上述两种数字系统结合起来，形成一种人类独有的统一数字概念，而这种数字概念是依赖于语言的。"[6] 当然，这并不是说，只要有了数字工具，人类就一定能简单自然地把这两种数感结合起来。事实上，关于这种"结合"究竟是如何发生的，目前学者们仍有很多争议。

上述研究证明，人类的婴儿在非常年幼的时候就具有一定的数量辨别能力。然而，精确数感和模糊数感并不能让我们快速准确地解决大部分数学问题。上述研究无法证明人类婴儿具有真正意义上的抽象数字概念。能区别一个娃娃与两个娃娃，或者能区别屏幕上的 8 个点和 16 个点，这些现象仅仅说明婴儿会关注视觉上的数量区别。有的人可能会说：能关注视觉上的数量差别不代表婴儿会用抽象的方式思考数量的概念——这种抽象的思维应该是不依赖视觉的。换句话说，婴儿的数量辨别能力可能并不具有跨感觉或跨形式的特性。比如，在视觉方面，婴儿也许可以分辨一个狮子玩具和两个狮子玩具的区别；在听觉方面，他们也许能分辨一次“嘟”的信号音和两次连续的“嘟”的信号音之间的区别。但婴儿却不一定能跨形式地认识到两个狮子玩具和两次“嘟”的信号音包含着相等的数量。如果能够通过实验证明婴儿确实具有上述跨形式的数量辨别能力，就能更有力地说明人类婴儿具有真正的抽象数量思维能力。基于上述考虑，一些近期的研究试图用实验的方法来测试人类婴儿的“跨形式”的数量分辨能力。

此外，近期的一些关于婴儿数字认知能力的研究还试图探索前人工作中没有解决的另一个潜在问题：实验对象的年龄问题。从表面上看，这个问题似乎根本不能算是一个问题，毕竟，在卡伦·温的研究中，实验对象平均只有约 5 个月大。然而，从逻辑上来说，证明 5 个月大的婴儿具有某种能力，并不能完全说明这种能力是人类天生具有的。人类也许确实具有某些先天的数学本能，上述实验中婴儿的表现在一定程度上为这一假说提供了证明，然而我们并不清楚，不同文化环境的熏陶是否已经令 5 个月大的婴儿的某些数学本能获得了后天的发展。此外，我们还应该注意另一个重要事实：大部分发展心理学的研究对象都是西方工业文明中的婴儿，因此，我们很难从这些实验结果中看出文化环境的差异会对几个月大的婴儿的数字认知能力产生怎样的影响。[7]

因此，接下来我要介绍该领域的第三项重大研究成果。该研究由心理学家韦罗妮克·伊扎德（Veronique Izard）和她的同事（包括前文提到的心理学家伊丽莎白·斯佩尔克）共同完成，他们对上文中提出的两个问题进行了直接回应。这项惊人的研究结果显示：人类的婴儿能够以抽象、跨形式的方式辨认一些数量之间的区别，并且婴儿在出生后不久就具备了上述能力。要完成这项实验，韦罗妮克·伊扎德和她的同事必须找到足够多的愿意让孩子参加实验的新生儿父母。这个实验要求的实验对象数量较多，因为只有部分被选中的婴儿能够最终为实验结果做出贡献。韦罗妮克·伊扎德和她的同事共选中 66 名婴儿参加这项实验，然而其中 15 名婴儿因为各种原因（比如过于吵闹、在实验过程中睡着了等）被排除在最终的实验样本之外。仅从这一点上，我们就可以想象出进行这样的实验有多么不容易了。我们这些在亚马孙丛林或者新几内亚高地等偏远地区进行实地实验的心理学家常常会抱怨在实验中遇到了这样那样的挑战，但与韦罗妮克·伊扎德的情况相比，也许我们都是幸运的，至少我们的实验对象不会在实验过程中睡着。最终，进入韦罗妮克·伊扎德的实验结果样本的婴儿平均只有 49 个小时大。因此，我们可以相当确定地判断，这些婴儿的反应尚未受到后天经验的影响。我们在前文中已经说过，胎儿在母亲的子宫里就已经开始通过自己的手指接触数量了。此外，胎儿还可以听到母亲的心跳以及母亲说话的声音，因此他们在一定程度上熟悉间隔规律的声音信号。除了上述这些极为有限的刺激之外，其他的经验因素或者文化因素似乎很难影响母体中胎儿的数字认知发展。此外，韦罗妮克·伊扎德和她的同事证实，人类婴儿在出生后不久就能够区分视觉数量信号，而我们知道，子宫内的胎儿是接触不到视觉数量信号的。[8]

伊扎德团队的实验结果清楚地显示：新生儿可以利用脑内的模糊数字系统对不同形式的数量信号进行跨形式的抽象比较。在实验中，研究者向婴儿播放一连串的音节，如“突突突突”或“啦啦啦啦”。每串音节中包含固定数量的音节，各串音节之间由一个短暂的停顿隔开。例如，某位参加实验的新生儿可能听到 4 个连续的音节，然后是一个暂停，接着又是4个连续的音节，以此类推。上述听觉信号连续播放2分钟以后，婴儿会习惯音节的数量。然后，研究者会让婴儿观看电脑屏幕上的图像。婴儿看到一组特点数量的图形，这些图形颜色鲜亮，图形上含有嘴巴或者眼睛的图案（这种设计是为了吸引婴儿的注意力）。图形的数量可能与婴儿刚才听到的听觉信号中包含的数量相同，也可能不同。伊扎德团队提出的观点是：如果婴儿具有跨形式的抽象数量分辨能力，他们就会对包含不同数量的图形组合做出不同的反应。如果图形的数量与之前听觉刺激中包含的数量一致，婴儿凝视这些图形的时间就会较长，反之，如果图形的数量与之前听觉刺激中包含的数量不一致，婴儿凝视这些图形的时间则较短。事实上，在实验中，研究者确实观察到了上述现象。比如，在听过包含4个音节的录音以后，如果电脑屏幕上出现4个图形，婴儿凝视电脑屏幕的时间则较长；而如果屏幕上出现12个图形，婴儿凝视电脑屏幕的时间便较短。此外，这组婴儿凝视4个图形的时间也比凝视8个图形的时间长。（但是，凝视4个图形和8个图形的时间差距小于凝视4个图形和12个图形的时间差距，因为4和12的差距比4和8的差距大。）同样地，另一组婴儿事先收听了含有6个音节的录音，其后，当电脑屏幕上出现6个图形时，他们凝视屏幕的时间比较长，而当电脑屏幕上出现18个图形的时候，他们凝视屏幕的时间比较短。婴儿凝视“数量匹配”组图形和“数量不匹配”组图形的时间差经常超过10秒——由此可以看出，实验的结论是相当明确的。总的来说，婴儿凝视行为的规律有力地说明，他们对互相匹配的数量兴趣较高，婴儿似乎在两种不同的感觉形式之间找到了一种新的“跨形式”的联系。伊扎德团队的实验结果进一步为以下的观点提供了支持：人类天生便具有模糊区分大数量的能力。此外，伊扎德团队的实验还说明，这种模糊数感是一种抽象的能力，这种能力并不需要与某种单一的感觉（比如视觉）绑定在一起。

卡伦·温、徐飞和伊丽莎白·斯佩尔克以及伊扎德的三个实验向我们展示了发展心理学领域的研究者是如何使用全新的研究方法探索婴儿的数字思维能力的。这三个实验的结果都证实了我们之前的观点：人类天生具有理解数字的抽象能力，这种能力在刚出生不久的婴儿身上便有所体现。人类的新生儿已经具有模糊数感和精确数感这两种天生的数字感觉了。[9]

—— 儿童与数数 ——

在上一节的讨论中，我们看到，人类在出生时便已经具有数字感觉。然而，这种天生的数字感觉并不能完全解释人类为何拥有区别于其他所有物种的数学思维能力。从某种角度上来看，上述实验结果仅仅解决了问题的一小部分，因为我们仍然不清楚人类最终是如何将两种天生的数字感觉结合在一起形成算术思维能力的。上述两种数字感觉是相当基础的，那么人类究竟是如何利用这两种数感来获得更高级的数量认知能力的呢？比如，人类是如何意识到“八爪鱼具有 8 只触手”，而不是一直停留在“八爪鱼具有几只触手”的？显然，我们天生的数字感觉无法帮助我们区别基本的数量。如果说我们的起点是两种简单、天生的数量识别能力，而我们的终点是掌握精确区分所有数量的能力，那么人类究竟是如何从起点走到终点的呢？人类究竟是如何踏入自然数的领域的？解答上述问题的方法之一是研究儿童的数量思维能力如何随年龄增长而逐步发展。对此，许多心理学家已经进行了长足的探索，并且这方面的探索目前仍在继续。在此，我将介绍这一领域中的几项最富启发性的研究结果。我认为，我选取的这几项研究结果可以清楚地展示心理学家在这方面的探索中所使用的方法。这些研究使我们得以更好地了解儿童是如何逐步学习数字概念的。当然，在此我也想提醒读者注意，该领域发表过数千项学术成果，而这里我只是向读者介绍了其中一小部分。在下面的这几项研究成果中我们将会看到，儿童理解和掌握自然数概念的过程是一个缓慢而艰巨的过程。要成功地完成这个过程，儿童需要经过反复练习，而在这些练习中，语言信号的刺激不可或缺。

学龄前儿童的数字能力一直为心理学家所低估，直到 20 世纪后半叶情况才有所好转。人们曾经认为，儿童到 5 岁左右才能学会最基本的数字概念。上述观点部分来自观察 4 岁儿童在所谓“对话测试”中的行为和表现。在对话测试中，研究者向儿童展示两排物品，比如，其中一排是 6 个玻璃杯，而另外一排是 6 个玻璃瓶。这两排物品以一一对应的方式摆放在桌面上，因此，“两排物品数量相等”的事实似乎是显而易见的。在这种情况下，当研究者询问参加实验的儿童哪一排物品的数量较大时，大部分儿童会回答：这两排物品的数量是一样的。然后，实验者会调整物品之间的距离，两排物品不再以一对一的方式摆放，比如，6 个玻璃杯两两之间的距离大于 6 个玻璃瓶两两之间的距离，也就是说两排物品的长度不再相等。在这样的情况下，孩子们的回应则可能发生变化。在早期的对话实验中，当两排物品的长度不再相同的时候，孩子们似乎认为两组物品的数量也不再一样。比如，在上述情况下，虽然研究者既没有拿来更多玻璃杯，也没有拿走任何一个玻璃瓶，但孩子们却仅仅因为玻璃杯的长度大于玻璃瓶而认为前者的数量比后者多。换句话说，从上述简单的对话实验的结果来看，似乎 5 岁以下的儿童并不知道物品的数量与它们排列的长度无关。物品摆放方式的变化似乎影响了孩子们对数量的认识，令他们无法准确辨识物品的数量。

然而，事实上，至少在某些情况下，低龄儿童能够在上述因素的干扰下仍然保持数量辨别能力——即使两排物品的长度不同，孩子们也能够准确地判断出哪一排物品的数量更多。现在，已经有一些实验证明，在早期的对话实验中，孩子们之所以会给出错误的答复，部分原因在于孩子们没有完全理解研究者的意图。让我们站在参加实验的孩子的角度，设身处地地考虑一下上述对话实验中的情景。一般来说，孩子们都会认为成年人比他们懂得更多。在这样的前提下，当一个成年人摆出两排看起来不一样的物品，然后问你哪一排东西比较“多”的时候，你会怎么想呢？虽然孩子们可能心里清楚这两排物品的数量是一样的（因为之前已做过一对一摆放情况下的问答），但很难说他们究竟会给出怎样的回答。也许他们会猜测成年人这么问的动机，然后会试图迎合提问者的动机，使其看起来更合理。在这种情形下，孩子们可能会认为“较多”意味着物品所占的空间更大，而不是物品的数量更多。孩子们也许会认为，更长的那一排中包含的物品必然更多，因为如果不是这样的话，成年人岂不是在故意提出一个误导性的问题吗？他们为什么要故意提出误导性的问题呢？换句话说，这种简单的对话实验并不能真实地反映出儿童的数字认知能力，这类实验更多地反映出，儿童在与成年人对话时是多么努力地在进行社会化解读。

此后的一些实验结果对后一种可能性提供了支持性的证据。现在，已经有一些实验证实，部分低龄儿童能够在对话实验中准确地判断出两组物品的数量是否相等。事实上，早在几十年前就有一项实验首次证明了这一点。这项实验在方法上进行了有趣的创新。在这项研究中，研究者在孩子面前摆出一些他们喜欢吃的东西，具体来说是 M&M 巧克力豆。比如，研究者在学龄前儿童面前以一一对应的方式摆出两排

M&M 巧克力豆，每一排都是 4 颗巧克力豆。然后，研究者改变巧克力豆的摆放方式，让两排巧克力豆看起来一长一短，但是短的那排有 6 颗巧克力豆，而长的一排只有 4 颗。按照此前的实验结果，孩子们应该觉得长的那排包含的巧克力豆数目更多，因此，如果研究者请孩子们在两排巧克力豆中选择一排吃掉，他们就应该选择更长的那排。然而，当研究者让孩子们在一长一短的两排巧克力豆中挑选一排吃掉的时候，大部分孩子都选择了长度较短但数量较多的那一排。如果孩子们不能够在间距因素的干扰下准确地判断数量的区别，他们就不可能做出上述的反应。现在，儿童心理学家们已经普遍认识到，低龄儿童完成上述数量判断任务的能力比此前我们认为的要强得多。然而，究竟多大年龄的孩子才能成功完成上述涉及数量区分的对话任务呢？关于这一点，目前仍然存在着较大的争议。[10]

为了更好地理解人类儿童是如何发展出数字思维能力的，让我们来看看儿童认知发展领域的一项较新的研究结果。这项成果的影响力很大。该研究由哈佛大学心理学家科尔丝滕·康德利（Kirsten Condry）以及前文提到的伊丽莎白·斯佩尔克共同完成。该研究通过一系列的实验说明：在 3 岁儿童学习表示数量的词的时候，他们一开始对这些词所代表的意思并不清楚。事实上，近期的许多研究都支持上述结论：在孩子们刚开始学习数字的时候，他们并不真正理解这些词所代表的意思。康德利和斯佩尔克研究的主要问题是：表示数字的词对 3 岁儿童来说究竟代表着什么？之所以选择 3 岁的儿童作为研究对象，是因为这个年纪的孩子已经接触到了数词，却没有接受过多少数学教育。一般来说，3 岁的儿童可以从“一”数到“十”。然而，这项实验显示，3 岁儿童对这些数词背后的数字概念只有非常基本的理解。比如，这些 3 岁儿童理解“八”这个词是用来描述一组特定数量的物品的。他们也理解，“八”所指代的数量和“二”所指代的数量是不一样的。

其次，这项实验同时也显示：3 岁的儿童并不知道数量“八”究竟是多少，他们也不清楚数量“八”是不是一定比数量“四”代表的物品更多（孩子们还犯了许多其他错误）。换句话说，虽然 3 岁的孩子可以从“一”数到“十”，但他们并不能像成年人那样能完全理解这些数词所代表的数字概念。3 岁的孩子还不完全理解这些数字所指代的具体数量。然而，随着年龄的增长，孩子们最终会在他们先天具有的精确数感（辨别 1~3 这几个数之间的区别的能力）的帮助下，搞清楚这些他们经常听到的数词的真正含义。孩子们能够理解“一”“二”“三”这几个词的真正含义，至少部分得益于他们先天就具有的数感。然后，对“一”“二”“三”的理解会帮助孩子们开始认识到，其他表达数量的词也同样对应于成序列的精确的数量。然而，后一项认识只有通过不断学习才能逐渐达成。当孩子们学习指代大部分数量的数词时，他们显然不仅仅是在给某些他们已经熟悉的概念贴上词语的标签。在人类的认知发展过程中，儿童是先掌握数词，然后才掌握精确的数字概念的。[11]

上述研究结果能够帮助我们理解数字概念究竟是怎样逐渐进入儿童的脑海的。首先，孩子们接触到描述数量的词语，并接触到他们所处的特定文化环境中的计数活动，然后，他们才逐渐掌握了数量的概念。在发展心理学领域中，大量证据清楚地证实了以下结论：人类先天只具有十分粗糙和原始的数量分辨能力，后天的语言和文化因素则为我们搭起了数字思维的脚手架，沿着这套脚手架向上攀登，人们才逐渐建立起真正的分辨数字的能力。正如我们在第 5 章中所看到的那样，在不同的文化中，这套脚手架的结构可以很不相同；但是在大部分文化中，这套脚手架都是存在的。虽然来自不同文化的人群可能使用不同的进制基数，对正规数学知识的依赖程度也各不相同，但在世界上的大部分文化中，都存在数字系统以及相关的计数活动。这种口头的计数活动常常伴随着掰手指数数的行为，或者某些其他形式的标记计数系统。这种口头的计数活动对儿童头脑中数字概念的发展起到了关键性作用。[12]

人类的儿童究竟如何掌握数字概念？关于这个问题，目前仍有许多不清楚的地方。然而，现在我们已经知道，在长期接触数词及其他与计数有关的技术以后，儿童掌握了一些关于数量的重要原则。后继原则就是其中一种，一般来说，孩子们会在4岁左右掌握这项原则。后继原则是指，在数词序列中，每一个词所表示的数量都正好比前一个词表示的数量多1。掌握后继原则意味着儿童们认识到了以下的事实：数字指代数量的方式并不随机，人类的数字序列是经过精心设计的，每个数字所代表的数量比前一个数字所代表的数量多且仅多1。[13]

在儿童学习算术思维的过程中，另一个重要的标志是对基数原则的掌握。一旦儿童掌握基数原则，他们便认识到，在对一组物品进行计数的时候，他们说出的最后一个数字就代表了整组物品的总数量。当儿童到了理解基数原则的年龄时，他们会认识到每一个数字都精确地描述了一类包含特定数量个物品的组合。基数原则并不容易掌握，而且掌握这一原则的过程是逐渐的。不同的孩子会在不同的年龄掌握基数原则，但所有孩子都必须经历一些可预见的阶段才能够掌握基数原则：首先，孩子们必须全面掌握数字“一”的概念，也就是必须认识到“一”表示一组含且仅含1个物品的组合。接着，孩子们才能全面掌握数字“二”的概念，即认识到“二”表示一组含且仅含2个物品的组合。然后，孩子们才能逐渐全面掌握数字“三”及大于“三”的数字。相对后面的数字而言，数字“一”“二”“三”的概念是比较容易掌握的，这是因为儿童天生具有精确区分数量 1、2、3 的能力。

掌握了基数原则以后，儿童便能够进一步理解“相等”的概念（理解两组数量相同的物品可以摆放成一一对应的样子）。儿童需要经过几个月甚至几年的积累，才能够认识到这个重要的原则，其间，孩子们不断接受语言信号的刺激和熏陶。然而，正如我们在第 5 章中所看到的那样，生活在某些文化环境中的孩子无法获得足够的数字语言的熏陶，因此这些孩子很可能无法掌握基数原则，也无法理解两组数量相同的物品可以摆放成一一对应的样子。换句话说，发展心理学家的这些研究结果能帮助我们理解儿童是如何在有数字的文化环境中习得数字概念的。了解这些内容以后，我们便会发现，在不识数的人群中观察到的许多现象其实都可以被这些研究结果解释和预测。[14]

数词和计数活动究竟是怎样帮助儿童获得基数原则等抽象概念的？目前，心理有学家仍在继续用实验的方法来探索这一问题的答案。有趣的是，最近有一个心理学家团队用实验证实，手部动作能够帮助儿童把数词和数字概念结合在一起。该团队包括芝加哥大学心理学家苏珊 · 戈丁 – 麦斗（Susan Goldin-Meadow），在研究人类动作和相关认知过程的关系这一领域中，苏珊 · 戈丁 – 麦斗是一位先驱，做出过许多贡献。在这项研究中，心理学家对 155 名儿童进行了一系列实验，这些实验的目的是研究 3~5 岁儿童掌握的与数量有关的动作。这些心理学家发现，对于尚未掌握基数原则的儿童来说，他们虽然不能很好地用数词表示数量，但却能较好地用动作表示同样的数量。比如，这些参加实验的儿童虽然不能用数词精确描绘小数量，却可以使用手部动作完成这一任务。该团队认为，研究结果表明：“在儿童掌握‘二’‘三’等数词的基数意思之前，他们就能够以非语言的方式表达这些数量，也已经可以使用手势来交流数量的概念了。”[15] 此外，该团队还发现，尚未掌握基数原则的儿童虽然不能很好地用词语来描述较大的数量，但他们可以较好地用手指模糊指代大数量。总的来说，儿童似乎首先掌握某些数量概念的动作表达方法，然后才掌握对这些数量概念的语言表示方法。也许，这样的现象并不令人吃惊，毕竟，在表达某些数量的时候，我们的手指具有一些词所没有的先天优势。人类可以通过一一对应的方式用手指象征性地表示一组数量较少的物品——我们的每根手指对应于一个物品，而多根手指可以同时作用，用来表达一组物品的数量。同样，我们也可以方便地使用手指模糊地指代较大的数量，简单地伸出一只手或两只手就可以了。和手指相比，词对数量的表达远没有这么自然，还必须花费精力记忆，儿童也无法将词语和一组特定数量的物品一一对应起来，不管是精确对应还是模糊对应，他们都无法做到。

在不同的人类语言中，对数词的选择具有一些共通的规律，从这些规律中，我们也可以清楚地看到手指在个体发生学上的优势。关于这一点，我们在第 3 章中已有比较详细的讨论。总的来看，在许多语言中，数词都和人类的手以及手指紧密相关，因为不管是从整个人类发展的历史角度来看，还是从每个人的个体发育角度来看，人类的手和手指都是我们用来表达数量的第一套工具。但是，尽管手指和数词相比具有这样的优势，但数词仍然极为有用，当儿童学会用这些词精确地表达数量后，这套工具能够极大地辅助他们对数量的处理和思考过程。（大部分儿童用口语中的数字来精确地表达数量，而对于有听力障碍的儿童而言，他们也可以使用语言手势来快速精确地指代数量概念。）

通过不断练习数词和计数活动，孩子们逐渐掌握了后续原则和基数原则，然后他们开始掌握“相等”的概念，即他们开始理解，如果两组较大数量的物品能够一一对应，那么这两组物品的数量就是相同的。在这里我要特别强调的是，虽然人类天生具有数字感觉，但上述所有重要的数量原则都不是人类的本能。在童年时代，我们必须花费许多年的时间努力学习，才能够掌握上述重要的数量原则。而掌握这些原则的前提条件是，我们必须大量接触周围环境中的数词和计数活动，获得足够的数字熏陶。在有些缺乏数字概念的文化中，儿童无法充分接触数词和计数活动，因此这些儿童便无法掌握上述重要的数量原则。[16]

—— 结语 ——

人类究竟是如何在简单的数字本能的基础上逐步建立起处理数字的能力的？人类又是如何构建起所有其他物种都不具有的数字思维的大厦的？对于上述问题，哈佛大学心理学家苏珊·凯里（Susan Carey）给出了一种很有说服力的答案，她的这种观点产生了广泛的影响。苏珊·凯里认为，人类的儿童首先必须学习表达数量的词。然而，对于低龄儿童来说，这些词一开始只是一长串需要记住的音节——例如，他们并不理解数词“二”和数量“2”之间的精确对应关系。这些数词在他们的脑海中事实上首先起到了一种“占位”的作用，那些将被放置在这些位置上的数字概念此时还没有进入他们的脑海。随着年龄的增长，如果儿童能够不断接触到数词和计数活动，他们便会逐渐认识到数词实际上是具有精确意义的——也就是说，数词与一些可辨识的数量概念是一一对应的。由于儿童天生就能区别 1 个物品、2 个物品和 3 个物品，他们可以在此基础上较为自然地认识到数词“一”“二”“三”所指代的数量。同样地，他们也可以在本能的基础上较为自然地逐渐理解语言中其他关于数的概念，如单数与复数的区别。在儿童认识到数词的功能是表达特定数量之后，如果继续获得足够的数字熏陶，他们便能够正确地建立起数字与数量的对应关系。正如上文中我们提到的，儿童首先会全面掌握“一”的概念，接着是“二”的概念，然后是“三”的概念。在掌握了“一”“二”“三”的概念之后，孩子们开始理解，他们学过的其他数词也同样对应于某些 3 以上的精确数量。于是，孩子们认识到，一串数词对应着一串数量，而每个数词表示的数量都比前一个数词表示的数量多且仅多 1，也就是说，“三”和“四”之间的差距与“二”和“三”之间的差距是完全一样的。人类天生具有模糊数感，因此儿童对较大数量也具有一些本能的基础感知，在这种感知的基础上，儿童能够逐渐将上述的过程应用到较大的数字上去。他们逐渐意识到，“五”代表的数量比“四”代表的数量多 1，而“六”代表的数量又比“五”代表的数量多 1 等。经过充分练习和熏陶，儿童最终能够真正理解并掌握许多数学概念，比如后续原则、基数原则，更大数量的存在及“相等”的概念等。[17]

从本质上看，人类是在一些已有的数量认知（例如“三”比“二”大 1）的基础上，以类比的方式逐步建立起其他数量概念（例如“六”比“五”大 1）的。在这一过程中，数词起到了指示的作用。数词让孩子们知道，世界上还存在一些他们尚未掌握的精确数量概念。因此，儿童学习数词的过程不是一个“将概念标签化”的过程，而是一个“把标签概念化”[18] 的过程。这里所谓的“标签”就是一连串的数词，虽然儿童一开始无法全面理解这些数词的含义，但这些数词在儿童的脑海中起到了“占位”的作用。日后，儿童将会掌握数字概念，并将数字概念一一摆放到这些标签的位置上。在这一过程中，儿童在已有的旧概念的基础上不断创造出新的概念，从而借此理解他们原先并不完全明白的数词的含义，这一过程被研究者称为“概念自展”的过程。通过这种“自展”，儿童能在简单数字概念的基础上不断进步，从而逐渐掌握更高级的数字概念。

目前，已有许多实验研究结果支持凯里的观点。然而，这些实验主要针对工业化社会中的儿童。目前，学界普遍认为，人类先天只具有有限的数字感觉，这种数字感觉会通过后天的经验被不断发展和拓宽，最终形成更高级的数字思维能力。而在这个发展过程中，数词起到了关键性作用。数词是人类解锁两种先天数感潜力的关键，如果没有数词的辅助，人类将很难甚至不可能发挥出这种潜力。通过不断练习数词和计数活动，人类逐渐将区别小数量的精确数感扩展到较大的数量，如果没有这种熏陶，我们可能终生只能以模糊而不准确的方式来区分大数量。上述观点不仅在逻辑上很有说服力，也得到了大量实验证据的支持。值得注意的是，在这种观点中，语言扮演了极为重要的角色。儿童能够学会区分不同的数量是一项非常了不起的成就，而这项成就在很大程度上依赖于数词和计数活动这两种工具的辅助。[19]

由于篇幅限制，本章的讨论即将结束。事实上，关于儿童如何学习数字以及后续的相关数量技能，还存在大量我们未讨论到的富有启发性的研究结果。不过本书的主题是讨论数字在人类生活中扮演的角色，以及数字在人类历史上曾经扮演的角色，相信本章已经向读者展示了一些与这一主题相关的重要研究成果。数词和计数活动对儿童思考数量的方式起到了转化性的作用。在数词和计数活动这两种工具的辅助下，人类数字思维的精度达到了新的高度。这种进步并非人脑自然发展的结果，而是我们生活在特定的文化环境中，受计数活动及其他相关技能熏陶的结果。而这些数字传统与技能的基础，都是人类语言中表达数量的词语。

第7章 动物脑中的数量概念

在近期的一些学术研究中，动物学家们用许多新方式探索了一些物种的智力水平。通过实验室中的实验，以及在世界各地进行的实地研究，科学家们发现，灵长目动物及其他一些动物比人类想象的要更聪明，至少比我们曾经认为的要聪明得多。下面我们举一个这方面的实验作为例子，以此解释科学家们如何通过复杂的认知实验对灵长目动物的智力水平进行测试。这项实验由德国莱比锡市马克斯·普朗克进化人类学研究所的科学家们设计实施。在这项实验中，科学家们把一只黑猩猩放在一间房间内，房间的墙上固定有一个透明有机玻璃制成的圆柱体容器。这个圆柱体细而长（宽 5 厘米，长 26 厘米），因此，黑猩猩无法直接用手触碰到圆柱体的内底。接着，研究者在圆柱体容器的底部放上一粒花生。这是黑猩猩喜爱的食物。于是，参加实验的黑猩猩自然很想吃到里面的花生，然而它却没有办法用手直接拿到这粒花生，从黑猩猩的角度来看，研究者的这种安排也许有些残忍。然而幸运的是，黑猩猩可以通过一种方法来解决这个问题，虽然这个解决方案一开始对黑猩猩来说可能并不那么显而易见。在距离这个圆柱体约 1 米的地方，有一台饮水器，黑猩猩可以从饮水器中喝水。这台饮水器和上述装有花生的圆柱体容器一样，都是无法移动的。那么，一只饥饿的黑猩猩会怎么办呢？它想要吃到圆柱体容器中的花生，却无法用手直接拿到这粒花生，也无法获取任何长形的实心刺戳工具伸进圆柱体容器中取得花生。（科学家们知道，生活在野外的黑猩猩懂得如何使用刺戳工具，比如，黑猩猩能用刺戳工具刺死婴猴以获取蛋白质。）在这个房间中，黑猩猩可以获得的唯一工具是一种液体，也就是供它们饮用的水。如果把人类儿童置于同样的情况下，许多儿童都没有办法找到这个问题的解决方案。事实上，科学家们发现，如果让 4 岁的儿童参加上述实验，大部分儿童都无法完成任务——大部分儿童只有到 8 岁左右才能完成上述任务。当然，这个问题的解决方案是从饮水器中取出水，灌入圆柱体容器中，随着液体的注入，花生会逐渐浮起来，最终到达黑猩猩可以取到的高度。在这项实验中，相当一部分（大约 1/5）黑猩猩认识到，它们应该用自己的嘴不断住圆柱体容器中灌水，直到花生漂浮到接近容器口的位置。于是，科学家们观察到，这些黑猩猩一次又一次地把口中含着的水吐到花生上。其中有一些黑猩猩把上述动作重复了很多次，于是花生漂至较靠近圆柱体容器口的地方，黑猩猩终于可以直接用手取到花生了。它们圆满地完成了实验任务！[1]

从基因的角度来看，黑猩猩是人类的近亲。大量实验都表明黑猩猩具有很强的认知能力，上述实验只是其中一个。科学家对这些与我们关系较近的动物以及其他与我们亲缘关系相对较远的动物进行了大量的研究和实验，这些研究和实验结果能够使我们不断加深对这些动物的认知能力的理解。我们曾经认为，智人和其他物种之间存在认知能力上的巨大鸿沟，然而，在过去的几十年中，一系列针对不同物种（从黑猩猩到新喀鸦，再到鲸）的研究让我们越来越清楚地看到，人类与其他物种之间在认知能力上的差距并没有我们想象的那么大。在这些研究中，研究者常常观察到，被研究的动物具有一些与上述实验中的黑猩猩同样的核心认知能力：这些动物也有计划的能力，它们会使用工具，也能够通过思考解决许多人类以为它们不可能解决的新奇问题。

在这些新奇问题中，有一类问题是算术问题。在本章中，读者即将看到，人类以外的其他物种也拥有一些与数量相关的能力。在本章的讨论中，我们将向读者介绍一些揭示动物处理数量能力的实验和研究。本章介绍的大部分实验和研究是以黑猩猩及其他灵长目动物为对象的，因为了解这些物种处理数量的能力最能够帮助我们理解人类是如何进化出我们独有的数量思维能力的。但是，在展开本章的讨论之前，我有必要首先提醒读者注意以下两点。第一，关于动物认知能力（包括动物的数字认知能力）的研究和实验还在不断地开展。在该领域的研究历史上，许多学说和观点曾被修正甚至推翻，因为科学家们常常不断通过新的研究发现动物们具有新的认知技能。我相信，这样的情况未来还会继续上演。第二，在解读这些研究结果的时候，我们既不应该过度强调人类的特殊性，也不应该认为人类和其他物种之间完全没有任何差别。关于上述第二点，我在下文中还会继续展开，但现在我们应该记住，这一点是我们在人类学、灵长目学以及其他相关领域的研究中必须特别注意的一条核心理念。这条理念的重点是，我们应该客观地从数据中得出结论，尽量避免在解读数据时带入人类自然的偏见，避免对动物的思考和行为方式有所预设。很多人容易产生一种错误的想法，认为对动物认知能力的研究与对人类认知能力的研究无关，因为人类显然是一种超越其他所有物种的特殊物种，他们认为人类的心灵是非动物性的，甚至认为人类的心灵包含某种神秘的灵魂成分。这种观点就是所谓的人类中心论。对于具有某种神学或理论倾向的人来说，上述观点可能是一种很有吸引力的立场。然而，从实证研究的角度看，我们关于动物思维能力的看法应该完全取决于客观证据，而非被上述预设立场影响。由于跨物种交流的局限性，动物的许多技能是我们人类很难发现的，但我们并不应该就此假设动物不具有某些特殊的认知技能，我们必须通过实验的方法认真地排除动物拥有这些特殊认知技能的可能性。

与上述人类中心论观点相反的是，另外一些人自然地持有一种“动物拟人论”的立场，他们认为动物具有许多和人类一样的思维和感情，因为人类只不过是“另一种动物”而已。然而，事实上，我有充分的理由相信，动物未必具有像人类一样的思维和感情。因此在进行有关动物认知能力的实验时，我们需要特别注意，当数据给出的结论不明确时，我们不应该将人类的性格和特点投射到动物的思维和行为上。由于我的职业关系，我常常与大专院校的学生们互动。我发现，大学生中持上述动物拟人论观点的人相当多。许多大学生可能有与宠物或其他动物接触的经历，他们在这些经历中与动物建立了亲密的感情联系，这至少是他们持动物拟人论立场的部分原因。脸书、Reddit 及其他社交媒体网站上有许多关于宠物的视频和故事，这些表述常常强调宠物对主人的爱和友谊。虽然我并不否认动物和人类之间可以发展出依恋关系（有些人类学家认为，动物和人类的关系对人类文化的进化起关键性作用），但事实上我们很难搞清楚，在这些动物的大脑中究竟发生着怎样的思维过程。比如，我们很难判断，动物的行为究竟在多大程度上是出于它们对彼此或对人类的感情，又在多大程度上是完全可以预见的条件反射行为。就算动物的确具有感情和思考能力，那么它们的思维和情感是否真的与人类的思维和感情性质相同？要知道，和这些动物相比，人类不仅脑容量更大，还拥有语言和文化。因此，虽然我们很容易凭直觉对上述问题给出一些答案，但事实上要回答这些问题是非常困难的。对于我们每一个人来说，我们可能会有很强的人类中心论倾向或者动物拟人论倾向，但这些立场在很大程度上只是基于我们的个人生活经验。而显然，从个人的生活经验推出的结论未必就是科学的结论。有证据显示，不同的人对这些问题的直觉是截然不同的。换句话说，我们的直觉所感受到的其他物种的认知能力并不能客观地反映这些物种的真实情况，这种直觉更多地是在反映我们自己的经历和心理因素。[2]

关于动物的数字思维能力，有这样一则故事常常被引用，这个故事对我们起到了重要的警示作用。这个故事的主角叫作聪明的汉斯，它是一匹美丽的奥尔洛夫快步马。汉斯的主人是一个名叫威尔海姆·冯奥斯滕的德国人。冯奥斯滕兴趣十分广泛，包括教汉斯数学以及研究颅相学。颅相学是一门如今已经不存在的伪科学，研究颅相学的人相信，人的各种脑功能分别归属于人脑的不同部分，因此，他们试图通过查看人的头骨形状来判断人的心理和思维特质。在 20 世纪的第一个十年中，冯奥斯滕常常向公众展示聪明的汉斯能够完成一系列复杂的认知任务。这些任务包括阅读和拼写德文词语、理解日历，以及解决一系列数学问题。汉斯回答这些问题的方式是用它的蹄子敲击出一串声音。例如，当冯奥斯滕要求汉斯给出 12 减去 8 的得数时，汉斯就会用它的蹄子敲 4 下。事实上，汉斯“解决”的许多问题比 12 减去 8 要复杂得多，而且它在大部分时候都能给出正确答案。于是，许多德国民众都被汉斯的智力所折服。聪明的汉斯被媒体争相报道，连远在美国的《纽约时报》都报道过聪明的汉斯。[3]

现在，你可能已经猜到，汉斯并不能真正解决上面这些数学问题，它也并不能读懂德文。那么，冯奥斯滕究竟是如何以观众察觉不到的方法给汉斯提示，从而达到欺骗公众的目的的呢？这就要说到这个故事中最令人意想不到的地方了：冯奥斯滕并没有欺骗观众（汉斯的表演都是不收费的）。事实上，当冯奥斯滕以外的其他人向聪明的汉斯提问时，汉斯的表现并没有显著变差。这些提问的人既不认识汉斯，也不认识冯奥斯滕，然而汉斯却似乎能够理解这些人的问题，并且在大部分时候都能给出正确的答案。于是，我们的故事中出现了一个新人物——德国心理学家奥斯卡·普方斯特（Oscar Pfungst）。普方斯特可不像公众那样折服于汉斯的魅力，他深信这其中一定有一些不为人知的设定，一定有某些其他变量使汉斯能够用蹄子敲出正确的回应。通过一系列的实验，普方斯特向公众证明，汉斯在解决数学问题方面并没有那么聪明。当汉斯无法看到提问的人时，它的表现就会变得很差，在这种情况下，它只能用蹄子随意敲出几个音节。此外，普方斯特还发现，当汉斯可以看到提问的人，但提问者本人并不知道答案时，汉斯的表现也会变得很差。

从聪明的汉斯这个故事中，我们至少可以得到两个结论。第一，虽然像汉斯这样的动物并不一定有很强的数学和阅读能力，但是它们对人类提供的视觉信息的辨识能力比我们想象得更强。虽然这些提问的人并没有故意把答案透露给汉斯，但他们却在不知不觉中流露出一些微妙的视觉提示，汉斯则通过这些提示完成了它惊人的表演。经过仔细检查，心理学家发现，当汉斯敲击的数量接近正确答案时，提问者的头部会不自觉地有轻微的动作。而汉斯通过某些途径掌握了这种无意识的交流信息。第二，我们应该警惕动物实验中的动物拟人化倾向。比如，在上述故事中，即使在普方斯特发表了他的研究结果之后，冯奥斯滕仍继续带着汉斯巡回演出，因为他不相信普方斯特的研究结果。在汉斯的问题上，冯奥斯滕无法保持公正客观的态度，因为他将人类的特征投射在了汉斯身上，也许，这是因为冯奥斯滕和汉斯之间早就建立起了社会化的感情联系。

聪明的汉斯这个故事如今仍在流传，因为这个故事中的核心教训不仅适用于一个世纪之前，也同样适用于今天。在著名的猩猩可可的故事中，“聪明的汉斯”效应又一次出现。许多人曾相信大猩猩可可能够使用“猩猩的手语”与人类交流。大猩猩可可和聪明的汉斯一样成了明星，它与威廉姆 · 沙特纳（William Shatner）、罗宾 · 威廉斯（Robin Williams）、罗杰斯先生（Mr.Rogers）等许多名人都有过互动。然而，由于可可的训练者弗朗辛 · 帕特森（Francine Patterson）与可可之间具有很强的社会化感情联系，随着时间的流逝，许多学者对帕特森的研究结果提出了批评。这些批评帕特森的人有力地说明：仅从帕特森和可可的互动中，我们很难推断出可可究竟具有多少交流和认知技能。当动物和它们的训练者之间存在很强的社会化感情联系时，训练者很难对动物保持完全客观公正的态度。在解读实验结果时，训练者很容易出现动物拟人化的倾向。

要消除实验中的“聪明的汉斯”效应并不像看起来那么简单。例如，也许有人会说，我们只要保证实验时不让动物的训练者在场就可以了，或者只要进行双盲实验就可以了。然而，要把上述建议付诸实践并不容易，在许多情况下，实行起来甚至是不可能的。毕竟，许多实验任务要求动物服从人类的指令，而如果深受动物信任、与动物之间有社会联系的训练者不在场的话，就很难在实验室中要求动物服从指令。动物的训练者不出现，很可能导致实验任务彻底失败。

在第 6 章中我们曾经讨论过，当心理学家对尚不会说话的婴儿进行实验时遇到了许多方法上的挑战。在针对动物的实验中，这些挑战同样存在，因为动物显然无法听懂人类的语言。从这方面考虑，我们对动物数学认知能力的任何了解都称得上是一种科学上的奇迹。基于这些方法上的困难，要搞清楚动物的数字认知能力是非常困难的，因此学界在这方面至今仍存在一些争议。然而，虽然在研究动物数字认知能力的领域中存在各种争议和方法上的困难，但科学家们的探索与努力已经使我们能够开始了解许多人类以外的物种所具有的数字能力。虽然动物们也许无法解决聪明的汉斯面对的那些数学问题，但大量研究显示，动物的数字认知能力与人类婴儿的数字认知能力具有相似之处。

—— 非灵长目动物的数字认知 ——

在各种动物的行为中，人类常常能够出乎意料地发现一些有规律的数量。让我们来看看以下这个例子：1831 年，加拿大安大略的皮毛商人发现，欧吉布威族的原住民正面临着皮毛和食物严重短缺的情况，因为他们的主要捕猎对象之一——雪兔数量似乎突然骤减。与此同时，哈德孙湾公司的皮毛商人也发现了类似的情况，因皮毛柔软而被珍视的猞猁的数量在这一年突然减少。由于猞猁以雪兔为食物，似乎是雪兔数量减少导致猞猁数量也相应减少。哈德孙湾公司的相关记录可以一直追溯至 17 世纪 70 年代，从这些记录中我们可以看出，大约每过 10 年，就会发生一次猞猁和雪兔数量同时锐减的情况。现在，已经有大量的研究证明，这种雪兔和猞猁数量的周期性减少是因为出现了可预期的过度繁殖现象。在自然情况下，雪兔会不受控制地过度繁殖，当雪兔的数量过多时，当地的生态系统则会达到饱和而无法维持更多雪兔存活。这样的情况会导致食物供应紧张，于是雪兔的繁殖速度随之锐减。然后，雪兔种群数量的锐减又会对猞猁等其他物种的数量产生冲击性的影响。上述情况的发生具有周期性，大约每 10 年就会发生一轮。[4]

让我们再来看看蝉的例子。蝉是一系列蝉科昆虫的总称，蝉科中总共包括超过 2 000 种不同种类的蝉。蝉科动物中包括一个名为“周期蝉”的属，周期蝉的生命大部分都在地下度过，靠食用地下的树根为生。但在特定的时候，周期蝉会大规模地从地下爬出来，到地面进行繁殖活动。从地下爬出来以后，周期蝉会在地面生活两个月左右，在此期间它们进行交配并产下可孵化下一代蝉的卵，然后蝉的成虫会再次从地面消失。不同种类的周期蝉的生命周期有所不同，蝉的成虫下一次从地下爬到地面将发生在 13 年或 17 年以后。蝉的这种生命周期非常长，并且非常规律——人们不禁开始怀疑这些周期蝉是否在地下精确地计算着年份，好在下一次同时爬出地面。然而实际情况是，这些周期蝉是因为自然选择而具有非常规律的生命周期。大部分以蝉为食的动物的繁殖周期是 2~10 年。因此，如果周期蝉每 12 年爬出地面一次，那么繁殖周期为 2 年、3 年、4 年、6 年的捕食者就可以轻松地把爬出地面的周期蝉全部吃掉——数字 12 是数字 2、3、4、6 的公倍数。因此，在自然环境中，生命周期为 12 年的周期蝉会面临更大的繁殖挑战。而如果周期蝉的繁殖周期是 13 年或者 17 年，它们就相对比较不容易被其他物种捕食，面临的生存挑战也就相对较小。13 和 17 是两个质数，这两个数不像 12 之类的数字那样容易被其他数字整除。因此，在环境的压力下，自然选择使得繁殖周期为质数的周期蝉存活了下来，而繁殖周期年数容易被整除的周期蝉则被淘汰。[5]

上述关于雪兔和周期蝉的例子显示，在人以外的其他动物（包括昆虫）的行为中，也会出现一些有规律的数量。然而，上述两个例子也同样说明，动物不需要具有任何数量认知能力，它们的行为同样可以出现有规律的数量。在许多情况下，我们有理由相信这些动物并没有任何数量认知能力，比如，因为昆虫神经系统的复杂度是极为有限的，我们有理由相信昆虫极不可能拥有数量认知的能力。例如，我们知道，某些种类的蚂蚁能通过一些机制辨别到达特定目的地所需要走的步数，然而这种辨识能力无法证明蚂蚁有能力对数量进行概念化的处理。[6]

然而，当科学家对一些更高级的物种（如蝾螈以及多种鱼类）进行研究时，他们发现，这些与人类亲缘关系较远的动物确实具有区别大数量和小数量的认知能力。但在这些研究中，科学家们常常无法判断究竟是上述动物真的能识别数量上的区别，还是其他方面的区别影响了它们的判断（例如，较大数量的物品可能具有与小数量物品不同的规模、密度和运动方式）。让我们来看一看蝾螈的例子。在一项实验中，研究者向蝾螈出示 2 个或 3 个装有不同数量果蝇的试管，而果蝇是蝾螈非常喜爱的食物。结果，研究者观察到，所有蝾螈都非常自然地选择了果蝇数目较多的试管。然而，在后续的另一项实验中，研究者发现，当他们向蝾螈出示另一种它们喜爱的食物——活蟋蟀时，蝾螈就不会选择蟋蟀数目较多的试管，它们只会选择蟋蟀动作较大的试管。而当研究者控制蟋蟀的活动量后，蝾螈对试管的选择似乎是随机的，与蟋蟀的数量并无关系。换句话说，蝾螈做出选择所依据的标准是物体的动作，蝾螈并不能分辨 2、3 等数量之间的区别。虽然在自然环境中进行的大量研究似乎显示，许多物种的动物都能够辨识数量较多的物品，但这些实验都是在实验室外进行的。在这些实验中，研究者没有办法控制物体的运动等关键变量，因此我们无法判断动物的反应究竟在多大程度上受到其他因素（如物体的连续运动）的影响。基于此，上述研究无法证明这些动物确实具有辨识数量的能力。[7]

通常，人们只把大鼠当作一种哺乳动物，而非人类的近亲。事实上，大鼠与人类的亲缘关系比我们想象的更近——大鼠拥有人类的大部分基因。早在 40 多年前，科学家们就已经发现，大鼠确实具有区别数量的能力。在一项 1971 年进行的实验中，科学家们发现，经过训练的大鼠能够模糊地估计数量。实验中，科学家们让大鼠压一根杆，如果大鼠压杆的次数等于特定的数量，便可获得一些奖励。经过一定时间的训练后，大鼠压这根杆的次数能够比较接近科学家设定的数量。例如在训练中，如果大鼠压杆的次数正好是 5 次，科学家就会给予大鼠一定的奖励。此后，当科学家再让大鼠压杆时，它们压杆的次数大约会在 5 次左右。在此，我们需要注意“大约”这个关键词。大鼠并不能精确地重现 5 这个数量，但是它们知道需要重现的目标数量大约是 5 次左右。也就是说，在这项实验中，科学家观察到，大鼠压杆 5 次的概率大于压杆次数为其他数量（如 8 次）的概率。但是，大鼠压杆 4 次的概率也大于它们压杆 8 次的概率。当目标数量增大时，大鼠压杆次数与正确次数之间的误差也会越来越大。虽然在这项 1971 年的实验中，大鼠的反应比较混乱，但是它们压杆的次数确实呈正态分布，且平均数等于目标次数。也就是说，大鼠的反应虽然混乱，但它们常常能够给出正确的回应。这种现象说明，大鼠与其他许多物种（以及不识数的人）一样不能精确地区分大部分数量，但它们能够对数量进行模糊的估计。与人类亲缘关系较远的哺乳动物大鼠具有模糊数感，这种现象说明，人类的模糊数感在我们与大鼠共同的哺乳类祖先身上早就有所体现。而这一共同的哺乳类祖先至少在 6 000 万年前就已经存在了。[8]

除了上述实验中的大鼠以外，一些与人类亲缘关系更远的动物也具有与人类类似的估计模糊数量的能力。但是，在这些研究中，我们尚不清楚这种共同的模糊数感的存在是否出于这些动物具有和人类共同的遗传因素。换句话说，也许这些动物所具有的模糊数感与人类的模糊数感“同功”但不“同源”。“同功”是指不同物种之间具有一些功能类似的特点，这些特点是不同的物种为了克服相似的环境挑战而独立进化出来的。而“同源”则是指不同物种因为拥有共同的祖先而表现出相似的特点。例如，狮子和熊都有 4 条腿，4 条腿是它们之间的一种同源特点。而蝴蝶、蝙蝠和鸟类虽然都具有两只翅膀，但两只翅膀只是它们的一种同功特点。

虽然鸟类与人类的亲缘关系较远，但是某些种类的鸟也有对数量进行模糊估计的能力。然而，目前我们尚不清楚，鸟的模糊数感和人类的模糊数感究竟是同功还是同源。在许多故事和传说中，鸟儿能够精确地计数，但是我们很难说清楚这些故事和传说中有多少成分是夸大甚至是伪造的。此外，还有许多把鸟当作宠物的人相信，他们的宠物鸟具有一定的数学能力（把其他种类的动物当作宠物的人也常常相信他们的宠物具有数学能力）。但是，这些案例中可能存在“聪明的汉斯”效应，而且人类很容易对自己宠物的感情和认知状态做过分拟人化的主观夸大，因此，我们不把这些故事和传说视为科学上的论据进行讨论。然而，即使抛开这些奇闻逸事不谈，我们手中仍有大量的实验证据表明许多非灵长目动物（包括鸟类和大鼠）都具有模糊估计数量的能力。但是，即使是在对这些相对高级的动物进行实验的时候

（鸟类和大鼠比蝾螈之类的动物要高级一些），科学家也很难控制所有数量以外的变量，因此，我们很难完全确定动物表现出来的所谓“对数量进行模糊估计的能力”是否真的是一种数量认知功能。

关于这一点，让我们来看看下面这个例子。当科学家向塞伦盖蒂草原上的一些母狮子播放另一只母狮子的吼声时，这些母狮子很可能会走向声音的来源，驱赶这只假想中的入侵者。而当科学家向这些母狮子播放三只其他母狮子的吼声时，这些母狮子走向声音来源的概率就会低得多。那么，这些母狮子是否能够辨别发出吼声的狮子的数量呢？它们也许能，但是仅根据上述实验现象，我们很难得出这样的结论。也许，这些母狮子仅仅能够分辨吼声的总体音量，并且它们对吼声音量和危险程度之间的联系有一种模糊的判断。在这种情况下，母狮子并不需要具有分辨数量的抽象认知能力就可以表现出上述行为。不管母狮子上述行为的具体机制是怎样的，这种感知能力都能够帮助它们规避不必要的风险，从而增加它们的生存概率。而我们只能说，上述行为可能说明母狮子有能力区分其他狮子的数量。与之相似的是，在另外一些实验中，我们得知鸽子能够在不经过训练的情况下，前后一致地选出数量较多的一组食物。鸽子的这种行为显然也能够增加它们生存和繁殖的概率。从上面两个例子中，我们可以看出，估计数量的能力能够帮助动物更好地在各种环境中生存，因为这种能力能够令它们更好地规避风险和获取食物。[9]

上述实验（以及其他许多实验）清楚地说明，许多动物都能以模糊的方式识别数量。然而这些实验的结果同时也说明，这种模糊的数量识别能力有时是基于对一些连续信号的模糊感知（在实验室及非实验室环境中，我们都能看到，动物偏爱某种变数较大的东西）。最近，认知科学家克里斯蒂安·阿格里洛（Christian Agrillo）指出：“数量的多寡与其他一些物理变量（如表面积、亮度、密度，或者物件所占的总空间体积）是相关的，因此，动物可以通过这些与数量相关的连续变量来估计哪一组物品的数量较多或较少。”[10] 对这些物理变量的大小进行估计，显然可以提高物种的生存概率和繁殖成功率。但是，动物的这种数量辨别能力与人类天生具有的数字能力具有本质上的不同：人类天生具有两种数字感觉，一种是区别小数量的精确数感，另一种是区别大数量的模糊数感。

然而，另一些实验结果则更加直白地说明，某些非灵长目动物至少在一定程度上具有和人类类似的数字能力，即它们具有与人类相似的模糊数感。并且，在针对少数动物（例如狗和新西兰鸲鹟）的实验中，科学家们还发现，这些动物似乎能够精确分辨小数量之间的区别，也就是它们还具有和人类类似的精确数感。事实上，实验显示，新西兰鸲鹟不仅能够区别 1 个物品和 2 个物品，还能够区别 2 个物品和 3 个物品，以及 3 个物品和 4 个物品。然而，当物品数量超过 4 时，只有当两组物品的数量比小于 1∶2 时，新西兰鸲鹟才能成功地区分两组物品。例如，新西兰鸲鹟能够成功地区别 4 个物品和 8 个物品。新西兰鸲鹟在上述实验中展示出了精确区分小数量和模糊区分大数量的能力，这种能力与尚不会说话的人类婴儿以及不识数的成年人在实验中表现出的数字能力是极为相似的。[11]

令人意外的是，在数字认知系统的跨物种研究领域，一些最好的实验证据来自一种从种系发生学的角度来看与人类亲缘关系更远的动物——虹鳉（俗称孔雀鱼）。虹鳉是一种小型观赏鱼，近期的一些研究显示，虹鳉既能够区分小数量，也能够模糊地估计大数量。研究者把每一条虹鳉单独放入一个预设环境，在这个环境里，实验对象可以看到两群不同数量的虹鳉，并且可以选择加入其中任意一群。当这两群虹鳉中的任意一群超过 4 条时，在大部分情况下，实验对象会选择加入规模较大、较为安全的那一群。两个群中虹鳉的数量差别越大，实验对象的选择就越准确。也就是说，当两群鱼的数量比率较大时，如 2∶1、3∶1 或者 4∶1 时，实验对象选择大群的概率也较大；并且这个比例越高，实验对象选择大群的概率就越高。而当两群鱼的数量都小于或等于 4 条时，实验对象通常也会选择加入较大的鱼群。而且，非常有趣的是，在这种小数量情形下，实验对象选择的准确率不受两个鱼群的数量比率的影响。因此，如果第一个群有 2 条鱼，而第二个群有 4 条鱼，实验对象约有 2/3 的概率会选择后一个群。而如果第一个群有 3 条鱼，而第二个群有 4 条鱼，实验对象仍然有 2/3 的概率会选择后一个群。虽然人类在进行数量比较时的精确度比鱼类高出许多，但是从该实验的结果中我们可以看出，虹鳉的反应与人类有相似之处。和人类一样，虹鳉区分小数量的方式似乎也与它们区分大数量的方式有所不同。[12]

对于除人类之外的灵长目动物的数字认知能力，研究者已经通过各种实验得到了许多重要的结论，然而这个领域中的未知因素仍然很多。到目前为止，该领域内已有的研究成果只能让我们对这些动物的数字认知能力有一个模糊的概念，而我在本章中只能向读者介绍这些工作中的很小一部分。从这些研究成果中我们可以看到，许多动物表现出来的数量识别能力实际上主要基于对数量以外的一些连续变量（如运动量）的感知。此外，一些非灵长目动物在辨别数量时所使用的策略似乎与实验中刺激信号的种类有关，因此，我们还需要通过进一步的实验研究对这些变量进行测试。这些进一步的研究将帮助我们更好地理解人类及其他物种的神经生物学（意义上的）数字系统是如何进化的。比如，目前我们尚不清楚，是否只有脊椎动物才拥有数字认知能力，我们也不清楚灵长目动物天生具有的数感与其他智力较高的脊椎动物（比如鸟类）的数感相比，有哪些不同之处。此外，关于其他动物的数字认知能力究竟如何，目前的实验研究还存在空白。例如，科学家尚未系统地进行过针对爬行动物的数量感知能力的研究。如果科学家能够尽快填补这些空白，我们就能更好地理解人类天生的数字能力在种系发生学上究竟能够追溯到多久之前，也就能够更好地理解究竟哪些动物的哪些数字能力是与人类的数字能力同源的。比如，如果我们能够在爬行动物身上观察到与人类相似的数字能力，我们就能够清晰地证明一些同源的数字能力可以追溯到哺乳动物、爬行动物、鸟类、鱼类以及其他许多脊椎动物的共同祖先——一种生活在4亿年前的远古物种。

—— 灵长目动物的数字认知 ——

要想更好地理解人类和数字的关系，我们尤其要了解人类之外的其他灵长目动物的数字认知能力。从基因的角度来看，人类之外的其他灵长目动物（包括黑猩猩等猿类动物）是与人类的亲缘关系最近的物种。也就是说，这些灵长目动物的基因与人类的基因高度相似。一些研究显示，黑猩猩和人类有99%的基因是相同的（倭黑猩猩也和人类有99%的基因是相同的）。由于这种基因上的相似性，我们和这些灵长目动物具有很多共同的生物特点，因此，如果我们想要更好地理解人类的先天数感，我们就必须认真研究猿类和其他灵长目动物的数字认知能力。在这里，我必须强调的一点是，虽然我们与这些灵长目动物拥有许多共同的基因，但在对这些动物进行研究时，我们仍然应该警惕，不能犯过度将动物拟人化的错误。因为基因上的重叠并不代表这些人类的近亲一定具有和人类相同的数量认知能力。[13]

DNA（脱氧核糖核酸）分子之所以呈现标志性的双螺旋结构，是因为两条长链上的碱基以氢键互相吸引，这些氢键就像梯子上的一个个梯级。DNA 中的碱基共有 4 种，分别用符号 A、C、G、T（腺嘌呤、胞嘧啶、鸟嘌呤、胸腺嘧啶）表示。也就是说，4 种不同的 DNA 成分最终组成了基因，即使是亲缘关系很远的物种，它们的基因也同样由这 4 种成分构成。此外，大部分物种的基因之间都具有相当高的重叠性。比如，人类基因与葡萄基因的重叠率约为 25%（并且人类的基因数量少于葡萄）。[14] 因此，我们不应该对不同物种基因之间的高重叠率进行过度解读。毕竟，我相信你不会认为自己和葡萄之间的相似度达到了 1/4。但是，我们与其他哺乳动物基因的重叠率确实非常高，因为人类和这些哺乳动物拥有共同的祖先。比如，犬属动物和牛科动物与人类的基因重叠率大约在 85% 左右。我们知道，狗、牛以及人类这三个物种在行为上具有相当明显的区别。因此，虽然黑猩猩与人类的基因重叠率高达 99%，我们也不应该由此就盲目推断黑猩猩的行为必然与人类高度相似。从基因上来看，黑猩猩与人类的亲缘关系确实很近，但这并不意味着黑猩猩就一定具有和人类一样的数字认知能力。毕竟，基因构成上的微小区别可能导致性状上的巨大差异，包括脑容量方面的巨大差异。因此，在对比人类的数字思维能力和与人类亲缘关系较近的灵长目动物的数字思维能力的时候，我们应该客观地分析实验数据，而不应该让主观的预设影响我们的判断。

那么，我们从实验数据中究竟能够得到怎样的结论呢？在过去的几十年中，科学家们对黑猩猩及其他除人类之外的灵长目动物的认知世界进行了勇敢的探索，因此，我们对这些动物的数字认知能力已经有了一定程度的了解。随着这些研究成果的问世，现在我们已经清楚地知道，人类的这些灵长目“亲戚”确实具有一些与人类的先天数感类似的数字认知能力，同时它们也与不识数的人类成员一样在数量认知方面存在一些局限。我们知道，人类先天具有两种数感：一种是区别小数量的精确数感，另一种是区别大数量的模糊数感。研究显示，人类之外的其他灵长目动物也具有与人类的上述数感高度相似的同源数字认知功能。

在前文中我们曾经提到，心理学家通过实验测试了人类儿童的辨别数量的能力。心理学家也在恒河猴身上进行了类似实验。这些实验结果显示，恒河猴能够区分小数量之间的区别。在这些实验中，研究者先向恒河猴出示不同数量的食物（苹果片），接着将这些食物藏到恒河猴看不到的地方。然后，研究者让恒河猴从它们看不见的两组食物中选择一组。如果两组食物分别是 1 片和 2 片，或者 2 片和 3 片，或者 1 片和 3 片，甚至 3 片和 4 片，那么恒河猴每次都会选择数量较大的那一组。然而，当每组中食物的数量较大时，例如两组分别为 4 片和 6 片，那么恒河猴就无法前后一致地选择数量较多的那组了。当食物数量较大时，恒河猴选择的准确率会严重下降，在统计上与随机选择无异，这说明恒河猴的大脑只能精确区分小数量之间的区别。[15]

在一些更抽象的实验任务中，恒河猴还表现出区别大数量的能力。不过，只有当两组大数量之间的区别足够大的时候，恒河猴才能够辨别这两组数量的区别。例如，在一项实验中，实验者证明，经过训练后的恒河猴可以把数量按从小到大的顺序排列。在这项实验中，实验者先教恒河猴依次选出包含 1、2、3、4 个物品的组合。在恒河猴掌握上述技能后，研究者再向恒河猴出示两个包含更大数量物品的组合，而恒河猴每次都会先摸数量较小的那组，再摸数量较大的那组，也就是说，恒河猴学会对小数量进行排序后，也能够对较大的数量进行排序。但是，恒河猴完成排序任务的速度与需要排序的两组物品的数量之间的差异有关。两组物品的数量之间的差距越大，恒河猴完成排序任务的速度就越快。在一项后续实验中，研究者不仅要求恒河猴完成排序任务，还要求成年人类在不进行口头计数活动的前提下完成同样的任务。这项实验的结果显示，恒河猴的表现与成年人类十分相似。这种相似性表明，人类和恒河猴继承了同一种来自共同祖先的模糊数感。[16]

科学家通过实验证实，与人类亲缘关系最近的物种同样能够以相当精确的方式分辨数量之间的区别。黑猩猩的数量辨别能力与科学家在实验中观察到的幼年人类的数量辨别能力十分类似。比如，当实验者让人类幼儿在两组糖果中进行选择时，人类幼儿通常会选择数量较多的那组糖果。同样地，当实验者让黑猩猩在两盘数量不同的糖果中选择时，黑猩猩通常也会选择数量较多的那盘糖果。大约 30 年前，动物学家在实验中观察到，当黑猩猩必须在两盘巧克力豆中挑选一盘时，大部分情况下它们都会选择数量较多的那盘。然而，当盘中巧克力豆的数量较大，而两盘之间的数量区别又不够明显时，黑猩猩判断的准确率就会下降。换句话说，黑猩猩在选择数量时表现出明显的比率效应，研究人员在其他动物以及不识数的人类成员身上也曾观察到这种比率效应。更加惊人的是，相关实验的结果显示，在两盘巧克力豆之间进行选择的时候，黑猩猩不仅能够区分数量差别足够大的两个分组，它们甚至还能做加法运算——如果研究者把每组巧克力豆分成几堆摆放，黑猩猩会先将这几堆巧克力豆的数量加在一起，然后再比较两组巧克力豆的数量多寡。比如，在一些实验中，研究者向黑猩猩出示两盘巧克力豆，并要求黑猩猩从两盘中挑选一盘。第一盘中共有两堆巧克力豆，第一堆有 3 颗巧克力豆，而第二堆有 2 颗巧克力豆。第二盘中也有两堆巧克力豆，第一堆有 4 颗巧克力豆，而第二堆有 3 颗巧克力豆。在这样的情况下，大部分黑猩猩都能够辨识出第一盘巧克力豆的总数（3+2=5 颗）小于第二盘巧克力豆的总数（4+3=7 颗）。这样的实验结果表明，黑猩猩有能力把小数量加总起来，并对几组数量的总数进行比较。但是，我们必须向读者强调的是，在上述实验中，黑猩猩只能在大部分情况下做出正确的选择，它们有时也会犯一些错误。并且，当两组巧克力豆的总数相差不大时（例如第一盘有 8 颗，而第二盘有 7 颗），黑猩猩回答的准确率就会下降。总的来说，通过上述实验，我们可以比较确定地认为，黑猩猩有能力同时对两组数量进行加总与比较，但是我们也应该注意，黑猩猩进行加总的时候会出现错误——尤其是当两组数量的总数相差较小的时候。读到这里，你对这种规律应该已经比较熟悉了。从上述实验以及其他许多受篇幅所限无法提及的实验中，我们可以比较清楚地看到，黑猩猩天生具有同时精确区分小数量和模糊区分大数量的能力。而黑猩猩并不是唯一一种具有和人类类似的区分数量能力的灵长目动物。[17]

此外，还有一些实验还显示，灵长目动物能够学习使用数字符号，并把这些数字符号与序数和基数信息联系起来。比如，这些动物能够学会把 2、3、4、5 这样的数字符号按顺序排列起来，并且也理解这样的排序意味着每一组物品（比如它们完成任务后将获得的食物奖励）的数量依次越来越大。事实上，有实验证明，恒河猴在训练后能学会按从小到大的顺序依次触摸电脑屏幕上显示出的数字符号 1~9，并且它们还知道这些数字符号分别代表的数量。在恒河猴实验成功之后，科学家们又发现松鼠猴和狒狒也能够学会上述技能。在掌握数字符号之后，松鼠猴似乎还懂得怎样把两个数字加起来。在一项实验中，研究者要求松鼠猴在“3+3”和“5+0”之间做出选择，并让松鼠猴明白它们的选择就意味着它们将获得的食物数量，在这种情况下，松鼠猴会选择“3+3”。当然，在做这种选择的时候，松鼠猴并非每次都能选中正确答案。正如我们想象的那样，猴子做算术时难免会出错。然而从统计上来看，松鼠猴的选择显然不是随机的。从它们的反应中我们可以看出，掌握数字符号能够提高动物的数量识别能力。总的来说，实验证明猴子可以学会数字符号，但在学习过程中，猴子表现出了一些人类所没有的限制。[18]

在人类之外的灵长目动物，以及其他动物身上，我们清楚地看到这些动物的数学能力表现出“距离效应”和“量级效应”两个特点。距离效应是指，这些动物和不识数的人类成员一样，更善于辨别两组差别较大的数量之间的区别。而量级效应是指，与辨别大数量相比较，这些动物更加善于辨别小数量之间的区别。距离效应和量级效应是跨物种普遍存在的，这是科学家从该领域的研究工作中找出的关键规律之一。这一规律说明，人类和其他动物之间存在同源的模糊数感，甚至可能还存在同源的精确数感。当然，要完全搞清楚人类之外动物的天生数字能力，科学家还需要进行大量的进一步研究。[19]

—— 结语 ——

我们的先天数字能力在远古时就已经存在，许多其他物种都在不同程度上拥有与人类类似的先天数字能力。许多除人类之外的物种都能至少以模糊方式区分不同的数量，从自然选择的角度来看，这一现象比较容易理解。数量的辨别能力对野外生存至关重要，因此，具有数量辨别能力的动物更容易在生存和繁殖方面占有优势，这使得这些基因特点可以长期繁殖和保存。通过选择数量较多的食物，大鼠和鸽子可以获得更多热量，而辨别其他母狮子的数量能够帮助母狮子规避风险。在上述例子中，辨别数量的能力给动物带来了十分明显的生存优势。然而，虽然我们从直觉上可以非常容易地理解为什么许多物种都继承了数量认知的能力，我们却并不清楚为什么这些能力没有在大部分物种中获得进一步的发展。

从某些角度来看，对其他动物（尤其是脑容量与我们相近的猿类动物）的数字认知能力的了解，反而带来了一些更加难解的问题。尤其是当我们发现某些黑猩猩通过训练学会精确区分数量的技能以后，这个难题就变得更加突出了：如果其他物种有能力学会更高级的数字思维，那么为什么它们在数百万年的进化过程中却并没有发展出这种更高级的数字思维呢？毕竟，在人类掌握数字工具之前，我们在数量思维方面的基础似乎并不比大猩猩等其他物种更高级。针对这一问题，两位动物认知学者伊丽莎白·布兰农（Elizabeth Brannon）和朴俊求（Joonkoo Park）最近指出："人类究竟如何把一个无法精确表达大数量的原始数字系统，发展出人类所独有的正式数学系统，这是一个很难搞清楚的问题。"[20] 人类以及许多其他物种天生的数量思维能力极为原始，而大部分人类成员最终能够掌握的数学思维能力却相当高级，两者之间存在着巨大的鸿沟。这表明，生物因素远不能完全解释人类为何具有区别于其他物种的数字思维能力。人类的大部分数字认知能力与先天的神经生物学特点联系不大，后天如何使用这些神经生物学特点才是人类获得这些数字能力的关键。在拥有先天数量辨别能力的基础上，人类只有借助外部工具不断地与这些先天能力互动，才能够充分发挥这些先天能力。而在这些外部工具中，最重要的工具便是数字。数字工具能帮助我们用符号化的方式表达数量，然后我们可以通过语言将数量的抽象概念具体化，并以不同的文化方式使用这些工具。数字工具的存在解释了人类的实际数字思维能力和先天的数字思维能力之间的巨大鸿沟。

在一些实验中，研究者对人类之外的动物进行系统的符号能力训练，这些实验的结果也为数字的巨大力量提供了证明。也许，这方面最好的例子是一只名为亚历克斯的非洲灰鹦鹉。心理学家艾琳·佩珀伯格（Irene Pepperberg）对亚历克斯进行了长达数十年的训练。虽然亚历克斯已于 2007 年死亡，但是关于亚历克斯的数学能力的实验结果在 2012 年才发表。这些令人惊讶的实验结果显示，亚历克斯可以完成相当高级的算术任务，而人们通常认为，任何智人以外的物种都不具有如此高级的算术能力。在一系列实验中，研究者观察到亚历克斯能够前后一致地对数字符号进行标示和排序，并且能够通过发声表达这些意思。更加惊人的是，即便在一组物品的数量多达 8 个的时候，亚历克斯也能够用数字符号标示物品的数量。而最令人吃惊的是，亚历克斯能把两组数量在 0 到 6 之间的物品相加，在大部分情况下，它都能对这样的加法问题给出正确答案。在经过同行评审的一篇论文中，还记载过另一只能够把两组数量相加的动物，那就是黑猩猩希巴。这些结果说明，亚历克斯和希巴这种经过训练的动物天才似乎具有相当高超的数学能力，它们能够精确地辨别大于 3 的数量之间的区别。这一发现相当令人吃惊，因为我们知道，不管是什么物种，也不管它们的脑容量有多大，动物在没有经过训练的情况下都无法分辨大于 3 的数量之间的区别。但是，我们必须注意，在这些明星动物成为天才之前，它们经过了数年甚至数十年的学习过程，在这个过程中，研究者训练这些动物熟悉了表示数量的符号。在这种训练中，研究者试图把人类的数字符号教给这些动物，在某些情况下，受训动物最终的确学会了人类的数字符号，比如鹦鹉亚历克斯显然就做到了这一点。我们知道，人类儿童可以通过学习逐渐掌握如何用符号指代 3 以上的数量，而上述实验结果似乎说明，某些动物通过训练也可以学会这项技能。[21]

在研究动物的数字认知能力这一领域，这显然是一个重要发现：至少在某些情况下，人类发明的数字工具能够在物种之间传播。在讨论亚历克斯和希巴等明星动物的时候，前文提到的心理学家佩珀伯格指出："似乎只有那些学会用阿拉伯数字符号或者口语数字符号表示数量的动物才能把数字符号精确地对应于一组物品的数量。"[22] 因此，虽然黑猩猩和鹦鹉等动物能够把较大的精确数量转化为抽象的概念，但我们应该注意到，只有在人类发明的数字工具的帮助下，这些动物才可能完成上述抽象化过程。

在本部分的 3 章中，我们看到，不识数的成年人类、尚未学会说话的人类婴儿以及许多除人类之外的动物都能够以模糊的方式来思考数量。此外，他们 / 它们也能够精确地思考较小的数量。这样的精确数感和模糊数感能力是构建更高级的数字思维的重要基础。然而，这种基础非常原始，要在此基础上构建出高级的数字思维能力，就必须用到符号化的工具。在本书的第三部分中，我将主要讨论以下两个问题：第一，人类是如何发明数字的；第二，数字是如何对人类的生活经验产生深远影响的。

第三部分

数　字　塑　造　了　我　们　的　生　活

第8章 数字和算术的发明

语言上的规律与思想上的规律是相通的。大量研究成果显示，不同语言之间的区别会对使用这些语言的人的认知习惯产生影响，而这种影响常常是潜移默化的。这种观点通常被称为“语言相对论”。目前，已有大量研究结果为语言相对论提供了支持，这些研究涉及空间认知、时间感知、颜色分类等许多不同的方面。比如，我们在第1章中曾经提到，说不同语言的人会把过去和未来放置在不同的空间位置上。与之相类似的是，人们识别和重现颜色的方式也受到母语中描述色彩的基本词汇的微妙影响。此外，在前面的章节中，我们也游览过没有数字的世界，在这场旅行中我们清楚地看到：数字语言方面的区别导致了人们思维方式上的区别。存在于世界上的绝大部分语言中的数字显然影响着人们的数量认知能力。只有熟悉数字和计数活动的人才能够精确区分大部分数量。语言中的数字元素不仅微妙地影响了我们对于某些数量的思考方式，实际上还为我们打开了通向算术和数学世界的大门。要走进算术和数学的世界，我们必须迈出第一步——认识到：不管是多大或者多小，数量总是能够被精确区分的。[1]

然而，数字究竟是如何帮我们打开这扇通往数学世界的大门的呢？当我们通过这扇大门，接下来又会发生什么呢？在本书的第三部分，我们将对上述问题进行探索和讨论。在本章中，我们将先讨论数词和基本的算术究竟是如何被人类发明出来的。我将提出一种学说，以揭示人类发明基本数词的一种可能的途径，并解释我们是如何使用这些数词来构建基本的算术系统的。

—— 数字的非自然性 ——

在前文中，我们曾经看到在没有数字的世界中人类是如何生活的。这种情况清楚地告诉我们，只有在数字工具的辅助下，我们才能以人类独有的方式精确地理解数量。然而，在本书的第 1 章中我曾经提到，这样的看法其实会导致一个悖论。如果我们只有在数字工具的帮助下才能精确地理解大部分数量，那我们又怎么可能在不理解数量的情况下发明出数字这种工具呢？如果我们根本无法辨识一组物品的数量，我们又怎么能发明一个指代这种数量的标签呢？比如，如果我们根本无法辨别 7 个苹果与 6 个苹果或者 8 个苹果之间的区别，我们又如何能够发明出“6”“7”“8”这样的数字呢？

由于这个棘手的悖论的存在，有些人得出了这样的结论：人类想必天生就具有数量的概念。根据这种观点，在人类的自然认知发展过程中，我们的先天条件决定了我们可以分辨 5、6、7 等数量之间的区别。然而，这种表面看来很有道理的观点却是站不住脚的。如果人类先天就具有把不同数量的物品转化成不同抽象数量的能力，那么我们的这种能力是否存在一些限制呢？比如，我们是否天生就能精确地分辨 1 023 和 1 024 之间的区别？显然，我们很难相信人类天生就具有这样的能力。换句话说，先天论的观点并不能解决上述悖论。

语言学家詹姆斯·赫福德（James Hurford）在他关于语言和数字的佳作中指出：数词是指代一些“能用数字表示的非语言实体”的名称[2]。也就是说，数词是用来指代一些抽象概念的标签。与上述观点相关的是，考古学家卡伦利·欧沃曼（Karenleigh Overmann）最近提出：“在指代数量概念的标签存在之前，必须首先存在数量的概念，否则这些标签就根本没有指代的对象……任何发明方法都不可能预先假定它所要发明的东西。”[3] 卡伦利·欧沃曼的观点很好理解，但是这种观点显然忽视了本书第 5~7 章所列举的大量学术证据。这些学术证据显示，指代大于 3 的数量的词语并不仅仅是用来表示已经存在的概念的标签，因为对于大部分人来说，在他们学会数词之前，这些数量概念根本尚未存在。

我认为，解决上述悖论的关键在于，在整个人类中，只有少数成员在偶然的情况下对大于 3 的数量产生了精确的抽象认识，而且这种认识也未必是系统化和前后一致的，但表达大于 3 的数量的词语将这种偶然的认识固定了下来。在这些偶然获得上述灵感的人类成员中，一部分人最终发明了数字，如果没有发明数字的的话，他们的这种抽象认知永远无法传递给其他人类成员。数词给这些短暂的灵感贴上了名称的标签，正是这些标签最终令人类得以系统地分辨数量之间的区别。我认为，解决上一段中提出的悖论的关键词就是“系统地”。大于 3 的数量之间是可以精确区分的，这是一个非常简单却极为重要的认识，然而我认为，作为一个群体，人类并不具有“系统地”认识这一事实的能力。而当某些人偶然达到这种简单的认识时，他们便有可能发明表示这些大数量的符号——我认为，这样的过程在人类发展的历史上曾经发生过许多次，却不是每一次都能留下相应的证据。人类发明的表达数量的符号主要是口语符号，因为世界上绝大部分语言中都包含表达数量的词语，而从传统上来看，大部分文化中并没有书面的数字符号或比较高级的标记计数系统。一些人偶然认识到了大于3的精确数量概念的存在，于是他们发明了数词把这种认识固定下来。事实证明，这种认识改变了人类发展的进程。

那么，上述情况是否说明数词只是一些指代概念的标签呢？答案是否定的。实际情况并不是上述悖论中假设的那样非此即彼。数词不是简单的标签而已，但数词又确实是用来描述概念的，数词所描述的概念是某些人在某些情况下偶然认识到的。“标签”这种提法暗示出，作为标签的词语只是用来表示某些我们都知道的概念：生活在任何文化环境中的所有人类成员生来就（至少最终会）有能力理解的概念。然而，我们知道，并非所有成年人类都具有数量的概念，而且如果没有数字工具的帮助，大部分人可能永远也不会具有数量的概念。而同样显然的是，一些人确实认识到了数量的概念，虽然他们的这种认识可能不够系统，且前后不一致。然而，在人类的发展历史上，某些具有数量概念的人类成员用词语描述了他们认识到的数量概念，于是他们发明了数字。之后，通过学习数词，同一文化环境中的其他成员也认识到了数字发明者所认识到的数量概念。数词成为一种便于流传的概念工具，大部分人都能够学习和使用它。

关于数字的发明过程，以上解释并不激进。事实上，同样的情况也发生在人类掌握其他概念的过程中，发明新词语来描述人们偶然认识到的抽象概念是一种十分常见的现象。人类常常会产生一些他们本不具有的概念和认识，并发展或发明出新的词语来表达这些概念和认识。让我们来考虑“电灯泡”（light bulb）这个例子。在 19 世纪末期，许多发明家都认识到，让电流通过金属丝能够产生发光（light）的现象，于是他们发明出了各种各样寿命较短的电灯泡，并为这些灯泡申请了专利保护。之后，托马斯·爱迪生和他的雇员们提高了灯泡的技术，他们把金属细丝放在一个真空的玻璃泡（glass bulb）中，这样的电灯泡可以持续点燃相当长的时间。从某种角度来看，托马斯·爱迪生的这项伟大发明基于一种并不复杂的认识：如果让金属丝不接触周围的空气，金属丝发光的时间就能延长许多。这个简单的认识很容易被理解，而基于这一认识所发明出来的这种新设备也很容易被命名。“电灯泡”这个词的意思几乎一目了然[①]。然而，虽然电灯泡背后的概念十分优雅简洁，大部分人都能很容易地理解这种概念及其衍生词语“电灯泡”，但我相信没有人会认为人类天生就具备理解电灯泡的能力。“电灯泡”一词描述的是一种并不难理解的特殊概念，但这种概念并非人类天生就具有。与“电灯泡”一词相类似，数词也是用来指代一些简单的概念，人类也不是天生就具有认识这些概念的能力，然而某些人认识到了这些概念，于是其他人便可以通过语言的方式来学习和掌握这些概念。在本书的前言中，我已经提到这样的观点：人类之所以能够成为如此特殊的物种，并不是因为我们具备超强的发明能力，而是因为我们通过语言来继承和分享这些发明成果的能力特别强。（爱迪生本人就曾经说过，与其说他是一个发明者，不如说他是一块吸收知识的海绵。）“电灯泡”这样的概念并非天然地存在于人类的脑海中，等着我们去给它贴上标签。同样，6、7、8 这样的数量概念也并非天然就

① 电灯泡由发光（light）与玻璃泡（glass bulb）两个词合成。——编者注

存在于人类的脑海中，等着我们贴上标签。要发明数字这一工具，我们必须首先偶然地认识到3以上的精确数量是客观存在且可用标签指代的，而这种偶然的认识来自某些人的灵光一现。

有证据显示，语法中的数（例如单数和复数形式的区别）与“六”“七”这样的数词来源有所不同。正如我们在第4章中提到的那样，在世界上的各种语言中，语法上的数往往把1（常见）、2（较不常见）、3（极少见）和其他更大的数量区别开来。从这样的情况来看，语法上的数的区别似乎确实是在指代一些已经存在的概念，因为人类的大脑天生就能够把数量1、2、3与其他更大的数量区别开来。同样地，描述小数量的数词“一”“二”“三”也是在指代人类天然具有的概念。对这些概念的掌握具有明确的神经生物学基础，因此绝大多数人类语言中都存在指代这些概念的词语。在许多人类语言中，指代数量1、2、3的词语和指代更大数量的词语具有不同的来源，这一现象并非出于偶然。著名心理学家斯坦尼斯拉斯·德阿纳曾说：“一、二、三都是感性的数量，我们的大脑不需要经过计数就能够轻松地处理这些数量。”[4]但人类的大脑并不能同样轻松地处理大于3的数量，因为缺乏这样的神经生物学基础。语言和其他文化符号为智人提供了发明数字的机会。当然，要抓住这样的机会显然不简单，所以我们才会看到，在不同的文化中，表达大数量的数词在复杂度和进制基数等方面有显著的不同。然而，正如我们在第3章中讨论过的，不同语言在数词方面的区别并不是随机的，从这些区别中我们可以清晰地看到某些规律。而这些规律告诉我们，虽然人类可以通过不同的途径发明数字符号，用以指代自己经常见到的数量，但这些符号的发明通常都与人类的手有关。手的概念在指代4以上的数词中发挥了极为重要的作用。

在最近一项关于澳大利亚数词历史的研究中，语言学家周凯文

（Kevin Zhou）和克莱尔·鲍韦恩（Claire Bowern）发现了一种与上述观点（与表示更大数量的数词相比，表达数量 1~3 的数词具有更为基础的地位）一致的有趣规律。这项研究显示，在这些澳大利亚语言中，表示数量 4 的数词常常是组合词——这些词是由表达小数量的数词组合而成的。本书的第 3 章曾提到，语言学家们在亚马孙地区的加拉瓦拉语中也观察到了同样的规律。在加拉瓦拉语中，表示数量 4 的词是 famafama，字面意思为“两个二”。在亚马孙地区、澳大利亚地区以及世界上其他地方的许多其他语言中，语言学家们都曾观察到相似的规律。人们常常用组合词来指代数量 4，这种现象说明，数量 4 的概念比数量 1、2、3 的概念更难于理解和命名，因此人们在命名数量 4 的时候常常需要借用已有的简单概念。然而，虽然在许多语言中人们用描述较小数量的数词组合来命名数量 4，但是这种现象较为特殊。人们并不经常用描述较小数量（比如 2）的数词组合来描述大于 4 的数量，大于 4 的数量通常通过手的概念命名。从词源学的角度来看，在大部分澳大利亚语言中，描述数量 5 的词语都与手的概念有关。虽然随着时间的流逝，这些语言可能会放弃一些旧的词语，或者加入一些新的词语，但是周凯文和克莱尔·鲍韦恩在上述研究中判断：在引入表达数量 5 的数词后，这些语言中很快就出现了大于 5 的数词。除了这一现象外，我们还知道，世界上的大部分数字系统都是以五进制和十进制为基础的，这些现象都说明，用手的概念来指代数量 5 是一种崭新的、效率更高的命名系统的基础。在将手和数量 5 联系起来以后，人们常常能够发展出一种新的数量思维模式。[5]

大于 4 的大部分数词都是以人类的身体为基础的。人们认识到，手指可以作为一种计数工具，而每一根手指分别与要计数的物品一一对应。手指的计数功能使得许多数词和进制的来源都与关于手的词语有关。用手来表示大数量的方式虽然很好，但我们却不得不面对这样一个重要的问题：人们最初是如何建立起手指和物品数量的对应关系的呢？人们又为什么要建立起这种对应关系呢？既然不识数的人类（包括尚未学会说话的儿童、尼加拉瓜的家庭手语使用者，以及蒙杜鲁库人等）无法精确地区分大数量之间的区别，那么远古人类中的“数字发明者”是如何认识到手指可以精确对应 5 个或 10 个其他可数物品的呢？在高级数字思维的发展过程中，人类的手指究竟为何占有如此特殊的地位呢？[6]

我认为，导致上述现象的原因至少有两点。第一，手指之所以特殊，是因为它们是人类在生活中最常感知到的基础的、离散的物品。正如我们在第 6 章中提到的，胎儿在母亲的子宫中就已经开始接触自己的手指。人类的婴儿非常喜欢手指，他们喜欢吮吸自己的手指，也喜欢盯着自己的手看，因为他们意识到自己可以控制操纵手和手指，让它们随意进出自己的视线范围。因此，在人类的生活中，手指是一种极其醒目的事物。而在与人类具有相同先天数感的其他物种中，手指却并没有这么醒目，这一点非常关键。让我们来考虑一下大猩猩、长臂猿、黑猩猩以及其他与人类亲缘关系很近的猿类动物。由于不像人类一样双足行走，这些猿类动物的前肢常常会被当作行走的工具。然而，人类不会用手走路，人类的手主要是用来制造和使用工具的。与这些猿类相比，人类的手的功能更丰富多彩，我们会用手完成一些特殊活动，这就要求人手具有更高的灵活性和精细性，也使得人类更加关注自己的手。人类对手的关注度超过了其他任何物种，这可能是人类用手表示数量的一个原因。

然而，人类中的某些数字发明者之所以会认识到手指能够对应于其他可数物品，应该并不仅仅因为手指是人类日常生活中经常接触到的醒目事物。手指在数量的认识过程中如此重要，还有另外一个原因。据我所知，目前尚没有任何学术文献提到这个原因。这就是我要介绍的第二个原因：我们的手指天然具有对称性。

人类不仅不断地接触和关注自己的手指，而且我们看到的每一根手指都有一个外观极为相似的“孪生兄弟”——另一只手上的对应手指，所以“手指可以和其他物品形成一一对应的关系”这一想法通过我们的视觉和触觉经验被不断强化。在人类使用手的过程中，手和手指的对称性不断刺激着我们的思维，最终许多人类成员都意识到，左手的 5 根手指和右手的 5 根手指之间可以形成一一对应的关系。

也许，某些人还意识到，人的 5 根手指可以对应于人体以外的 5 个物品（也许他们已经认识到左手和右手的手指数目是相等的，也许他们还没有认识到这一点）。在人类用手拿东西时，手指常常会和这些东西对齐（如把一些东西摆放在手掌上时），这种自然发生的情况可能进一步辅助了人类的思维，使某些人最终认识到手指与其他物品的一一对应关系。不管这些发明者究竟以何种具体途径发明了数字，精细数字系统的发明通常都依赖于手指和其他具体物品（包括另一只手的手指）在数量上的对等关系。在人类的历史上，不同族群的人都发现了这种数量之间的对应关系，并通过语言把这种对应关系固定下来——通常，人们会用他们语言中表示手的词语来命名这种对应关系。当人们完成了对这种对应关系的命名时，他们就发明了一种关键性的符号工具。此后，这种符号工具将辅助人们对上述特定数量进行指代和辨识，而且，这种数量的概念还可以相对容易地传播给他人。

当其他人学会了新的数词以后，他们可能会发明出表示更大数量的数词。比如，在用手指计数的时候，他们也许会将“二”和“手”这两个字结合起来发明一个新的数词“二和手”（表示“七”）。随着时间的推移，人们通过使用这样的数词提高了生产效率，这样的数词可以被用在许多环境中，可以指代各种不同性质的物品的数量。同一文化中的其他成员还可能在新的方向上继续发展这些数词，并创造出表达 10、20 这些更大数量的词语，这些数字很可能仍然与人类的身体部分相联系。在人类积累、借用、修改和发展这些数词的过程中，可能的路径有很多。由于数字对于人类而言具有很高的使用价值，一旦有了数字，人类便可以开展许多以前不可能发生的活动，因此数字不仅很容易在同一族群内部传播，还可能在互相接触的不同族群之间传播。一种语言可以以外来词、仿造词（仿造词是指一种语言从另一种语言中跨文化地借来某种概念，但创造出一个新词来表达该概念）等多种形式借用另一种语言中的数词。

当我们认识到一只手的手指可以通过一一对应的方式与另一只手的手指或者其他体外物品形成对应关系时，我们的数字认知能力便已经超越了我们先天具有的数感。但是，我们知道在某些语言中并没有稳定的数字系统，而在另一些语言中，数词并不以手和手指的概念为基础，因此，我们可以推断，并非所有人类族群都达到了上述认识。而当人类用语言去表达大于 4 的数量时，借用手或手指的概念是所有语言中最为常见的规律。（人类的两只手上各有 5 个手指，鉴于这种人类共同的解剖学基础，用手或手指来命名大数量是最为自然的一种做法。然而，并非所有族群的人都用手或手指的概念来命名大数量，这种现象实在令人意外且值得注意。）人类这所以能够发现精确大数量的存在，并由此发明大部分数字，从本质上来看，都是因为我们双足行走的特性。事实上，令人类区别于其他物种的许多特性都是双足行走特征的偶然副产品。双足行走的特征令人类特别关注自己的手，然后我们才意识到双手的对称性，并且偶然地认识到手指和其他可数物品之间的一一对应的关系。基于这些因素，在所有人类可能发明数字的途径中，借助手来认识数量可能是其中最不费力的一条路径。[7]

在上述学说中，我们提到了这样一个现象：人类通过除大脑以外的身体部分的特点来理解数量的概念，这是具身认知现象的表现之一。在过去几十年中，许多哲学家、心理学家、语言学家以及其他学者都指出，人类的许多认知过程是以物理经验为基础的，或者至少是靠人类的物理经验辅助而形成的。随着具身认知领域的快速发展，许多研究成果显示，人类的解剖学特征和人体的生理功能对人类的多种思维过程起到了限制或加强的效果。由于篇幅所限，在此我不能对这些思维过程进行过多讨论，但我想再次提起第 1 章中曾经举过的关于时间感知的例子。我们说英语的人认为，未来在我们的前方，因为从某种角度来看，我们一直在向着未来进发。而因为我们一直在向前走，过去的我们存在于现在的我们身后的空间中，因此过去已经被我们甩在身后，而未来的我们将处在现在的我们前方的空间中，所以未来是在我们眼前的。因为我们以这种物理的、具体的经验理解时间的概念，所以我们的语言中才会有“未来在前方”的说法。这种感知时间的普遍方式就是具身思维的一个例子——我们身体的运作方式影响了我们对时间流逝现象的理解方式。与之类似的是，在人类产生“5 个物品就像一只手”之类的认识，并以此为基础发明数字这一工具的过程中，是我们身体的特点令上述认知过程成为可能。人类通过转喻的手法，用“手”来表达一种与手的特点有关的数量，因此这种认知的过程是“具身”的。虽然语言学家早就认识到，人类的许多数字系统都以十进制、五进制、二十进制（或这几种进制的结合）为基础，但在许多领域中，学者们还没有充分认识到具身性的数量思维对这些数字系统的诞生的影响。[8]

—— 简单计数活动之外的数字 ——

虽然人类的手在数字的发明过程中起到了重要作用，但是也有许多以数字为基础的概念并非受到手的启发而产生。尽管世界上的大部分语言中都有数词的存在，而在这些数词中，手和手指的概念扮演了重要角色，但只有少数几种文化独立地发展出了比较精细的数学系统。以手为基础的数字表达方式不仅未必能发展为数学系统，甚至不一定能够产生表示极大数量的词语。某种语言中有“五”“十”这样的数词并不代表这种语言一定能发展出“千”或“百万”这样的数词。简单的数词是发展更精细、更复杂的数字系统的必要条件，但却不是发展这一系统的充分条件。

即便某种文化中拥有了最基础的描述数量的词语，这些文化中也未必能够随之产生出其他种类的数字。人类的解剖学特点令我们得以相对容易地发明一些简单的数字，比如“五”“六”“十”“二十”等——我们把这些数字称为“原型计数数字”。[9] 但是人类的解剖学特点并不一定能帮助我们发明出“零”这样的数字（参见本书第 9 章中对数字零的讨论），人类也未必能够自然地发明出分数、负数、无理数、斐波那契数列等概念。因此，我们的讨论就不得不触及这样一个自然的问题：人类究竟是如何在原型计数数字的基础上，发展出一系列其他数字概念和数学概念的？算术的详细演化历史不在本书的讨论范围内。而在人类以原型计数数字为基础发明出各种核心数学概念（如加法、减法、乘法等）的过程中，有一些关键因素值得我们关注和考虑。毕竟，这些核心数学概念对人类的许多物质技术和行为技能都产生了极为重要的影响。

要讨论数字概念的上述拓展过程，我不得不再次提出本书中多次提到的一个主题：人类常常用物质生活中出现的具体事物辅助对抽象概念的理解。我们用空间来隐喻时间，用手来象征数量，在这些过程中，我们的身体结构和运作方式决定了我们对这些抽象概念的认识方式。与上述两个例子类似的是，人类的基础算术认知也与我们的物质经验密不可分。也就是说，在从基础计数数字发展到高级数学概念的过程中，人类在很大程度上利用了隐喻的思维方式，而这种隐喻的思维方式是围绕着物理实体展开的。[10]

在这里，我们所说的"以物理存在为中心的隐喻思维方式"主要包括两种重要的形式。第一种是简单的概念隐喻，在任何一种语言中都能找到大量的例子。例如在前文中，我们已经举了不少英语中的概念隐喻的例子，在此我还可以再举两例：在英语中，我们常常用温度的概念来描述情绪这一抽象概念，用"向下"比喻负面的事情。前一种现象的具体例子如：说英语的人会形容某人个性"温暖"或"冰冷"，这些用法中实际隐含了以下的假设：热的东西比冷的东西更加友好，或者更加使人感到亲切。而后一种现象的具体例子则有：英语中有"feeling down"（情绪低落）、"feeling like they're down in the dumps"（情绪跌入谷底）、"fell into depression"（陷入抑郁）等用法，以及许多类似用法。（在英语中，人们之所以习惯用"向下"的物理概念比喻悲伤的情绪，可能是因为死亡 / 葬礼的概念和"埋入地下"有关。）

"以物理存在为中心的隐喻思维方式"的第二种类型是：当我们用思维"扫描"某件东西的时候，我们常常会想象这件东西在运动——语言学家将这种现象称为"虚拟运动"。比如，在英语中我可以说："The skyscrapers of the Miami skyline run alongside Biscayne Bay."（迈阿密天际线的摩天大楼沿着比斯坎湾的海岸线绵延。）这就是一个虚拟运动的例子。显然，摩天大楼并不能真的沿着海岸线“跑”，我只是用一种比喻的说法来描述大楼的分布。类似地，我还可以说“the border of Peru and Brazil runs through Amazonia”（秘鲁和巴西的边境线横穿亚马孙地区）①，并不会有人真的认为边境线在奔跑。在数学系统的构建过程中，以物理存在为中心的隐喻思维方式以及虚拟运动的思维方式都发挥了十分关键的作用。

在算术形成的过程中，基础的隐喻思维和虚拟运动的概念发挥了重要作用——目前，认知科学家们的研究已经为上述学说提供了证据。在这方面贡献最突出的是来自加州大学圣地亚哥分校的拉斐尔·努涅斯。例如，拉斐尔·努涅斯的团队提出：在发明加法和减法的过程中，人类用一种关键的比喻来构建数字之间的关系，这种比喻就是：“算术是物品的组合”[11]。换句话说，人类把数字想象成一组物品，并通过这种方式把抽象概念转化成了更具体、更容易触及的概念。我们已经找到了一些证据来支持隐喻思维在算术发明过程中扮演的重要角色，比如在某些语言中，表示加法/减法的词语与表示操作实体物品的词语有许多重叠的地方。我不仅可以说“把2和5加起来”，也可以说“给我的汉堡加上奶酪”，或者“把盐加进我的沙拉里”，或者“为这个房间再添加一件家具”。我不仅可以说“3加3等于6”，还可以说“这辆新法拉利车为他的汽车藏品添砖加瓦”。我不仅可以说“把3和5加在一起”，还可以说“把糖、鸡蛋和黄油加在一起”。我们在脑海中把数字放到一处，就像我们在外部世界中把各种物品放到一处一样。同样地，我们也会像在外部世界中把物品分开那样，在脑海中把数字分开。比如，我不仅可以说“如果去掉这根柱子，这个建筑就会垮塌”，或者

① 横穿一词在英语也用“run”表示。——译者注

“谢谢你拿走那些垃圾”，我还可以说“7 减去 5 等于 2”，或者“12 减去 6 还剩下 6”。此外，我既可以说“15 减 2 等于 13”，也可以说“如果减掉这根皮带，这身衣服就不好看了”。我还可以再举出许多这样的例子，但我相信你已经清楚地理解我要表达的重点了：许多我们用来表示收集和移除具体事物的词语，同样可以用来表示数字的加法和减法。

不过，在语言中，具体事物和数字的关联用法不止于此。我们不仅可以用语言描述物品的大小，也可以用语言描述数字的“大小”。比如我可以说，万亿是个“非常大”的数字，或者我可以说“7 比 15 小”。我还可以说“我不知道她到底赚了多少钱，但我知道肯定是一个非常大的数目”，或者我可以说“和他应得的数目相比，他的工资简直少得可怜”。在我们眼中，我们常常把数字当作实体物品来谈论，数字具有不同的“大小”，数字也可以像实体物品那样被比较、收集，或者合并在一起。这种隐喻的思维是如此自然，我们甚至不会意识到自己在使用隐喻。算术语言之所以包含这么多具体的隐喻，也许是因为在发明数字的过程中，我们的身体发挥了非常重要的作用。但是，在这种现象的背后，还有另一个原因，那就是：在许多认知领域中，人类在思考和谈论抽象概念的时候，喜欢用物质世界中的元素来比喻抽象的概念。这种英语的思维方法能让人们更方便地处理这些抽象概念。用思考实体物品的方式来思考数字，能辅助人们更好地在头脑中存储、表示和操作数字，因为对于人类来说，将实体物品视觉化，以及重现实体物品，要比将抽象概念视觉化，以及重现抽象概念容易得多。

在算术策略的发展过程中，虚拟运动的思维方式也发挥了不小的作用，但可能没有物质隐喻的作用那么显著。虚拟运动的思维方法实际上也是一种隐喻的思维方法，但它与上一段中谈到的以实体物品比喻数字的方法有所不同。虚拟运动的隐喻方法具体表现为“把算术看作是沿着一条路径的运动”[12]。虚拟运动的基本原理是这样的：许多人（比如说英语的人）会在一条轴线上描述数字，并且把数字的变化描述为沿着这条轴线的某种运动。在语言上，这种虚拟运动隐喻的例子很多。比如，我可以说“101 和 102 这两个数字相当接近”。再比如，如果我问你 10 加 10 等于多少，而你回答说等于 30 ，我就会说你的答案“差得也太远了”。如果你看到教室里有一群人，你可能会说“教室里的学生人数在 20 左右”。如果你认为教室里的学生不足 20 人，你可能会说“教室里的学生人数不到 20 人”。家长可能会让孩子从 1 数到 100，并且特地强调“不要跳过任何数字”。此外，孩子们还会学习如何“倒着数数”，这种用法显然把计数活动比喻成一种在数轴上前后移动的活动。在英语中，这些用法是如此自然，以致我们常常看不到这些用法背后真正的思维方式：在谈论抽象的数字和数量时，我们在脑海中认为这些数字和数量在一条轴线上，且可以在这条轴线上来回移动。用可操作的具体物品来比喻数字，或者用一条轴线来比喻数字，这些思维方法在我们的文化中非常普遍，它帮助童年的我们掌握了许多算术概念。教育领域中，也常常采用这些隐喻的思维方法。在我们的数学教科书中，常有把数字和实体物品联系起来的图例，而数轴也是经常出现的辅助工具。[13]

我们用隐喻的思维方式来处理数字的习惯不仅反映在语言中，也反映在许多伴随语言的肢体姿势中。有些学者专门研究人们说话时伴随的各种姿势，这是认知科学中一个非常多产的研究领域。该领域的许多研究显示，身体语言是一扇审视人类认知过程的窗户。比如，说英语的人在谈论未来要发生的事件时，常常会指向前方，这种肢体语言说明，我们认为未来是处于我们前面的。与之相反的是，当我们谈论过去发生的事件时，我们常常会指我们的身体后方。在谈论数字和数量的时候，人们同样会做出各种姿势。一项近期的研究通过录像研究了一些大学生在谈论数字和数量概念时的肢体语言。从这些录像片段中我们可以看到，当这些学生谈论数字的加法运算时，他们会同时做出“把东西聚在一起”的动作，或者用手势比出“一条路径”。具体来说，表示“一条路径”的手势是：学生们把他们的手指或手从身体的一侧移向另一侧，就好像数字在沿着这条轴线运动一样。而“把东西聚在一起”的动作具体表现为双手向内聚拢，并且手部动作好像在抓着或拿着某种东西一样。从这些姿势中我们可以看出，当这些大学生谈论数字的加法运算时，他们下意识地想到了把东西聚在一起的行为，或者想到了沿着一条虚构轴线进行的运动。显然，在人类以数字为基础发展出数学系统的过程中，这种隐喻的思维方法扮演了一定的角色，但是这种角色究竟有多重要，还需要进一步研究才能得出结论。[14]

此外，还有另外一些研究结果也同样支持“人们用物理空间的概念来辅助数字思维”这一结论。例如，当空间信息和数字信息对应得很好的时候，人们做出数学判断的速度就会更快。再如，让我们来考虑以下两个数字哪一个数值更大：

7 和 9

或者，让我们来考虑以下两个数字哪一个数值更大：

6 和 8

你回答第一题所用的时间是否比回答第二题所用的时间更长呢？如果是的，你的反应和大多数答题的人是一样的。而之所以会出现这样的情况，是因为我们很难把空间概念和数字概念完全分离开来。事实上，大脑显像研究证明，在人脑中，空间概念和数字概念确实具有很强的关联性。当实验对象专注于某个数字或者进行某项数字推理活动时，他们大脑的某些部分会活跃起来。同时，科学家们还发现，当这些实验对象判断物体的物理大小，或者进行和地点有关的推理时，相同的大脑区域也会活跃起来。[15]

此外，研究者在实验中还发现了反应规律方面的空间数字关联效应（简称 SNARC 效应），这一效应也证明了人脑中空间概念和数字概念的重叠（与数字认知领域的许多其他成果一样，这项发现来自法国心理学家斯坦尼斯拉斯·德阿纳）。在发现 SNARC 效应的实验中，研究者要求实验对象在看到屏幕上出现某个特定数字时尽快按下手中的按钮。研究者发现，当目标数字是大数字的时候，实验对象右手按键时反应较快。而当目标数字是小数字的时候，实验对象左手按键时反应较快。这样的现象说明，实验对象在头脑中想象数字分布在一条轴线上，小数字位于轴线偏左的地方，而大数字位于轴线偏右的地方。然而，在某些从右向左书写的文化中，这条虚拟轴线的方向是相反的。于是，在针对这些文化中的成员进行上述实验时，研究者发现，当目标数字较大时，实验对象左手按键反应较快。SNARC 效应是普遍存在的，与上一段中提到的“空间概念对数字判断的影响”现象一样，都揭示了人脑认知中空间概念和数字概念的重叠。[16]

虽然上述证据比较有力地证明，人类的算术思维确实在一定程度上以概念及空间的隐喻思维为基础，但这并不意味着隐喻的思维方式是算术思维的唯一基础。事实上，我们很难用任意一种单一因素解释数字向数学演化的过程。例如，在隐喻思维的例子中，我们发现，在不同的文化中，用空间来隐喻数字的方式也是不一样的。此外，某些文化中的人似乎并没有在头脑中把数字放在一条数轴上，至少目前来说没有充分证据表明他们有这种行为（参见第 5 章中对约皮诺人的讨论）。事实上，在更加基础的层面上，我们甚至还观察到某些语言中完全没有表达精确数量的词语，或者只能用非常有限的词语来描述数量。另外，虽然通过手和手指的概念发明数字的途径比较普遍，但这并不是人类发明数字的唯一途径，某些数字系统所采用的进制似乎与手和手指毫无关系。例如，某些语言采用了六进制的数字系统，我们无法说明在这些语言中，人们也是用与手或手指相关的词语来命名数量的（参见第 3 章中的讨论）。在语言学研究中，语言学家认识到了以下规律：即使一种现象在许多语言中普遍存在，这种现象也未必适用于人类的所有语言，因此我们不能把一些普遍存在的语言现象过度推广到所有语言中去。然而，由于人类都具有共同的基础脑结构和身体结构，大部分人类文化可能通过相似的途径发明了算数的概念。而这些途径常常与隐喻的思维方式有关。

此外，在人类拓展数学思维的过程中，还存在另一种基础的影响因素，这一因素是与语言高度相关的。语言学家海克 · 维泽的工作显示：句法（句子的结构）对数字概念的发明起到了辅助作用。语言结构能够帮助我们把“五”“六”这样的数词放入更有效率的数字系统之中。最终，作为数字使用者的我们认识到：数字 6 比数字 5 多 1，且比数字 7 少 1。也就是说，我们认识到了“后续原则”的存在。数字符号的含义与它们在序列中所处的位置有关。在使用语言的过程中，我不断练习这些符号，这最终在一定程度上帮助我们认识到了后续原则的存在。让我们来看这样一个句子：“The crocodile ate the snake.”（鳄鱼吃掉了蛇。）这个句子的意思当然取决于句子中所包含的每一个单词的意思，但仅仅是词汇本身还不能决定句子的意思，我们必须根据句法规则才能真正理解这个句子。毕竟，某些蛇（蟒蛇）是可以吃掉鳄鱼的。因此，假如不懂句法，我们怎么能判断究竟是哪种动物吃掉了哪种动物呢？根据英语句法规则，我们能够轻松地判断这个句子的意思，而不产生任何歧义。在英文句法中，主语通常位于动词前面，而宾语通常位于动词后面，因此我们知道，蛇是被吃的对象，而不是发起“吃”（ate）这个动作的动物。在这个句子中，词语在序列中的位置决定了词语的意思，如果把这种规则推广到数字世界中，我们就能够看出句法是如何帮助我们理解数词之间的相互关系的。也许，正因为语言的结构为我们打下了基础，人类才会发明出数字序列，并且认识到数字的含义和它们在序列中所处的位置有关。从这个角度看，句法是我们认识数词含义的基础，关于句法的训练让我们认识到，符号的含义与符号在序列中出现的顺序有关。[17]

作为一个物种，人类究竟是怎样从“抓住”（“抓住”这个词具有双关含义）几个简单的数字发展到能对数字进行许多高级操作的？隐喻思维和句法等因素能够帮助我们理解这一过程。它们能在一定程度上解释人类如何以原始计数数字为基础发展出高级的算术过程。然而，需要澄清的一点是，我并不认为这些因素在所有文化中都必须存在，也不认为人类在发明数字以后，必须运用这些因素进一步发展数字系统。如果有人说“人类能够发明数字是因为我们有手指，又因为我们有隐喻的思维方法，因为我们有语言，因为我们有这个那个，于是我们最终发明出了微积分基本定理”，那这种说法显然是不准确的。不同的文化在基础算术方面的成就显著不同，而在更高级的数学系统方面，这种差距就更明显了。这种现象说明，在人类把数字发展到数学的过程中，有许多因素在共同作用，而这些因素会因社会条件的不同而不同。我们在此讨论的这些因素显然在人类数学思维的发展过程中起到了普遍而关键的作用。

—— 人脑中的数字 ——

按照其他灵长目动物的脑容量与体格的比率来算，人类的实际脑容量比预期脑容量大了好几倍。大脑皮质占整个人脑质量的 80% 左右。大脑皮质是一层层混乱地折叠在一起的灰色物质，它的厚度约为 2~4 厘米。大脑皮质可以分为两个“半球”和四个主要的“叶”。根据某些专家的估计，大脑皮层中共有 21 000 000 000~26 000 000 000 个神经元，所有人类独有的思维形式都是拜这些神经元所赐。过去几十年间，科学家对我们的大脑进行了广泛的研究，探索了一系列各种各样的问题，包括我们的数字认知过程在神经生理学上是如何发生的。脑成像研究已经发现了人类大部分数字思维在大脑皮层中的活动位置。人脑的额皮质特别发达，这是人类与其他物种相比的一个独有特点，然而我们的大部分数字思维并非发生于额皮质之中。人类的大部分基础数字推理思维发生于人脑中“顶内沟”这个部分中，在第 4 章中读者应该已经见过这个词了。在第 4 章的讨论中我们提到，人类的先天数字感觉似乎主要存在于顶内沟中。[18]

我们已经知道，人类的先天数字感觉和其他灵长目动物的先天数字感觉并没有太大差别。因此，我们的大部分数字思维发生于一个其他灵长目动物也具有的脑区域中，似乎也在情理之中。事实上，大脑显像研究显示，当猴子完成与数字有关的实验任务时（比如判断两组点是否代表不同的数量），它们脑内的顶内沟区域也会活跃起来。此外，研究者还观察到，当实验任务中出现特定数量的时候，猴子顶内沟中特定的神经元组合就会活跃起来。当猴子看到一件物品时，它们脑内某一组神经元则会发射刺激信号。而当猴子看到两件物品的时候，另一组神经元则会发射刺激信号。每个数量对应的神经元组合都是可预测的。[19]

关于人脑的大量实验均显示，人类完成许多数字处理任务时，人脑两个半球的顶内沟都会发射信号。大脑显像研究常常使用“功能性核磁共振”这项技术。在这些研究中，研究者一边让实验对象完成和数字推理有关的实验任务，一边用功能性核磁共振技术监测其脑部活动。神经科学家发现，在完成数字推理任务的时候，人脑的大部分活动都发生于顶内沟的一个特殊区域内。这个位于脑沟中的水平横条状区域被称为水平顶内沟。一系列脑成像实验显示，当人类感知到可区分的数量时，水平顶内沟区域就会被点亮。例如，如果研究者向你出示一组特定数量的点，你脑内的水平顶内沟区域就会活跃起来；或者，如果研究者要求你区分两组物品的数量是否相等，你脑内的水平顶内沟区域也会活跃起来。不管是看到一定数量的点或者数字时，还是听到数词时，水平顶内沟区域都会发射信号。也就是说，不仅一组物品这样的视觉数字信号会刺激水平顶内沟区域，其他多种类型的抽象数字思维也发生于水平顶内沟区域。此外，科学家们还发现，水平顶内沟区域的活跃程度和完成实验任务所需的数字思维的强度正相关。例如，如果研究者要求你判断 20 个点的数量是否大于 5 个点的数量，你的水平顶内沟区域的活动会较弱。而如果研究者要求你判断 20 个点的数量是否大于 17 个点的数量，那么你的水平顶内沟区域则会发生相对较强的活动。[20]

可见，神经显像学方面的数据指向的结论与我们前文提到的许多其他数据指向的结论是一致的：在数字思维方面，人类只具有比较基础和原始的神经生物学条件，许多其他物种的动物同样具有类似的硬件条件。但是，人类有能力拓展这种先天的原始数字能力，这使得人类的数学能力不再局限于精确区分小数量和模糊区分大数量。要完成这种数字思维功能上的拓展，需要大脑皮层其他部分的参与。更具体地来说，只有在人脑左半球负责语言处理的部分的帮助下，我们才能把先天的数感发展为更高级的数学功能（如对所有数量的精确区分、精确加法、精确减法等）。要完成这种数字思维能力的拓展，我们首先必须学会用语言表达数量之间的区别。这种以语言为基础的拓展过程会受到句法、隐喻等语言现象的辅助。脑成像研究的数据显示，当时实验者完成某些与数量相关的实验任务时，其大脑皮层中与语言相关的区域会活跃起来，这种现象证明了语言在数字思维拓展过程中所发挥的作用。于是，从这些脑成像学的数据中，我们可以再次得到一个早已熟悉的结论：要想在先天数感的基础上进一步发展数学思维，我们必须依赖表达数量的语言符号，即我们必须依赖数字。[21]

—— 结语 ——

在整个人类历史上，发明数字的最常见的途径是这样的：首先，有人偶然地认识到，像“五”这样的精确数量是客观存在的。这种认识导致了（或至少在某些情况下导致了）表达这些数量的词语的出现。在大部分情况下，是人类的某些身体部分使人们（或至少辅助人们）认识到了精确数量的存在，因此，人们在已有的表达这些身体部分的词语的基础上，发展出了表达精确数量的数词。这些新发明出来的数词能够精确地表达数量，而对数量的精确表达部分源自人类先天具有的基础数量感知能力。在人类发展更高级的数量感知能力的过程中，我们的手和手指发挥了关键性的作用。而它们之所以可以发挥这样的作用，一方面是因为手指在人类的认知和感觉经验中扮演着独特的角色，另一方面在于人的左右手之间天生具有对称性。沿着上述两点原因再往上追溯，我们发现数字发明的非直接根源是人类的双足行走特征。在许多情况下，人类都会通过具身思维的方式来理解自身的认知经验，而数字的发明正是具身认知的一个重要例子。

然而，基本数字——原始计数词语的发明仅仅是故事的开始。在使用这些数词的过程中，人类与数量推理相关的神经生物学功能得到了拓展。虽然目前我们尚不能完全理解这种拓展的机制，但是我们知道，这种拓展在很大程度上依赖于口语数词的存在。在算术体系的构建过程中，其他语言现象也起到了辅助性作用，这些语言现象包括隐喻以及句法规则。不过，这个算术体系的基础还是口语中的数字。

数字是人类的思维创造出来的工具，在人类历史上产生了极为深刻的影响。数字改变了我们对数量的理解方式。不过，数字工具对人类的影响不仅表现在认知领域，它们还通过其他一些途径塑造了人类的生活经验。在接下来的章节中，我们将讨论数字对我们日常生活的其他方面的塑造。

第9章 数字与文化：符号与人类的生计

胡夫金字塔是位于吉萨高原上最大的一座金字塔。在胡夫金字塔的顶端，古埃及人的数学“魔法”就那样明白地呈现在太阳底下。当你爬到胡夫金字塔的顶部时，你会发现这个方形的顶部广场仅能让一个人勉强容身（虽然从四周散落的烟头来看，实际上曾有许多人登顶后在这里乘过凉），四下望去是数百万吨风化的石灰岩，金字塔的四壁以极为陡峭的角度从这里伸向地面。如果你能克服对高度的恐惧从金字塔的顶端向下望去，你将被这几面由方形石块垒成的同轴石壁在几何上呈现的惊人的对称性所震撼。胡夫金字塔的垂直高度为139米，越接近地面的地方，方形石块的体积就越大。与金字塔顶端的迷你广场相比，金字塔的底部是一个巨大的正方形，每边长度大概是230米。有趣的是，金字塔底面的周长正好等于金字塔原始高度的2倍乘以圆周率 π。[1] 这种对应关系究竟是古埃及人故意为之，还是由于金字塔整体对称性和精确结构的巧合，目前学者尚有争议。但无可争辩的是，胡夫金字塔是古代建筑师和工匠的一项伟大成就，它代表着人类文明史上一项不朽的奇迹。在长达 4 000 年的时间里，胡夫金字塔一直是世界上最高的人造建筑，直到 1311 年英格兰的林肯大教堂完工，这项纪录才被打破。胡夫金字塔是埃及法老胡夫的陵墓，完工于约公元前 2540 年。这座建筑的历史是如此悠久，从它第一次成为旅游胜地到今天已经过去了几千年。和许多人类历史上的其他伟大的纪念碑、陵墓、建筑一样，胡夫金字塔的建造需要当时埃及人口的很大一部分付出长时间的集中劳动才可能完成。建成之后，胡夫金字塔成为古埃及文明的核心象征，它将神话概念具象化，并使许多精神价值愈加强化和稳固。胡夫金字塔和许多其他金字塔的建成形塑了埃及人的生活方式。甚至在金字塔建成 4 500 多年以后的今天，它仍然在许多现代埃及人的生活中扮演着重要角色，以金字塔为核心的旅游业是许多现代埃及人谋生的手段。

我们不难想象，如果没有数字和数学工具的辅助，不仅胡夫金字塔不可能建成，过去几千年中的许多其他人类文明的成就也都不可能存在。在人类文明的历史上，许多集体性质的文化促成了像金字塔这样的巨大建筑工程，而这些建筑工程又反过来对这些文化起到了塑造性的影响，这一过程是一种物质和社会的回馈循环，而所有这一切都离不开数学工具的辅助。人类文明的许多物质文化成就（比如胡夫金字塔和其他数不清的古代建筑）都不可能脱离数学工具而存在，相信没有人会否认这一点。在本章中，我们将讨论数字工具对大部分文化中人们的日常生活的塑造作用，并探索这种塑造作用是如何发生的。除了胡夫金字塔的例子以外，数字工具还以其他一些不那么显眼但更加普遍的方式影响着人们的生活，许多物质文化成果和符号文化成果都是人们通过数字创造出来的，或者是以数字的存在为先决条件而出现的。人们早就知道，数学是许多人类文明成果的关键前提，没有数学就不会有建筑，不会有工业化，不会有医药和科学方面的种种成果。尽管人们普遍承认数学的重要性，但我们对数学的看法无疑反映出一种比较短视的历史观点，因为我们通常只关注西方数学比较近期的发展和成就，以及这些成就导致的各种科学和技术方面的创新。而在本章中，我将主要关注古代数学，我们将看到，数字不仅是高级数学系统的基础，还是许多重塑人类经验的文化成就的基石。也许数字最重要的贡献在于，它促成了农耕技术的革命以及与之相关的书写系统的发明——当然这发生在在世界上的不同地方和历史上的不同时间点。不管是在美索不达米亚地区、中国，还是在中美洲，都是先有农耕技术的革命，然后才出现精细的数学系统。这是因为，农耕技术的革命给人类带来了富余的粮食，在这样的物质基础上，才可能出现受过数学训练的特殊阶层。人类总是先有数字系统，然后才发展出较高级的农业技术并发明书写系统，最后创造出较先进的数学系统，这样的顺序并非偶然。从一种非常现实的角度来看，数字系统是大型文明存在的先决条件，没有数字系统，就不可能存在能建出胡夫金字塔的大型文明。当然，这并不是说较精细的数字系统一定能催生出农业技术革命和书写系统。数字系统是后两种文化现象出现的必要条件，而非充分条件。接下来，我将列举一些证据来支持这一观点。

—— 数字与生计 ——

我们都会用一些习得的共同信念、价值观，以及我们从其他人那里继承来的工具过滤我们的生活经验，这种过滤行为常常是无意识的。

也就是说，我们以自己所处的文化过滤着我们的生活经验。这种过滤过程以这样或那样的方式影响着我们生活的几乎每一个方面。婚姻的意义是什么？这个问题的答案显然取决于你所处的文化环境。在某些文化中，婚姻意味着你可以拥有好几位伴侣，而在另一些文化中，每个人只能在婚姻中拥有一位伴侣。在一些文化中，婚姻是一份终生的合约，而在另一些文化中却并非如此。我个人曾有幸接触过各种各样不同的文化。在这些文化中，我见证了许多丰富多彩的婚姻形式：我见过两个 12 岁的少男少女结为夫妇，我见过一位 11 岁的女孩和一位 40 岁的男性结为夫妇，我见过一个男人和数位女性结成夫妇，我见过两位 50 多岁的女性结为同性伴侣。当然，除此之外还存在许多其他种类的婚姻形式。在以上所有的例子中，当地文化中的人们都觉得这样的婚姻安排非常正常，但显然，在世界上的许多其他社会中，上述联姻可能会被认为极不合适。上述现象说明的问题之一是，在世界各地的不同文化中，人们对"童年"概念的界定具有很大差异。文化以各种各样的形式构建了我们的社会生活，对于这一点，在此我不想再做赘述。不过，如果文化能够对"童年"和"婚姻"这样的复杂概念下定义，显然它就能够影响到我们生活的几乎所有方面。在前文中我已经提到，文化的语言元素影响我们生活的许多方面：从我们如何理解空间和时间的概念，到我们如何区分不同的色彩种类，有时文化对我们的这种影响虽然微妙但却隽永。简而言之，从许多方面来看，我们的认知经验和行为经验都受到许多文化因素的影响。这些文化因素包括特定族群中的人们所使用的数字系统。

正如我们在前文中已经看到的那样，描述数量的词语赋予了我们基础的数量识别技能，也影响着我们的基础数字思维能力。获得基础的数量识别能力后，我们会在此基础上继续发展，最终创造出算术系统。基础的数量识别能力和算术系统能促成（或至少辅助促成了）一些相关的文化变化，例如与生计相关的文化变化。而这些文化变化又会反过来对文化中的成员产生某种压力，促使他们将数词词库进一步发展为精细的算术系统。换言之，数字和文化的一些非语言方面之间似乎存在着一种共生关系。在一代又一代人的发展过程中，数字影响着文化的这些非语言方面，文化的这些非语言方面又反过来影响着数字。当学者们研究世界各地文化中文化行为元素和数字语言之间的关系时，他们发现了一些支持这种共生关系存在的证据。

从跨文化研究的角度来看，数字最迷人的特点之一就是它们在不同文化中各有变化，千差万别。这一点在本书之前列举的各种研究成果中已经有很明显的表现。值得注意的是，在世界上的各种语言中，大部分其他方面的词语在意思上并没有数字这么大的跨文化差别。以描述颜色的词语为例，虽然不同语言对颜色的分类确实有差别，但这种差别仅表现为基础颜色类别的不同。在不同的语言中，描述基本颜色种类的词语通常在 3~11 个不等。描述基本情绪种类或基本味觉种类的词语也有类似的跨文化区别，描述许多其他种类的概念的词语同样如此。然而，在表达数量概念时，不同文化的语言之间出现了更大的区别，在究竟包含多少个描述数量的词语这一点上，语言之间的差距极为巨大。当然，不同的语言在表达数字概念的时候仍有一些共同的结构性规律，数词的意义也面临着一些共同的限制条件。虽然不同语言中数词的数量存在巨大的差别，但可被命名的数量实际上有无数个，因此，在大部分情况下，人们可以直接翻译不同语言中相应的数词。不管在什么样的语言中，表达数量 6 的词语都精确地指代 6 件物品，这是由定义决定的。因为实体物品的数量是离散而非连续的。而和数量概念不同的是，颜色的概念是连续的，所有颜色都在一条可见光的光谱上毫无缝隙地连在一起。在这一因素和其他因素的共同作用下，不同语言中指代颜色的词语所描述的颜色范围之间存在着一定的差异（参见本书第 1 章），因为不同语言分割可见光的光谱的方式会略有不同（虽然这种分割的方式也面临一些共同的限制）。而和表达颜色的词语不同，不管在哪种语言中，数词“五”的含义都是基本一致的。

然而，在不同的文化中，口语中的数词能指代的数量范围却极为不同，因此，对数字系统和其他文化因素之间的关系进行研究就变得尤为重要。在过去的这些年中，许多研究者都对这种文化和数字之间的关系进行了探索。在此，我们要讨论其中最重要的一项结果：研究显示，数字系统的形式和人类的生计策略之间存在着一定的关系。近期的一些研究显示，狩猎—采集的生计策略与简单数字系统（这些文化中的数字系统有时极为简单，我们几乎可以说这些文化中不存在数字系统）之间明显相互联系，而更高级的数字系统则常常伴随着农耕的生计策略。[2]

最近，在得克萨斯大学语言学家佩兴丝·埃普斯的带领下，一个语言学家团队详细研究并记录了世界上许多语言中数字系统的复杂性。在研究中，研究者尤其关注各种语言中数词的上限，即能用数字命名的最大数量。在某些语言中，要找到数字的上限并不容易。比如，巴尔第语就是一个这样的例子。巴尔第语是一种澳大利亚原住民语言，在这种语言中，存在表示数量 1~3 的数词，但是表示数量 4 的数词就不是很清楚了，因为在表示数量 4 时，当地人会把表示数量 2 的词语重复两次（正如我们在第 8 章中已经提到的那样，在澳大利亚的各种原住民语言中，表示数量 4 的数词常常由表示更小数量的数词组合而来）。此外，语言学家还发现，在巴尔第语中，ni-marla（手）可能用来表示数量 5 ，然而只有一部分说巴尔第语的人使用这种用法。关于数词的这一特例向我们展示了语言学家在建立某一特定数字系统的数词上限时可能遇到的一些困难。当然，在大部分情形下，寻找一种语言中的数词上限是相对简单的，语言学家只要把所有数词按升序排列，直到排不下去就可以了。在这项研究中，佩兴丝·埃普斯带领的语言学家团队共发现了 193 个以狩猎—采集为生的族群的数词上限，这 193 种文化在地理上分布于澳大利亚、亚马孙地区、非洲及北美地区。此外，这个团队还发现了 204 个以农耕或畜牧业为生的族群的数词上限，这 204 种文化也分布在上述区域中。研究的结果显示，在狩猎—采集文化中，数词的上限通常较低。这一规律在澳大利亚和亚马孙地区表现得尤为突出，而这两个区域的许多族群采用的是所谓纯粹狩猎—采集的生计策略。在本书的第 3 章中，我们已经提到，在澳大利亚和亚马孙地区，许多语言中都只有非常有限的数字系统，现在，我们可以把这种情况与文化因素联系起来了。[3]

上述研究发现，在澳大利亚的各种原住民语言中，有超过 80% 的语言只具有相当有限的数字系统，在这些语言中，数词能够表达的最大数量仅为 3 或 4 。[4] 在澳大利亚所有的原住民语言中，研究者只发现一种语言能精确表达超过 10 的数量，这种语言叫作卡密拉瑞语，它的数词的上限是 20 。我们知道，所有的澳大利亚原住民族群从传统上来看都是以狩猎和采集为生的，因此在这个区域中，有限的数字系统和人们采取的生计策略之间的关系非常符合我们在上一段中提出的规律。在南美洲，尤其是南美洲的亚马孙地区，数字系统和生计方式之间也显示出很强的相关性。在这个区域内的狩猎—采集文化中，语言的数词上限通常都不超过 10 。在南美洲所有狩猎—采集文化的语言中，研究者只发现一种数词上限超过 20 的语言——华欧拉尼语。在南美的各种狩猎—采集文化中，约有 2/3 的语言数词上限为 5 或 5 以下，剩下 1/3 的语言数词上限为 10 。非洲的情况与南美洲类似。在非洲的所有狩猎—采集文化中，有 2/3 的语言数词上限为 10 或 10 以下。在这些文化中拥有极有限的数字系统的语言在所有语言中占相当大的比例，这一比例远远超过了从一组随机的文化样本中所能得到的比例。简而言之，在上述这几个区域中，人们采用的基本生计策略和他们数字系统的复杂度之间呈现出很强的相关性。

上述研究结果虽然非常有用，但却存在着一个比较严重的问题：研究者对所有文化的生计策略做了极为简单的分类处理：要么是狩猎—采集策略，要么是非狩猎—采集策略，不存在第三种类别。当然，为了完成上述大规模的调查工作，这种简单的二分策略是必要的。但在解读上述研究成果的时候，我们应该注意到，事实上人类的各种生计策略之间还存在一些上述分类方法无法概括的、更为本质的区别。比如，在所谓的狩猎—采集族群中，不同的族群进行的狩猎活动的种类可能大不一样，这些族群通过狩猎活动获取热量的方式也存在很大的区别。毕竟，在澳大利亚、亚马孙地区，以及世界上的其他地方，不同的狩猎—采集族群生活在截然不同的生态环境之中，捕猎的动物不同，他们获得淡水的来源不同，对鱼类及其他水生生物作为热量来源的依赖程度也有所不同。此外，许多狩猎—采集族群都至少在一定程度上依赖砍烧耕种法，即便他们不在焚烧过的区域定居耕种也是如此。最后，许多狩猎—采集族群都处在某种更大规模的社会网络之中，而这些社会网络的性质可能存在极大的区别。亚马孙地区的某些狩猎—采集族群几乎不与外界进行交流接触。事实上，最新的卫星图像技术发现，亚马孙地区存在若干完全与世隔绝的原住民族群。与之不同的是，在美洲西南部大盆地地区（埃普斯团队着重研究的一个区域），大部分狩猎—采集族群早就与外界产生了相对密切的联系，这种联系既表现为狩猎—采集族群之间的联系，也表现为狩猎—采集族群与外部更大的社区之间的联系。一旦与外界产生联系，这些族群就会进行更多的贸易活动，从而产生对商品进行估价的需求。在这种情况下，数词就变得更加有用了；同时，更密切的社会联系还使得这些族群更可能从其他文化中借用数词。总的来说，不同的狩猎—采集文化有着截然不同的社会文化压力，因此他们发展数字系统的动力也有所不同。而在埃普斯团队的研究中，研究者把上述所有文化统称为狩猎—采集文化，虽然这样的分类方式可以理解，但显然掩盖了不同文化种类之间的一些重要区别。在搞清楚这一点后，我们就不难理解为什么北美地区的狩猎—采集族群的数字系统比亚马孙地区的狩猎—采集族群的更加高级。[5]

虽然上述研究在对不同人类族群的分类方面有一些局限，但从这项研究中我们仍然可以清楚地看出：不同族群所采取的生计策略和他们的数字系统的复杂度之间具有明显的相关性。以狩猎和采集为生的族群通常不会用到耕种或其他复杂的农业技术，因此他们很可能只使用非常简单的数字系统。在这里，我必须特别强调上一句中的“很可能”三个字，因为在这方面存在一些特例，有些社会虽然不使用农业技术，但他们的语言却拥有相对较高的数词上限。而在另一些社会中，虽然人们掌握了基础的农耕技术，但他们语言中的数词上限却很低（如本书第 5 章中讨论过的蒙杜鲁库人）。然而，不管是现在，还是在有记录可查的历史中，从来没有任何一个大型的农业社会没有精细的数字系统。不过，我仍然必须强调，数字系统的复杂度和族群所采取的生计策略之间并没有决定性的关系，上限较高的数字系统并不一定会导致农业技术的发明。在这部分讨论中，我想表达的观点是：高级数字系统是（且曾经是）帮助人们发明农业技术的一个重要因素。我们的最终结论是：数字系统和人类的生计方式之间存在共同演化、相互依赖的关系，因为不仅数字系统会影响人们的生计策略，某些形式的生计策略（比如定居耕种）也会向人们施加压力，促使人们发展出更加精细的数字系统。

上述结论不仅能够帮助我们理解人类的现在，还能够帮助我们理解整个人类历史。毕竟，在人类存在的大部分时间中，我们是在非洲大陆上以狩猎和采集为生的，我们既没有精细的农业技术，也没有复杂的贸易网络。从现今世界上的文化与数字系统之间的关系中，我们可以推导出一个结论：在人类历史上的绝大部分时间中，人类并没有复杂的数字系统。此外，我们还可以得出另一个比较合理的结论：随着人类社会向规模更大的定居农耕社会或贸易社会转型，许多族群的人都有了发展更高级的数字系统的动力。事实上，我们在第 2 章中讨论文字的发明过程时，就已经谈到这种转型过程。书面数字以及更广泛的文字首次产生于新月沃土地区（两河流域）。这一地区发生了农业技术的革命之后，文字活动出现。当时，新月沃土上的人们逐渐发展起规模更大的农场，随着生活越来越依赖于各种农业技术，他们急需发明新的工具和技术，以精确记录各种农产品的数量。例如，这里的人们需要清点库存的小麦、大麦以及小米的数量；同时，随着农业以及与农业相关的制造业的发展，贸易需求随之产生，人们需要记录各种农产品以及其他商品交易的数量。上述需求所带来的压力最终使人们发明了书面数字符号以及其他书面符号，我们在第 2 章中讨论过的以陶土标记物为基础的数字系统就是这样产生的。当人们发明了数字符号，这种新的工具又催生了新的农业活动和贸易形式，这些活动要求人们以更精确的方式来区分和表示数量。因此，上述美索不达米亚地区的例子能够清楚地解释如今世界上为什么会存在生计策略与数字系统复杂度之间的相关性。规模较大的农业经济或以贸易为基础的经济要求人们必须掌握比较高级的数字系统，否则社会无法正常运转。和书面数字符号一样，较高的数字上限符合农业和贸易活动的需求，因为只有拥有较高的数字上限，人们才能对这些活动中涉及的数量进行精确的区分。

如果没有精细的数字系统，即使是一些看起来十分简单的农业活动也不可能存在。依据调研得来的大量证据，我们可以比较确定地判断：如果人类没有较高的数字上限，农业革命就不可能发生。正如我们在之前的章节中讨论过的那样，人们需要数字工具的辅助才能对大部分数量进行精确的区分。因此，人类显然需要数词以及其他一些数字工具的辅助，才能够追踪月运周期、天文周期以及其他基础环境因素，而追踪这些环境因素对大部分农业技术的发展而言都极为关键。正因如此，在世界上的不同地区（如中美洲地区和美索不达米亚地区）发现的许多人类早期的数字记录似乎都是在追踪季节和天文周期。如果没有以数字为基础的精确历法，人类就不可能追踪一些精细的天体规律——例如在每年的不同时候，太阳会出现在天空的不同位置上。人类发明了数字工具，然后人类以从未有过的方式来使用这套工具，还可以不断发展这套工具去满足一些之前完全没有预想到的需求。例如，有了数字这套工具，人类就可以追踪春分和冬至的时间点，而这两个时间点对农业活动有着至关重要的影响。有了上限较高的数字系统，苏美尔人和其他一些地区的人们就可以精确地清点大麦的数量，或者精确计算谷物的库存能否满足过冬的需求。而在没有数字工具的情况下，上述这些任务根本不可能完成。在本书前面的章节中，我们已经列举了许多近期的实验结果，这些结果表明，在没有数字工具的情况下，人类确实无法完成精确计数的任务。所以，我们可以得出这样的结论：是数字工具使得农业活动成为可能，而农业活动的发展最终催生了规模更大、居住地点更为固定的社会。社会规模的扩大令更多讲同一种语言的人得以分享他们的思维成果，新的数字工具得以以更快的速度传播。

当新月沃土上发生农业革命的时候，数字这一工具也快速地传播和扩散开来，然而数字工具的传播并不仅仅是发生于古代的历史现象。事实上，直到今天，数字系统的传播仍在改变着人们的生活方式，这种传播的活跃程度并不亚于人类历史上的任何一个时期。在我们生活的这个时代，仍然存在各种各样的社会文化压力，这些压力促使人们对已有数字系统进行改进，或者促使人们引进新的数字系统。为了说明这一点，我要举出我的一位好朋友的例子，我的这位朋友是原住民族群卡利吉亚纳人的一员。为了保护他的隐私，在这里我称呼他为“保罗”。卡利吉亚纳人生活在亚马孙地区的西南部，整个卡利吉亚纳族群只有约 350 位原住民。卡利吉亚纳族群的大部分成员生活在一个保护区中，该保护区距离高速发展的巴西城市波多韦柳大约有 90 千米远（陆路距离）。然而，现在越来越多的卡利吉亚纳人也会去波多韦柳生活。在 20 世纪八九十年代，我的朋友保罗在卡利吉亚纳保护区最大的村庄里度过了童年的大部分时光。从某个角度来看，保罗成长的环境相当奇特：他虽然生活在丛林之中，但这片丛林却像孤岛一样被巴西的公路和农场所包围。在卡利吉亚纳村落中生活的时候，保罗学会了卡利吉亚纳语言中的数字（参见本书第 3 章），但他也同时接触过葡萄牙语中的口语数词以及葡萄牙语中的书面数字。事实上，几乎所有保罗这一代卡利吉亚纳人都具有这样的教育背景。虽然一部分卡利吉亚纳人决定去波多韦柳谋生，但仍有许多卡利吉亚纳人选择留在保护区中以他们的传统方式继续生活。至少，在那个时候，这种生活方式是可行的，卡利吉亚纳人的传统生计策略，例如狩猎、采集及园艺，能够现实地供给他们的生活所需。然而，如今卡利吉亚纳人要继续保持他们传统的生活方式已变得越来越不现实。在他们生活的地方不远处，有一座大型水电站，这种情况影响了当地的渔业资源。此外，随着当地巴西人口的增长，本属于卡利吉亚纳人的土地被不断侵占。这些情况导致卡利吉亚纳保护区内可供他们食用的猎物和鱼类都变得越来越少。因此，虽然这座丛林孤岛仍有其独特的魅力和效用，但是许多卡利吉亚纳人感到，出于生存需要，他们不得不去当地的巴西经济环境中寻找就业机会。我的朋友保罗也面临着这样的情况。他在巴西的一所学校里学习了一段时间，也接受了一定程度的高等教育，目前他在一家政府机构工作。当然，要做到以上这些事情，保罗必须学习葡萄牙语的语法和文字。此外，他还必须学会数字和数学。简而言之，保罗所面临的巨大社会经济压力使得他必须掌握另一种文化中的数字系统。

当今世界上，有数千万濒危语种的使用者都面临着和保罗相似的社会经济压力，在这种社会经济压力的作用下，他们不得不去学习和掌握其他文化的数字系统。某些估计显示，在目前现存的 7 000 种人类语言中，超过 90% 的语言都在一定程度上面临灭绝的威胁。这些语言之所以会面临灭绝的危险，主要是因为许多像保罗这样的年轻人逐渐融入其他民族国家的生活环境，也越来越熟练地掌握其他在经济上更有优势的语言。和这些以狩猎、采集、园艺等活动为生的小规模族群自己的语言相比，在经济上具有优势的语言（主要是欧洲的各种语言）的数字系统和数学系统通常更精细。从新几内亚到澳大利亚，再到亚马孙地区和世界上的许多其他地方，许多人群都正在经历着一个数学化的过程。为了更好地生存和竞争，许多原住民不得不与当地的统治民族国家发生越来越紧密的接触。而与这些民族国家的文化发生长时间的接触以后，这些原住民通常都会掌握对方文化中的复杂数字系统。虽然这样的情况目前只是地区性的，但这种情况却揭示出一种已经存在了几千年的文化现象：一种文化可以对另一种文化产生强大的压力，迫使后一种文化中的人们必须引入数字系统和其他数字技术。数字工具的产生会导致文化上的变化（如对农业活动越来越依赖），但文化上的变化也同样会反过来促使人们掌握新的数字工具。行为文化和数字系统之间具有这种协同共生的关系，它们共同形成了一个互相反馈的循环。文化上的变化常常要求人们掌握新的数字工具，而新的数字工具又反过来促进了新的文化活动的发生，接着，新的文化活动再次要求人们掌握更精细的数字工具，如此循环往复。

—— 某些数字系统被忽视的优势 ——

在前文中我曾经提到，更高级的数字系统能为人类带来一些潜在的优势（比如农业技术的发展）。但是我必须强调的一点是，采用这些更高级的数字系统并不完全等同于文化和语言上的“进化”。在 19 世纪和 20 世纪初，许多语言学家和人类学家持有一种错误的学术观点，他们认为欧洲的语言和文化处于人类社会的一种更高级的进化阶段。欧洲殖民者也持有类似的错误观点，他们常常认为西方文化是整个人类社会文明的顶点。如今，这样的观点早已不再流行，导致这一变化的部分原因在于，大量实地研究证明上述观点是错误的。比如，许多在美洲大陆登陆的欧洲人曾认为美洲原住民的语言是非常原始的，他们相信这些美洲语言缺乏现代英语或古典英语中存在的那些精妙的语法现象。虽然一些普通民众可能至今还持有这种过时的观念，但早在

20 世纪初，弗兰茨 · 博厄斯（Franz Boas）、爱德华 · 萨皮尔（Edward Sapir）等人类语言学家就已经在学术圈中澄清了这种错误观点。这些人类语言学家通过研究揭示，这些所谓的原始语言中实际上存在许多印欧语言里没有的复杂语法现象。当然，这样的研究成果也并不说明这些语言比欧洲语言更加复杂。语言学家普遍达成这样的共识：我们无法以任何客观的标准对各种语言根据复杂程度进行排序。此外，由于语言学家们普遍同意，所有人类语言最终都可以被追溯为起源于非洲，因此我们没有任何理由声称某些人类语言比另一些人类语言的进化程度更高。

了解上述知识后，我们就不应该在数字系统方面再犯相同的错误。显然，不同语言中数字系统的精细程度确实有所不同，有些语言中数词的数量更大。然而，我们并不能因此断言数词更多的语言就比其他语言的复杂度更高，也不能说讲这些语言的人在社会和文化方面比讲其他语言的人更加先进和高级。不过，这种数字系统方面的区别确实说明，说这些语言的人掌握了更多的数字工具，而这些数字工具能够辅助他们进行某些种类的活动——在这一点上应该不存在什么争议。但是，这种数字系统方面的差别并不意味着我们应该把各种文化按照现代化的程度进行简单的排序，任何一个族群的人也不需要为自己族群是否足够“现代”或足够“高级”而担忧。卡利吉亚纳人的例子告诉我们，对于许多族群的人来说，引入其他文化的数字系统并非出于自愿。然而有趣的是，即使有引进更精确数字系统的压力，有些族群的人仍然对学习使用更多数词表现得毫无兴趣。我们在前文中提到的毗拉哈人就显然并不想引进更精确的数字系统，事实上他们对巴西文化的许多方面都比较抗拒。但是，这种现象是否说明毗拉哈文化是一种不够高级的文化呢？这个问题的答案取决于我们如何定义“高级”一词，如果我们抱有一种欧洲中心论的观点，那么显然上述问题的答案是肯定的。然而，毗拉哈人似乎有意识地决心保持他们自己的文化，并且对他们的这种选择感到相当满意。毗拉哈人具有自己的优越感，他们并不认为自己的文化比外界的其他文化更低等或者更原始。毗拉哈人对自己的文化血统十分自豪，因为这种文化帮助他们很好地适应了周围的环境，并在亚马孙地区成功生存了几千年之久。[6]

在判断一种语言的复杂程度时，传统的欧洲中心论观点将所有的原住民语言默认为比较原始。这种错误的态度不仅导致语言学家低估了某些语言的语法复杂度，也令学者们低估了某些语言中数字系统的复杂程度。例如，他们会认为，如果某种数字系统不是以十进制为基础的，那么就肯定复杂程度较低；如果某个文化中没有文字系统，那么他们的数字系统也一定是复杂程度较低。现在学者们已经开始认识到，某些原住民所使用的数字系统在进行特定的数学任务时具有一些欧洲的数字系统所不具有的特殊优势。例如，认知科学家安德烈娅·本德（Andrea Bender）和西格哈德·贝莱（Sieghard Beller）的研究成果使许多学者开始理解和欣赏一些神秘的数字系统的魅力。在过去 10 年中，本德和贝莱发表了一系列有趣的学术成果，这些研究成果向我们揭示，太平洋岛屿上原住民的数字系统事实上具有一些此前不为人知的优势。他们的研究结果显示，某些原住民数字系统的复杂和美妙常常被西方世界低估和忽视。[7]

在第 3 章中，我们曾提到，虽然大部分语言中的口语数字系统都是以人体部分为基础的，但也存在一些不以人体部分为基础的数字系统。例如，新几内亚地区存在一些以六进制为基础的数字系统，这些数字系统并非源自人体部分，而是源自当地人储存甘薯时所采用的一种常见的摆放规则。许多不熟悉这些数字系统的人都会认为，这样的数字系统简单而原始，因为其只适用于对某些特定的物品进行计数，无法进一步抽象化，也无法对所有可数物品进行无差别的计数。确实，在某些语言中，他们的数字或者与数字有关的词语只适用于某些特殊的环境中。例如，在巴厘语和其他一些语言中（包括一些澳大利亚南部的原住民语言），存在出生顺序名的语言现象。这些词语并不是真正的数词，而是人的名字，命名的基础是兄弟姐妹的出生顺序。例如在巴厘语中，如果某人的名字是 Ketut，那我们就可以据此判断他是家里的第四个孩子。而在澳大利亚原住民语库纳语中，一个家庭中从第一个孩子到第八个孩子的名字中都会出现与出生顺序相关的特殊词尾。[8] 这些词虽然与数字有关，但仅仅被用在人名之中，因此从抽象化的程度上来看，这些词还不是真正意义上的数词。然而，在某些情况下，虽然一个数字系统中可能存在仅适用于特殊物品的计数词语，但我们并不能就此判定这种数字系统不够抽象，或者效率较低。事实上，本德和贝莱针对波利尼亚语言的研究显示，某些数字系统中虽然包含仅适用于特殊物品的计数词语，但是这些计数词语却能为说这些语言的人提供认知方面的明显优势。

在法属波利尼亚的一个名为芒加勒瓦的岛屿上，当地人曾经使用这样一种语言：这种语言中存在多种不同的数词序列，每一套数词专用于一种物品的计数。例如，数面包果的时候要用一套数词，数露兜树果（露兜树是一种类似棕榈树的植物）的时候要用另一套数词，数八爪鱼的时候又要再换一套数词。在外人看来，这样的数字系统可能是非常原始或低级的，因为它缺乏一套可以用于对所有可数物品进行计数的抽象数字。然而有趣的是，芒加勒瓦语事实上是从原始南岛语发展而来的，而原始南岛语中存在统一的十进制数字系统，可对任何物品进行计数。因此，我们可以知道，芒加勒瓦语中的数字系统以及波利尼亚地区其他一些相关语言中的数字系统，事实上是由我们认为更高级的十进制数字系统发展而来的。因此，认为芒加勒瓦数字系统代表着一种较原始、较简单的数字发展阶段的看法显然无法成立。芒加勒瓦岛屿上的数字系统的发展过程之所以会与我们直觉完全相反，很可能是因为对不同物品使用不同的数词序列能够在某些情况下提高当地人的心算速度。在没有文字系统的情况下，这样的数字系统或可帮助当地人更省力地完成某些数学任务。

事实上，在这些用来对特定种类的物品进行计数的数词之外，芒加勒瓦人还有一套主要的数字系统。这套主要的数字系统是以十进制为基础的。也就是说，在这套十进制数字基础的框架之上，为了更高效地对某些种类的物品进行计数，芒加勒瓦人又发明了若干套其他数词序列。这些主要数字系统之外的其他数词序列以微妙的方式互相联系。比如，tauga 一词可以表示 1、2、4、8 个物品，其具体意思取决于计数对象究竟是何种物品。在 tauga 一词的几种用法之间，显然存在一种二进制的关系，因为 2×2=4，而 4×2=8。但是，在芒加勒瓦人的计数系统中，显然还存在着原始南岛语遗留下来的十进制特征，因为对 tauga 一词是以十进制方式进行计数的。也就是说，芒加勒瓦人可以清点 taugas[①] 的数量，而在数 taugas 的数量时，他们使用的是十进制基础。于是，比如，paua 一词可以表示数量 20、40 或者 80，其具体意思取决于被计数的对象究竟是何种物品。也就是说，paua 一词其实表示 10 个 taugas，而每个 tauga 的具体数值视计数对象的种类而不同——tauga 的数量可以以二进制的方式变化。因此，最终，在清点不同的物品时，paua 一词可以指代数量 10×2、10×4 或 10×8。

① taugas 是 tauga 的复数形式。——译者注。

也就是说，从本质上来看，芒加勒瓦人在计数的时候是把不同的物品分成 2 个一组、4 个一组或者 8 个一组，然后再对组的数目进行计数。这些物品通常是芒加勒瓦文化中比较重要的物品，或是在他们的贸易网络中扮演重要角色的物品。本德和贝莱在他们的研究中指出，如果某人清点出的鱼的数目为 12 taugas ，那么他指的是 24 条鱼；而如果他清点出的椰子数目为 12 taugas，那么就是 48 个椰子。[9] 总的来说，芒加勒瓦人计数时不是直接清点单个物品，而是先把物品分成容易区别的组，再对各组物品进行清点。如果芒加勒瓦人可以预见到他们需要清点的物品正好是以 2 个一组、4 个一组或者 8 个一组的方式出现的，那么这种分组计数的策略就有一定的优势。事实上，今天当我们清点一些自然成组的物品时，我们也会使用相似的计数策略。比如，如果你请一位朋友帮你去店里购买饮料，你可能会说，我要“4 箱 6 瓶装的啤酒”，而不是说“我要 24 瓶啤酒”。在当地的生态环境中，某些特定的物品正好以特定的数量成组出现，因此芒加勒瓦人才发展出了这种视物品而变化的计数系统。

此外，在芒加勒瓦人的计数系统中，用二进制的方法将物品分组也可能具有一些潜在的优势。我们已经知道，tauga 一词所指代的具体数量都是 2 的次幂。18 世纪早期，莱布尼兹的著名工作向我们展示了以二进制为基础的计算方式所具有的优势。而本德和贝莱的研究显示，早在莱布尼兹这项工作发表前几个世纪，芒加勒瓦人已经在一定程度上发现了二进制计算的这种优势。由此我们可以看出，某些太平洋岛屿上原住民使用的计数系统虽然看似原始和不够抽象，实际上却有一些相当深刻的优点。这一学术发现向我们敲响了警钟。某些表面看来十分原始的数字系统实际上非常高效，这些数字系统能够以一些不易被发现的复杂方式满足当地人的特殊需要。

最近的研究还表明，某些非语言性质的数字系统的复杂程度此前也被低估了。在世界上的各种文化中，人们曾经使用过，并且正在继续使用各种各样的计数板和算盘等工具，对使用者而言，这些工具有一些很明显的优势。只要看过日本人如何使用算盘（日本算盘是几千年前以中国算盘为原型发展出来的），我相信很少会有人对上述结论持怀疑的态度了。大部分在西方工业社会中成长起来的儿童都不熟悉算盘，和世界大部分地区学校中使用的计算器相比，算盘似乎是一种非常原始的工具。然而事实上，算盘这种工具拥有一些计算器所不具备的认知优势。现在已有一些研究结果显示，在使用算盘的环境中成长起来的儿童会渐渐发展出一套“心理算盘”。也就是说，他们会把算盘这种工具的结构内化于脑海之中，并且能在头脑中通过算盘的虚拟图像来完成某些计算任务。在进行计算的时候，拥有这项技能的人能够在想象中拨动脑海中的算珠。近期的一些跨文化研究显示，至少在某些数学任务中，学过以算盘为基础的数学策略的人表现优于不熟悉算盘策略的人。基于这样的研究成果，目前亚洲地区的许多学校都引入了珠算课程。高效的心理算盘现象再次告诉我们，一些非西方的数字符号可能具有西方数字符号所不具有的某些清晰的优势。同时，算盘的这种优势还强调了本书的另一个重点：新的数字技术能为我们提供在脑海中处理数量的新途径和方法，而在发明或引进这些数字技术之前，人们可能根本无法预见到这些新途径和方法。这里所说的新的“数字技术”包括新的数词、新的工具（如算盘），以及新的表示数量的符号等。[10]

—— 数字“零”的故事 ——

一连串砂岩刻成的巨大脸庞刺穿了柬埔寨丛林的伞盖，凝视着密林之外的世界——这是柬埔寨的巴戎寺。这些雕像位于古代高棉王朝的都城吴哥。巨大的雕像复合体中包含几十张高达数米的脸，这些脸既像代表佛教徒慈悲之心的观世音菩萨的脸，又像高棉国王阇耶跋摩七世的脸（见图 9–1）。约 900 年前，阇耶跋摩七世是这片丛林的统治者，据说他是一位十分慈悲的君主，而巴戎寺中这个精美的雕像复合体就是奉阇耶跋摩七世的命令而建造的。在史书中，阇耶跋摩七世的形象确实非常仁慈，这部分是因为他在位期间修建了 100 多所医院，为王国的臣民提供医疗服务。离吴哥城几千米的地方就是举世闻名的吴哥窟。吴哥窟是世界上最大的宗教建筑，建成于阇耶跋摩七世的父亲在位的时期，像吉萨平原以及中美洲地区的大金字塔一样，高棉王朝的这些寺庙在人类的艺术宝殿中占有独特的地位。不管是从时间上

图 9–1　柬埔寨巴戎寺内的一张面部雕像

图片来源：作者摄。

还是从空间上来看，吴哥都是一个远离西方文明的地方。在这里，高棉王朝的人们建起了一些惊艳世界的建筑。此外，这里的柬埔寨人还建立了医院和公路的网络，并发展出了难以匹敌的灌溉系统。上述的所有成就都展现出惊人的精确性，整个吴哥建筑中表现出高度的对称性和高超的艺术技巧，让人不由得心生敬畏。

我们很容易沉醉在高棉王朝的醒目建筑之中，而忽视了这些惊人的人类文明成就中所包含的一些关键性的技术。当我们沿着巴戎寺的石墙散步时，我们未必能意识到这些技术的存在。然而事实上，这些建筑中却处处是这些技术留下的痕迹。也许，你已经猜到我说的什么技术了——口语中的数字以及书面数字。此外，在高棉王朝的建立过程中，一种特别伟大和富有创新性的数字似乎起到了辅助作用。在巴戎寺的这些佛脸雕成几个世纪之前，它就已经从印度次大陆传到了今天的柬埔寨地区，这个特别伟大的数字就是“零”。在现代的柬埔寨文化中，我们仍然能够看到这个象征“空无一物”的圆形符号，比如在柬埔寨的货币上，零的身影就随处可见。当我们在今天的柬埔寨看到这个圆形符号时，我们很可能会认为这个符号来自于西方数字系统中的零，然而实际情况和这种猜想恰恰相反。2015 年，考古学家重新发现了目前世界上已知的确定表示数字零的最古老的圆形刻符，而这个符号正是在柬埔寨被发现的。考古学家发现的这个表示零的符号事实上是一个很大的圆点，这个圆点在古代高棉数字 605 中起到了占位符的作用。这个表示零的圆点刻在一块石板上，石板上署有时间公元 683 年。石板的出土地点离我们前面提到的巴戎寺以及吴哥窟和吴哥城的其他一些遗址，只有几千米的距离。我们在第 2 章中曾经提到，玛雅人也曾发展出表示数字零的书面符号，而在印加人使用的奇普计数系统中，也有表示数字零的符号。此外，在古巴比伦的一些碑文中，我们也能看到一些与数字零有关的痕迹。但是零这个表示空无一物的圆形符号、这个我们十分熟悉和喜爱的符号、这个对许多数学运算起到关键性的辅助作用的符号，却没有被古希腊、古罗马以及许多其他古代文明的人们所掌握。事实上，在印度人于公元 5 世纪左右发明出零的符号之前，零的概念在古代世界中几乎从未被使用过。而在印度人发明零的符号以后，这一数字以较快的速度向东传播到了柬埔寨（然后又传播到了中国）。当时的柬埔寨受到包括印度教在内的印度文化的深刻影响，在引入数字零以后，高棉王朝掌握了许多数学技术。此后，数字零又通过许多新的方法影响了许多其他文化。[11]

不过，零向西方的传播就没有这么快速和高效了。虽然现在我们早已习惯用数字零作为占位符（在数学运算中，我们可以方便地使用符号零来表示“空无一物”），但是在 13 世纪之前，欧洲并不存在表示数字零的符号。公元 9 世纪，一位名为穆罕默德·阿尔·花剌子米的波斯数学家［今天我们使用的 algorithm（算法）一词就是用他的名字命名的］发表了一系列影响力巨大的重要著作。花剌子米提倡使用印度的书面数字符号系统，而这个符号系统就包括表示数字零的符号。几个世纪后，花剌子米的著作被翻译成了欧洲语言。公元 1202 年，意大利数学家比萨的李奥纳多（他更广为人知的名字是斐波那契）发表了他的名作《计算之书》（*Liber Abaci*）。在《计算之书》中，斐波那契对使用数字零的种种好处（以及使用印度数字系统的种种好处）大加赞扬，他指出，数字零可以对许多数学程序起到很好的辅助作用。虽然许多欧洲人并不太愿意接受这种东方的数字系统，但最终，数字零以及以十进制为基础的数字系统还是成功地进入了西方文化，并成为在西方文化中占统治地位的数学符号系统。我们有理由相信，数字零的引入为此后欧洲科学和技术的提高与发展做出了巨大的贡献。零是人类发明的一种书面数字符号，是一种简单的认知工具，大量的证据显示，这样一个简单的认知工具对人类的生活产生了巨大的影响——高棉人、中国人、欧洲人，以及今天世界上的绝大多数人，他们的生活都受到了数字零的巨大影响。毕竟零能够辅助人们解决许多数学问题，这意味着零能够辅助建筑学的发展，辅助科学的发展，对于技术的发展而言，零更是发挥了举足轻重的作用。虽然从文化中立的立场上来看，欧洲人所使用的包含数字零的十进制数字系统未必是一种更高级的数字系统，但这种数字系统确实为欧洲人带来了许多好处。中世纪后半叶及文艺复兴时期，欧洲文化遇到了一系列亟待解决的数学问题，而上述数字系统在事实上确实加速了这些数学问题的解决。包括古罗马人和古希腊人在内的古代欧洲人虽然掌握了精确的数学系统，但是他们的数字系统却并不包含数字零，因此，我们可以认为，表示数字零的符号并非建成大型文明的必要条件之一。然而，我们无法想象，在没有数字零的情况下，人类要怎么才能促成工业革命和技术革命的发生。

数字语言的进步（包括书面符号零的引入）使得许多语言以外的文化变化成为可能，或至少加速了这种变化。让我们来看看零的引入是怎样提高西方的数学水平的。如果没有零，我们就很难用符号来表示许多数学概念：比如负数、笛卡儿坐标系、函数图像、微积分中的极限等。而表达上述数学概念的符号又可以帮助人们发展其他的数学策略。引进数字零的符号后，欧洲发生了一系列数学革命，这恐怕并非巧合。同样，在引进了数字零和以十进制为基础的数学文字系统以后，柬埔寨的高棉王朝完成了一系列的技术创新，这恐怕也不是巧合。因此，我们知道，巴戎寺中的佛脸雕刻只是一种更大规模的现象的缩影。而这一现象我们在本书中已多次强调：人类发明的数字工具极大地影响了人类的文化，尤其是精细的物质文化；反过来，数字工具又是人类的某些特殊文化传统的产物[12]。

—— 数字是符号创新的核心：让我们再来谈谈文字 ——

在整个人类史上，文字的独立发明仅有为数不多的几次——分别发生于美索不达米亚地区、中美洲地区、中国以及埃及（关于埃及人是否曾经独立发明过文字，目前尚有争议）[13]。在上述四种文化中，最早的文字范例大都以数字为中心。例如在第 2 章中，我们已经强调过这一点，人类最古老的文字系统——美索不达米亚文字系统中，最早的范例，就是以数字为核心的。已发现的最古老的楔形文字板中，有许多记载着与数量相关的数据。美索不达米亚人似乎是先发展出了数字记账系统，然后才发展出真正意义上的楔形文字，或者，二者至少是同时发生的。总之，真正意义上的楔形文字的发明不早于数字记账系统的发明。

有趣的是，中国人也是先发明了数字记账系统，然后才发明出真正意义上的文字。中国文化中最早的文字范例可以追溯到 3 000 多年前的商朝。其中，年代最久远的是甲骨文。这些甲骨上铭刻着各种各样的数量，比如敌方囚犯的数量，狩猎捕获的鸟和动物的数量，以及被当作祭品的动物的数量等。而在中美洲地区，早期文字范例中经常出现表示数量的线段和点（参见第 2 章中的图 2–4）。该地区最早的文字范例或多或少都与数字有关，其中有很大一部分类似于日历。而在埃及，已知最早的象形文字范例常常包含商品数量的信息。从这些现象中，我们可以清楚地看到，数字是人类早期文字范例中经常出现的元素，不仅在美索不达米亚的文字系统中是这样，在中美洲、中国以及埃及的古老书写系统中也同样存在。从本书之前的章节中我们知道，在旧石器时期人类的类符号雕刻和绘画中，数量是一个非常常见的主题；而现在我们又知道，在人类的古老文字系统中，数字也同样占据着中心的地位。在第 2 章中，我们曾讨论过美国佛罗里达州小盐泉市发现的具有 10 000 年历史的鹿角文物，鹿角上清晰地雕刻着与数量有关的标记。虽然这些标记不如书面文字抽象，也不像书面文字一样是固定化的文化习俗，但是它们具有与书面文字类似的功能，即通过二维标记表达意义。

在各种文字系统萌芽的时候，就已经有了书面的数字符号。我们应该如何解读这种现象呢？其中一种比较合理的解读是：书面数字符号可能是产生更完备的文字系统的必要前提。但是，如果情况确实如此，我们又必须解释另外一个问题，那就是：为什么数字在文字系统的产生中扮演了如此重要的角色？对于这个问题，我可以提出一种可能的解释，事实上在本书第 2 章中讨论古代标记系统时，我已经提到这种观点。让我们来考虑Ⅲ（罗马数字 3）。Ⅲ是一个形象的数字符号，因为每条线都以一一对应的方式直接对应 1 个物品。而和Ⅲ不同的是，拉丁语单词 et（意为和）虽然也表达一个简单的概念，但却不是一个形象的符号——这个单词中的两个字母和表达对象之间不存在物理上的对应关系——e 和 t 这两个字母不能像Ⅲ中的三条竖线那样和指代对象一一匹配（比如，在“超级碗Ⅲ”这个短语中，每条竖线对应 1 场比赛）。随着数字系统的发展，数字符号的形象程度可能会越来越低，因此对于阿拉伯数字 7 这种数字符号，我们已经无法明白它最初的形象来源。和表示其他概念或声音的符号相比，书面的数字符号相对来说是比较容易发展出来的——通过一一对应的方式创造出形象化的数字符号。例如，我们可以用一条线段表达数量 1 ，然后再用多条线段的组合表示更大的数量。于是，在一个形象化的匹配系统中，要表达的数量越大，需要的线段（或者点、角等其他符号）的数量也就越多。数字符号具有的形象化特点的基础，是人类识别一一对应关系的能力。在前面的章节中我们已经强调过，人类天生具有识别小数量的能力，通过语言和其他文化因素的影响，我们又可以后天习得识别大数量的能力。我在前面的章节中也强调过，手指在人类数字思维发展中的重要角色，在每个人的生活中，手指都是我们接触到的第一个线性对应数量的表达工具。由于我们能够自然地经常接触到手指对数量的线性表示关系，因此在石头、纸张、木头等媒介上用竖线标记表示数量的方法很容易被理解和接受。基于以上原因，人类可以用二维图形的组合对数量进行直接而形象的表示，从认知角度来看，这样相对简单，而要用符号表达数量外的其他概念则相对比较困难[14]。

于是，表示数量的符号能够相对容易地被书写下来。原因至少有以下三点，且它们互相关联。首先，人类天生倾向于抽象化地表现数量的对应关系。人类可以自然而然地意识到，通过一种简单却抽象的一一对应关系，一种物品可以与另一种物品形成匹配关系。其次，上述抽象的对应关系可以用非语言符号相对简单地表示出来。毕竟，表示数量的符号并不要求人类具有精细的绘画和雕刻技巧。而在目前已知的所有文字传统中，人们最初都是用象形文字来表达数量以外的其他概念的。和数字符号相比，象形文字要求人类具备较为精细的文字能力。例如，要用符号来表示Ⅰ、Ⅱ、Ⅲ这样的概念是相对简单的，但是要用符号来表示“猛犸”或者“狩猎”这样的概念就相对困难得多了。最后，人类天生具有一种可以用来表示数量对应关系的线性符号——手指。人类很早就懂得用手指形象地表示数量，这很可能帮助我们发明了用其他线性符号表示数字的方法。随着人类的发展，这些其他的形象符号可能会越来越固定化，并且越来越抽象，于是，人类以标记计数系统为基础，逐渐发展出了真正的数字符号。

简而言之，对人类而言，用线段和其他标记来表示数量具有一些认知上的优势，可以相对容易地掌握。在这种自然的基础上，人类进一步发展出了更完备、更抽象的二维数量表示系统。有了这种数量表示系统，人类可以更快地认识到：其他概念也可以用这种二维和抽象的方式来表示。在这部分讨论中，我们至少应该记住一个重要的事实：在世界上少数几个（逐渐）独立发明出真正的文字的地方，书面数字符号的出现都先于文字的产生。像数字在农业技术的发展和传播过程中扮演的重要角色一样，数字在文字的发展和传播中同样至关重要。[15]

最后，数字之所以会在文字系统产生的过程中扮演如此重要的角色，还可能基于以下这个非常简单的事实：数字实在是太有用了。在多种人类互动中，数字都发挥着关键性的作用，比如在经济交易活动中，数字显然扮演了不可或缺的角色。人类最早的文字记录中有相当一部分是记账人写下的账目，其中记载着双方或多方进行的各种贸易活动。这些账目能够帮助当时的人们维护贸易关系网，更好地储存商品。此外，数字符号还令各种与历法有关的活动成为可能，这些活动帮助人们得以精确地计算和预测季节的变化以及农作物的收成。在人口稠密的社会中，数字可以对大量类似的人类活动起到关键性的辅助作用（而这些社会之所以人口稠密，也在于数字辅助了农业技术的提高）。

基于上述原因，数字很可能是世界范围内各种文字系统出现的基础。人们普遍认同，科学革命、工业化进程，以及现代医药的发展都依赖于某些特定的数学活动，而在这些数学活动出现前几千年，口语数字符号和书面数字符号便已开始深刻地影响着人类的生活方式：这些数字符号影响了人们维持生计的策略，也改变了人们用符号传递思想的方式。

—— 结语 ——

从古埃及人的金字塔到吴哥的石窟，再到古美索不达米亚和古中美洲的各种遗迹——在所有这些人类文明的伟大成就中，我们都能看到一种共同的规律。创造出这些伟大成就的农业文明无一例外地高度依赖数字（更具体地说，是数字符号）。在这些文明最早期的文字系统中，对数字的表示占据了惊人的比例。在文字系统出现以后，数字又催生了新的工程和农业技术的发展，从而改变了这些文化所处的环境。零这样的数字符号帮助人们更好地处理数量概念。在此基础上，人类发展出了新的文化活动，这些新的文化活动又反过来促使人们发展更高级的数字系统。而在上述所有过程开始之前，较精细、高级的口语数字系统似乎在某些农业技术的产生过程中扮演着关键角色——支持这一论点的证据包括：现在世界上存在的大部分狩猎—采集族群都采用相对简单的数字系统，他们的数字系统不仅数词上限较低，而且功能也有较大的局限。简而言之，在几千年前，人类的许多文化发生了根本性转变，而在这种转变过程中，口语和书面数字符号扮演了非常重要的角色。今天，在许多濒临灭绝的文化中，也在发生着类似变革。

第10章 转化的工具

随着车辆继续前进，后视镜中的桌山逐渐消失不见。沿着非洲大陆最南端的海岸线，绕过曲折的山谷，我越来越接近目的地，路边的指示牌和收音机里的广告中，都出现了南非语和英文夹杂的情况。我的目的地是一座名叫斯特尔拜的宁静村落，斯特尔拜紧靠着一片天蓝色的水域，水域西边不远处就是大西洋和印度洋的分界线。虽然我们并不知道人类的数字工具最初诞生于何处，但我很可能正在接近数字的诞生地。许多研究令我们越来越清楚地认识到，在人类发展史中，海岸线是许多重要的文化现象孕育和诞生的地方。从斯特尔拜向外望去，是一条崎岖多石的海岸线——数字的故事可能就是从这里开始的。

在过去 20 年中，多个领域的考古学家几乎把这条海岸线附近一些岩洞的地面研究个透，事实上，他们连这些岩洞从前的地面（也就是现在的地下部分）也不肯放过。这其中最著名的两座岩洞是斯特尔拜西面不远处的布隆伯斯洞窟和斯特尔拜东几十千米处的派那科角洞窟。在这些地点进行的考古研究为我们带来了一些令人瞩目的研究成果。这些研究以及其他一些关于早期智人物种的研究能够帮助我们更好地认识我们的祖先当时是如何生存并在与其他物种的竞争中脱颖而出的，而且，这个时间点比智人离开非洲大陆的时间还要早数千年。在这些洞窟中发新的文物不同于在非洲大陆发现的一般文物。这些洞窟里既没有南方古猿的骨头，也没有智人的其他可能祖先的任何骨骼残余物（在南非的其他一些地方，以及在非洲的一些偏远的地方——比如奥杜威峡谷和东非大裂谷等地——都发现过这类骨骼残余物）。而在布隆伯斯洞窟和派那科角洞窟中，考古学家们并没有发现太多的人类骨骼化石——他们只找到了一些远古人类的牙齿和骨头碎片。不过，这些发现却为我们提供了许多关于我们祖先的生活情况的信息，其内容之丰富远超任何远古人类的骨骼化石所提供的信息。曾在这里生活过的远古人类与我们亲缘关系很近，他们与我们同属智人，在外貌和行为上，都与今天的人类高度相似。从这两个洞窟中的发现来看，许多我们曾一直认为只有现代人类才有的行为早已在这条海岸线上存在。这些行为中包括一些与数字技术使用有关的行为。

在距今约 190 000 年前到距今约 135 000 年前的时间中，地球的气候发生了较大的变化。和此前发生过的气候变化一样，这次气候变化也极大地撼动了人类生活的环境。此前的气候变化（如发生在距今约 1 900 000 年前的那次气候变化）对智人的起源产生了极为重要的影响，这些气候变化的发生迫使我们的祖先不得不改变生活方式，例如从森林地带迁往草原地带。而这次发生于距今约 190 000 年前到距今约 135 000 年前的气候变化则对智人本身产生了直接影响，它使得非洲大陆上适合人类居住的地域范围急剧减少。非洲大陆变得更加干旱，人类的食物来源也更加稀少。接着，在距今约 75 000 年前的时候，苏门答腊的多巴火山发生了一次超大规模的喷发，大量火山灰云遮天蔽日，随之发生的“火山严冬”现象可能导致当时整个人类的人口大幅度减少。古人类学的相关研究显示，在这一艰难时期中，人类逃到了沿海地区寻求庇护，大量人类迁到了非洲大陆最南边的海岸线一带。近期的一些研究结果显示，当时的人类之所以选择逃往沿海地区，是因为这里食物来源相对比较丰富。更具体地说，非洲最南端的沿海地区能为人类提供大量可食用的海产品（比如海螺）以及地下芽植物（植物的地下球茎、块根等多肉部分）。对这个时期的人类而言，他们曾经居住的地方食物来源变得十分短缺，而在沿海地区却可以找到丰富的碳水化合物和蛋白质。目前，各领域的学者已经能够对这个时段的气候和生态进行可信度很高的重现，我们知道，当非洲大陆上没有多少适合人类居住的栖息地时，非洲最南端的沿海地区对当时的人类而言就是一个非常好的居住地点[1]。

从派那科角的考古发现来看，当时的人类不仅在这一地区幸存了下来，而且还生存得相当不错。从距今约 170 000 年前开始，生活在这一沿海地区的人们见证了一个技术高速发展的全盛时期。目前考古学家已经证明，在远古人类居住派那科角洞窟的几万年中，人类对石器制造等技术进行了提高和改进。在这些洞窟中发现的一些工具的制作过程相当复杂：远古人类要先把石头放在火上加热，再将烤过的石头制成薄片。我们知道，在这之前的许多年中，人类制造石器的技术一直停滞不前，而在派那科角发现的这些工具显示，在这个时段中，人类在使用新型石器方面的创新速度明显提高了。此外，在派那科角，考古学家们还发现了许多其他技术创新的痕迹，比如，当时的人类可能已经开始使用红色颜料来进行身体彩绘——事实上，今天仍有一些族群在进行这项活动。这类物质文物说明，在这个阶段中，不仅技术在高速发展，而且人们已经开始进行符号化的思维，并且能够实现物质技术的代际传承。因此，这些物质文物显示，在这个区域居住的远古人类已经拥有了语言[2]。

以挪威卑尔根大学考古学家克里斯托弗·汉舍尔伍德领衔的一系列研究显示，人类居住布隆伯斯洞窟的时间至少有数千年之久——事实上人类居住这一洞窟的时间可能长达30 000年。在布隆伯斯洞窟发现的大部分文物历史不如派那科角洞窟的悠久，却为远古人类认知活动的先进程度提供了更可靠的证据。在布隆伯斯洞窟中发现的文物包括精致的石器以及针形的骨制工具。而可能更能说明问题的是，考古学家还在这里发现了碗状的鲍鱼壳、磨石，以及其他一些物品——这组物品显然曾经用于从富含铁质的赭石中提取颜料。事实上，布隆伯斯洞窟似乎是一个远古人类处理和制造各种工具的作坊。这些工具的制成时间大约是距今100 000年前到距今70 000年前，其中包括雕刻的骨制品和赭石制品。在布隆伯斯洞窟中发现的最著名的一件文物是一块长约6厘米的赭石，考古学家发现，这块赭石上有一组清晰而有规律的影线状的标记，为人类刻意雕刻而成。虽然考古学家并不清楚这些标记的具体功能，但是它们很可能具有某种符号化或者类符号化的功能。这块刻有标记的赭石可能是目前已知的最古老的具有符号化特征的人造物品。在世界各地的旧石器时代遗址中，考古学家们发现了大量史前数字标记的证据，因此，这块赭石上的标记可能也有某种与数量相关的功能。那么，在这块赭石上雕刻这些标记的远古人类工匠是否在以此记录某些数量呢？不要忘了，制成时间比这块赭石晚几万年的伊塞伍德骨就是用来记录数量的（参见本书第2章）。可惜这件珍贵文物的真正功能大概已经永远迷失在各种考古证据的迷雾之中了。[3]

在被远古人类作为加工作坊使用的布隆波斯洞窟中，考古学家还发现了另外一些证据，这些证据同样显示，当时的人类可能已经发展出了一些记录数量的方式——他们可能已经发明了数字，或者至少已经继承了一些数字工具。在布隆伯斯洞窟中的各项重要发现中，包括许多有孔的海贝壳（土钒织纹螺的贝壳）。这些贝壳通常以一组的形式出现，每组贝壳的数量不多，比如5个或12个。每个贝壳长约1厘米，似乎是用作人身上的装饰品。远古人类在这些贝壳上打上了一些排列整齐的孔洞，使得这些贝壳可以被串在一起制成项链等装饰品——事实上，在今天的许多文化中，人们仍在制作这种以贝壳为原料的装饰品。有趣的是，在布隆伯斯洞窟中发现的某些贝壳并不产于洞窟所在地附近，时至今日，其中某些种类的贝壳只能在距离布隆伯斯洞窟约20千米以外的河口地区找到[4]。由此我们可以看出，住在这一地区的远古人类似乎十分珍视这种有光泽的贝壳，因此他们愿意徒步很远去寻找它，或者用其他物品与在别处生活的人交换它。因此，在布隆伯斯洞窟发现的这些证据表明，当时的远古人类已经懂得使用体积较小、价值较高、相对同质的人造物品了。

于是，我们可以进一步推论，住在布隆伯斯洞窟附近的远古人类可能想要更精确地记录这种高价值贝壳的数量，或者想要用其他物品来交换这种贝壳，因此他们便面临发明符号化的数量记录系统的压力，甚至面临发明数字的压力。有些学者甚至认为，这些贝壳做成的珠子本来就是一种用来表示数量的符号（也就是说，这些贝壳本身就是数字）。但是，基于本书之前章节中已经讨论过的一些证据，我并不赞同这些贝壳是人类的第一套数字的说法，我认为人类的手指更可能是我们用来精确表示数量的第一组工具。在讨论这些人造工具的重要性时，著名心理学家苏珊·凯里（在第6章中，我们已经介绍过苏珊·凯里在数字认知发展研究领域做出的重要贡献）指出："珠子可能有100 000的历史，但手指却有几百万年的历史。"[5]一般来说，我们认为是手指帮助人类认识到精确数量的概念，我们还经常把手指用作数字工具，直到这些数量概念以口语形式固定下来。当然，我也承认，在人类历史上的某些时刻，像贝壳这样体积小、同质性高、离散的高价值物品可能使人类产生了精确表示物品数量的动力和需求。然而，数字发明的具体途径还是通过我们的手指，而不是通过这些贝壳。也许，为了精确记录这些带有美丽光泽的贝壳的数量，人类才有了对数字工具的新需求，这种新需求要求人类能够精确和系统地区别物品的数量。

虽然我们无法确证人类究竟在何处开始第一次使用数字工具，但布隆伯斯洞窟中的这些情况似乎提供了一种比较合理的解释。这些生活在沿海地区的远古人类拥有物质文化和语言，甚至拥有二维符号表示技术。此外，他们还拥有一些体积小、价值高的商品，这些商品是他们花费了不少努力才从较远的地方取得的，因此他们很可能希望对这些商品进行计数。基于以上事实，这里的远古人类很可能确实拥有数字工具。不过，即使我们假设这里的人类确实已经拥有数字，我们仍然需要面对另外一个问题：数字究竟是在这里发明的，还是从别处传来的呢？我们知道，布隆伯斯洞窟和派那科角洞窟的考古成果显示，在非洲的这块沿海区域内，当时人类技术的发展速度已经比较快了，因此，我们认为数字至少有可能是在这里被发明的。也许，在非洲的这段海岸线上以及南非的其他地区，远古人类对已拥有的语言和数字技术做了改进。这种改进可以帮助人类适应更多不同的环境。从布隆伯斯洞窟和派那科角洞窟的文物证据中，我们可以非常清楚地看到，当时的人类已经懂得使用语言，正是这项关键性的技术后来帮助人类征服了整个非洲，甚至令人类得以大规模地迁往非洲大陆以外的地方生活。

当我亲临这条在人类历史上扮演了如此重要角色的海岸线上时，我发现这条海岸线上遍布着数不清的砾石（参见图 10–1）。随着一次又一次冰河时代的开始和结束，这条海岸线也经常移动位置，因此砾石并不总是处在海边。这些砾石中有许多石块形状近乎正方体，它们看起来简直像是人工制品。然而，如果这些砾石块真的是由人工制成，那么摆放他们的这位“建筑师”似乎是喝醉了酒，才把它们歪歪斜斜地互相堆叠在一起。在这些砾石间漫步时，我会想象在过去数万年中，有许多当地人也曾经攀爬过或绕过这些石块。就在这条海岸线上，远古人类发现了海产作为新的食物来源，从而使人类继续生存。从更广的角度来看，住在附近洞窟中的远古人类，以及住在这一地区其他地方的远古人类还对这些石头进行了利用，这很可能也起到了挽救人类的作用。这种决策帮助人类撑过了最困难的时期，也帮助人类继续发展壮大，甚至走出了非洲大陆。

图 10–1　南非布隆伯斯洞窟附近的海岸线

图片来源：作者摄。

生活在这个时代的人类祖先可能面临发明数字工具的压力。支持这一结论的间接证据就散布于上一段提到的这些砾石之中。这些证据虽然并不是非常有力，但确实间接地暗示了这一结论成立的可能性。在这些不断被无情的浪花吞没又不断重新出现的砾石中，散布着一些紫色和白色的贝壳，而这些贝壳的排列方式具有一定的规律。不管是在今天，还是在数万年前，人类都可以相对容易地取得这些海滩上的贝壳。现在我们知道，这些贝壳和壳内的软体动物极大地帮助了远古人类，使他们得以在艰难时期生存下来。这些贝壳同时还是当地物质文化中的重要线索。由于贝壳这种可数的物品具有一定的固有价值，某些人很可能因此决定对这些贝壳进行计数。也许这些人意识到，可以把贝壳以与手指一样的对称方式进行排列；他们甚至可能意识到 5 只贝壳能够与一只手上的 5 根手指形成一一对应的关系。也许，在使用“一手贝壳”“一把贝壳”之类的词语时，某些人突然产生了上述认识。此后，这些人以及他们族群中的其他人经常练习使用“一把贝壳”或者“一把其他物品”等短语，对以上概念的认识也由此越发清楚和容易。当然，我们无法知道人类究竟是如何第一次开始使用数字的，但基于目前所掌握的证据，这似乎是一条最可能发生的途径。

我们有理由相信，在人类历史上的某个时间点，在地球上的某个地方，某一位人类成员首次抽象地认识到了数量 5 的概念。这种认识对数字系统的发明起到了决定性的作用，毫无疑问，在许多不同的文化中，人们多次独立地达成了对上述概念的认识。然而在许多情况下，这样的认识并没有发挥后续作用，而是消弥于时间的长河之中。而在另一些情况下，人们用一个词把这种转瞬即逝的认识以符号化的形式固定了下来。然后，新发明的词渐渐传播到其他人的脑海中，这些人又不断地以新的方式发展这一概念。这种新的认知工具将在未来改变整个人类文化的发展方向，而第一个发明“5”这样的数词的人当时肯定完全没有意识到这一点。

—— 数字与神 ——

从古代的玛雅社会到现代的美国社会，在所有的大型人类文明社会中，人们似乎都分外迷恋记录年份和天数的数字。这种迷恋部分来源于我们社会的农耕传统，而这些农耕技术之所以能够出现又得益于数字系统的发明。在人类文明向农耕文明转型以后，发生了许多与人类的日常生活经验更为贴近的变化：这些变化包括我们计算自己年龄的方式，以及认识地球在宇宙中的位置的方法。当然，数字和农业技术的发展使得人们能够更好地追踪记录天体、季节，以及其他一些现象，这些活动最终导致了天文学的突破性发展，并让我们意识到我们所居住的宇宙并非以人类的活动为中心。虽然上述过程的确真真切切地发生过，但这并非我想强调的重点。在本章中，我想谈的是精确数字系统给宗教方面带来的影响。

也许，有读者会认为，把数字和宗教联系在一起未免有些牵强。确实，所有人类族群似乎都拥有某种形式的宗教信仰和精神信仰，不管他们使用怎样的数字系统。然而，我在这里想要提出的是一个更加微妙的观点，并且这一观点是得到考古学研究证据和人类学研究证据的支持的。这个观点就是：虽然创世神化、泛灵信仰以及其他形式的精神信仰在人类社会中普遍存在（或者在绝大部分人类社会中普遍存在），但是大规模的有等级制度的宗教只存在于少数文化中。此外，这些宗教——不管是一神论的伊斯兰教、基督教、犹太教，以及还是印度教、神道教、佛教等其他世界主要宗教——都是在农耕文明发展起来很长一段时间以后才发展出来的。特别值得注意的是，农耕文明的生活方式令人类开始大规模地定点聚居，此后，上述这些宗教才被发展出来。在人类存在的 100 000 年中，我们大部分时间都以小型游群或部落的方式生活在类似布隆伯斯的地方。仅仅在过去的 10 000 年中，尤其是在过去的几千年中，人类才开始形成较大的酋邦和帝国，且通常以某些城市地区为核心。最近，有许多学者提出，人类在上述地点的大规模聚居行为是等级制大型宗教发展的先决条件，也是等级制政府的产生基础。如果我们相信上述假说是正确的，那么这就说明，复杂数字系统的发明通过改进农业技术，最终导致了人类对自身在宇宙中所处位置的新认识——关于地球起源等一系列问题的新认识。如果把这种观点进一步推广，我们还可以说：数字系统的发展在人类创造“神”的过程中发挥了重要作用。或者说，对某些人来说，数字系统的发展最终引导人类认识到了神的存在。

上述猜想基于这样一种学术观点：当人类族群的人口数量较大时，新的宗教信仰会随之产生，且通常为有神论。为什么人口数量较大时容易产生有神论的信仰呢？大体上讲，这种假说的逻辑如下：当一个族群中的人口较多时，人们便需要在共同的道德观和利他主义信念下进行合作，而有组织的宗教信仰、确保道德观念具有约束力的神以及僧侣阶级都是这种需求的副产品。随着农业中心的出现及与之相伴的城市化进程，该文化中的人口会迅速增多，因此，与之前的小游群或小部落中的生活方式相比，此时的每个人都必须更多地依靠与其他人（包括非亲属）之间的共同信任生活。当一个文化需要与其他规模相似的文化竞争时，这种文化内部的共同信任就变得至关重要了。与人口众多的大型文明不同，游牧群体和部落的规模较小，而且在一个以狩猎和采集为生的群落中，大部分个人都与该文化中的其他所有个体或者大部分个体有一定的亲属关系。因此，在这种人口较少的族群中，人际间的信任和合作关系有着天然的基础，而且是相对清楚和牢固的基础。由于自然选择会筛选出保护自身基因的行为，在这些小型部落中，内部的利他主义以及为他人牺牲的行为则会比在大族群中更加合理。然而，当人们处在一个人口较多的族群中，虽然每天都会和文化中的其他个体接触，但他们与这些人中的大部分并没有清晰可认的基因联系，在这种情况下，他们与文化中其他人合作的动力是什么呢？为什么人类需要继续通过合作行为来关心陌生人过得好不好呢？为了回答这些问题，研究者们提出了本段开头的这种假说。支持该假说的研究者包括心理学家阿拉 · 洛伦萨杨（Ara Norenzayan）和阿齐姆 · 谢里夫（Azim Shariff）。这种假说认为，当一个文化中的人口数量上升以后，就必须发展出某种社会机制防止这个更大的社会因为人际竞争而崩溃，并且这种机制还必须防止人们抱着“吃白食”的心态过分享用他人的劳动成果。这类促进社会化行为和合作行为的社会机制的表现形式之一就是有组织的宗教机制，这种宗教机制的基础一是共同的道德观念，二是能够随时监督人们是否违背上述道德观念的全知全能的神。在这种以神为中心的宗教信念的发展过程中，上述机制自然地起到了维护社会秩序以及促进合作行为的作用，而人与人之间的合作则会鼓励人们社会化，鼓励人们关心他人，因此有利于整个文化的存续和成功。换句话说，如果我们考虑两个人口众多的大型社会：第一个社会中不存在以神为中心的道德宗教，而第二个社会中的人虽然在面对本社会之外的人时并不具备特别高的合作精神（甚至在面对自己社会之外的人时还表现出一定程度的嗜杀欲望），但会因为有神宗教的存在而在内部更为团结合作，当这两个社会互相竞争时，第一个社会幸存的概率就将小于第二个社会。

最近，一项针对目前世界上许多文化的调查为上述观点提供了一定程度的支持。在调查中，研究者共调查了 186 个当代社会。其研究显示，文化中的人口数量与这个文化中保有以神（这一个神或者多个神主要关系该文化中每个个体的道德情况）为中心的宗教的概率之间有很强的正相关性。当然，这两个变量之间的关联性并不是确凿的，但这种现象确实能在一定程度上说明上一段中的学说从大方向上来看是正确的。从时间上看，以神为核心、具有等级制度的大型宗教的发展和壮大是一个较近期才出现的趋势——这是一个我们目前已经比较清楚的事实。此外，我们还知道，在人类的历史上，首先是数字的发展造成了农业技术的革命，然后是某些区域中的人口随之高速增长，最后才出现了上述宗教发展和壮大的趋势。有了这些新的宗教后，许多人重新认识了人类在宇宙中的地位，这些宗教改变了他们的世界观，为他们的生命注入了独特的目标和意义。由于上述一系列事件的发生，许多人相信，自己是由某一个神或多个神特别创造出来的。由此我们可以看出，精细数字系统的发展至少间接地在人类认识自身灵魂的过程中扮演了一定的转化性角色。[6]

—— 在社会方面比较重要的数字 ——

在西奈山上，上帝赐予摩西一些石板，这些石板上刻有 10 条神圣的戒律，即摩西十诫。哪怕你并不信奉承认这些戒律的宗教，你应该也知道摩西十诫的存在。虽然你未必能背诵这 10 条戒律，但你至少知道石板上戒律的数量是 10 条。然而，你有没有想过这样一个问题：为什么戒律的数量是 10 条呢？显然，上帝可以赐给人类的宗教戒律（准确地说是，上帝于 2 000 多年前赐给一群中东游牧民族的宗教戒律）远远不止10条。比如说，我可以轻易地提出第11条戒律“不可折磨他人”——相信许多人都会毫无争议地接受它。我相信，如果摩西从上帝那里领受的石板上真的刻着这样的第11条戒律的话，人类一定也会像接受十诫那样欣然地接受第11条戒律。然而，如果这些石板上真的刻着11条戒律的话，这些戒律似乎就失去了一些修辞学上的气势。什么样的神才会赐给人类“十一诫”？这个神一定很爱讽刺挖苦别人吧！如果摩西从西奈山上带来了11条戒律，虽然他的信众未必会因此而反对这些戒律，但是11这个数字很可能会让部分信众感到非常奇怪。当儿童在宗教课上学习摩西“十一诫”的时候，他们一定会感到更加迷惑，因为摩西“十诫”听起来要神圣得多。10是所有数字中最圆满的数字，因此，管理我们生活各个方面的各种规则常常都以10个一组的形式出现。有趣的是，除了在基督教和犹太教中，在其他许多宗教传统中，数字10同样具有某种精神上的重要性：印度教中毗湿奴有十大化身，锡克教中有十代人类古鲁，卡巴拉教中有十个质点等。10这个数字在各种宗教中反复出现，似乎并非巧合。我们已经知道，在各种数字系统中，数字10具有广泛的特殊影响力，因此，人们赋予数字10特殊的精神意义和社会意义也就不足为奇了。现在，我们应该已经很清楚地知道，10这个数字之所以在各种宗教现象中反复出现，并非因为神圣的概念总是10个一组地出现，而在于我们人类有10根手指（当然，对某些人来说，人类具有10根手指的现象本身就是神圣的）[7]。

在各种宗教中，还存在一些其他重要数字，但这些数字常常都是比较“圆满”的“整”数，并且常常能被10整除。例如，在犹太—基督教传统中，数字40具有特殊的重要意义：诺亚的洪水持续了40天，耶稣在沙漠里流浪了40天，摩西在西奈山上待了40天，以利亚禁食了40天，耶稣被钉死在十字架上以后过了40天才升天等[8]。

除了某些宗教传统中存在重要数字和神圣数字以外（这些数字常常与人类手指的数量有关），还有一种与此相关的现象：人们常常赋予数字某些精神属性。世界主要宗教中的神圣数字就被人类注入了精神属性。在一些我们未提及的其他精神传统中也有这种现象。比如，中国的某些传统就认为，某些数字是吉利的，而另外某些数字是不吉利的。相信占星术的人也认为，某些特定数字反映了某种特殊的精神特质或者个性（或者两者兼有）。

在上述文化现象中，同样存在一种互相反馈的文化循环。正如我们在前文中说过的那样，农耕和定居的生活方式增加了社会的人口数量，而人口的增加又催生了许多有神论的信仰体系或者其他道德信仰体系。我们已经知道，数字系统辅助了农耕技术的发展，因此数字系统至少对宗教和其他精神信仰的产生发挥了一些作用。而这些宗教和精神信仰又反过来为一些特殊的数字注入了宗教和精神上的重要性。在本书中，我们已经多次看到这种文化和数字系统之间的反馈循环，在整个人类的历史上，数字系统和文化常常以这样的方式共同演化发展——数字系统和计数活动对人类实践产生了本质影响，而这些影响又反过来向人类施加了新的压力，在这种压力下，人类需要改变使用数字系统的方式，改变他们依赖数字系统的程度，其中包括向数字注入精神属性。

也许，对某些人来说，赋予数字特定的精神重要性和社会重要性只是前科学时代中的离奇有趣的人类行为。然而，现在我们已经越来越清楚地知道，人类之所以赋予一些数字特殊的重要性，恰恰是因为这些数字与科学发现产生了联系。毕竟，在最近的几个世纪中，数学在很大程度上促成了各种科学技术的高速发展。绝大多数人都知道，现代科学中的很多成果都基于可量化的结果。我们可以理解，人们常常把科学方法视为通向更高真理之路的起点，而这种科学方法是与数学的许多方面紧密相连的。从这种角度看，即使是信奉科学的无神论者或不可知论者也同样可能赋予数字某种精神上的重要性，他们可能会将数字视为一种精神和身体以外的、特殊的现实存在，这种存在能够引导我们发现新的真理。然而，事实上我们知道，虽然数字所代表的数量确实客观存在于人类精神之外，但是表达数量的符号化工具却是人类自己发明出来的。科技活动依赖于对数字这种以人类解剖学特点为基础的发明的精神化。在许多现代社会中，数字在认知方面都非常重要——数字能够辅助人们判断某种想法是否合理。同时，对某种新的信念的数字化描述也能为这种信念注入特殊意义。比如，如果宇宙学家告诉大家：我们所处的宇宙极其古老，这种说法可能确实有一定意义。但是如果宇宙学家告诉我们：宇宙已经有超过 13 000 000 000 年的历史，这就比上一种说法对我们来说更为深刻和重要——虽然我们未必真的能将这个巨大的时间尺度概念化。一旦我们用数字来描述某种现象，这种现象仿佛就成了更加容易接受的事实。

不过，数字的社会价值并不局限于上述这种认知方面的价值。在非宗教语境下，某些特殊的数字也被人们赋予了另一种社会方面的重要性——这种重要性事实上并没有太多客观基础，因此这是一种类似精神属性的重要性。在许多科学领域中，都存在一些所谓的“重要值”或“显著值”，这些例子清楚地说明，即使在科学这种本应排除社会因素和精神因素的语境中，人类仍然常常不假思索地赋予某些数字特殊的重要性，这些数字在人们的心目中由此占据了特殊地位。当然，从最本质的层面看，这些数字之所以能在人类心中占据特殊地位，归根结底还是因为它们与人类的解剖学特点有关。

上一段中的论点也许读起来有些抽象，下面就让我来具体地解释一下。拿起任何一本科学期刊，你都很可能在许多论文里不断看到“P值”这个词。科学工作者很早就会在训练中接触到P值的概念（因此，如果你是一位科学工作者，请原谅我的啰嗦，因为大众对P值并没有那么熟悉）。这些P值来自对大量实验数据和其他形式的数据进行的各种统计分析。P值能够反映出某个特定结果究竟是由于原命题的成立而出现，还是因为待检测命题的成立而出现。比如，假设某项研究希望检测吸烟率与特定人口中的肺癌发病率之间的关联。在检测了相关系数的强度以后，研究者可能会得到以下的结论：P值小于某一特定值——比如小于0.004。这个P值说明原命题（吸烟率与肺癌的发病率之间无关联）成立的可能性很低。也就是说，在1 000种假定情况下，原命题仅在4种以下的情况中成立。P值很低，说明某项研究的结果几乎不可能是偶然取得的，也就是说，有较强的证据支持待检测命题的成立。20世纪20年代，统计学家罗纳德·费舍尔（Ronald Fisher）首次提出了P值的概念，自此以后，P值在各科学研究领域中一直扮演着极为重要的角色。许多科学工作者在阅读学术文献时所做的第一件事就是看看文章的P值有多大，P值能够帮助读者迅速判断文章中的结果是强是弱。在阅读一篇学术文献时，人们首先想要知道的是这篇文献的结果是否显著。在自己分析的时候，研究者常常希望能够得到显著的低P值。在很多情况下，学术研究成果的P值越低，这项成果能被发表的概率也就越大，低P值甚至还能帮助研究者争取到更多的科研基金。虽然有些人认为，自从费舍尔的上述工作发表以后，科学界中已经产生了过度使用P值和错误使用P值的情况。虽然并非所有统计学家都认同P值的用处，但是不可否认的是，在当代科学领域中，P值确实扮演了极为重要的角色。P值为许多科学研究成果注入了意义，或者至少帮助人们更方便地从这些科学成果中提取意义。[9]

然而，从某些角度来看，P 值的这些意义可能是一种空想，或者说，这种意义至少没有某些科学文献的读者想象得那么深刻。为了理解这个问题，让我们来考虑一下什么叫作显著性。如果 P 值小于 0.01，我们一般就会认为这项研究的结果是非常显著的。在过去几十年中，某些领域的科学工作者认为小于 0.05 的 P 值就说明该结果在统计上是显著的，当然，P 值等于 0.05 的结果不如 P 值等于 0.01 的结果那么显著。P 值小于 0.05 意味着研究中原命题成立的概率小于 5%。然而，为什么是 5% 呢？或者为什么是 1% 呢？难道宇宙中客观存在这种数值从而引领我们通向知识和真理？当然不是。事实上，在这些 P 值中，我们看到的是一种我们已经非常熟悉的规律：数字 5、数字 10 以及这两个数字的倍数对人类具有特殊意义。我们喜欢赋予这些数字特殊的社会重要性，不是因为这些数字与科学真理有着更紧密的客观联系，而是因为这些数字与我们的手有着更紧密的客观联系。即便我们从来没有想到过这些五进制偏差或十进制偏差和我们的手有关，但从历史的角度来看，手确实是上述偏差的根源。我们必须面对这样的事实：科学的许多方面——或者更准确地说是许多人解读科学结果的方式——不可避免地受到了手的影响。从客观的角度来看，我们当然可以选择其他一些数值作为 P 值的显著值。比如，我们可以规定：当 P 值小于 0.03 时，研究结果就应该被认为是统计上显著的；或者我们也可以规定：当 P 值小于 0.007 或小于 0.023 时，研究结果就应该被认为是统计上显著的。从一种客观的、不受手指影响的角度来判断，上面这些随意挑选的较小数值与 0.05 或 0.01 等数值同样合理。

从科学的角度来看，我们只能证明以下事实：当某项研究成果的 P 值较低的时候，原命题成立的概率也就较小。但是这种模糊的结论不够令人放心。我们希望能用简单的数字来说明某项研究成果的意义。

当然，我并不是说统计测试的结果毫无意义，我只是想向读者指出：我们解读统计测试结果的方式并没有我们想象的那么精妙。事实上，当我们解读科学研究成果的时候，我们常常采用一种简单粗暴的二分法作为判断标准，一项结果要么“显著”，要么“不显著”，两者之间不存在中间地带。当然，这种判断标准确实能够简化理解数据的过程。但是，我们应该认识到以下这个重要的事实：从本质上来看，上述判断标准与科学研究中的“手”是一个性质。从某种角度来看，人类一直在有意无意地用自己的手指指向更高的真理，而P值只是这方面较为近期的一个例子而已。从这种角度来看，科学上的P值和宗教中的十诫并非没有共通之处。

—— 结语 ——

很可能早在我们的祖先居住于今天被称为斯特尔拜的小村落附近的海边时，数字就已经开始重塑人类的实践活动了。今天，从寺庙到教堂，从大学到实验室，这种重塑仍在继续。不管是在大型的农业文化中，还是在以狩猎—采集或园艺为生的小型族群中，数字都在持续改变着人们的生活方式，虽然后一类群体中的人们正被迫更深入地融入全球化环境中。

自从人类学会用口语和非口语的方式表达精确数量以后，这种技术几乎改变了人类生活中每一个我们能够想象到的方面。在你读到这行文字的时候，你的整个世界都在直接或者间接地受到这种表达方式的影响——从脑海中的思想，到所处的外界环境，你生活的方方面面无一不受到数字的影响。如果没有数字，你面前的这张纸上就不可能呈现这些排列整齐的词语和句子。毕竟，没有数字就不可能有测量和排版，书面数字符号的出现还是整个人类文字系统发明的先兆。数字系统的发明以数不清的方式改变了我们的生活，在此我无法一一列举。事实上，也许列举出数字系统的发明没有以哪些方式影响我们的生活会简单得多。数字系统的发明和发展影响了人类历史的几乎所有方面——从现代医药、宗教、工业，到农业和体育，虽然影响的方式常常是我们没有意识到或者没有注意到的。

在这本书中，我强调过，作为一种将数量概念以符号方式具体化的工具，数字是人类的一项发明。数量客观存在于自然界中，甚至是有规律地存在着的，蝉的两个繁殖周期之间相距的年份，蛛形纲动物的腿的数量，一个月运周期中的天数等，都是如此。然而，数字是对这些数量概念的具象表示，数字并不客观存在于自然界中，而是由人类创造出来的。并且，人类并不是仅仅依靠先天的认知机制就发明出了数字这种工具。上述观点基于许多近期的研究，这些研究的对象包括人类婴儿、不识数的成年人类以及与人类有关的其他物种。在本书中我们已经看到，所有这些研究结果都指向一个清晰的结论，那就是：人类并非天生具有精确区分大部分数量的能力，人类先天只具有两种与数量相关的能力，一种是模糊区分数量的能力，另一种是精确区分数量较少的一组物品的能力。然而，在大部分情况下，这两种先天能力并不能帮助我们从数量上分辨两组物品或两组事件之间的区别，尽管经常在自然界中接触这样成组的物品或事件，我们也无法精确地看出它们之间的区别。直到发明了表示特定数量概念的工具——数字以后，人类才能够系统地精确认识各种与数量有关的规律。在数字系统发明之前，智人无法看到自然界中存在的大部分与数量有关的规律，智人以外的其他动物也都不具有这项能力。数字工具的发明为人类带来了地震般的认知革命，直到今天，我们仍能感受到这场大地震的余震。

在本书中，我还提出了另一个观点，那就是：大部分数字的发明并不仅仅是人类语言和文化的自然副产品，还与人类双手所具有的生物对称性有着不可分割的关系。因为人类无须靠双手行走，因此我们很容易常常关注自己的双手。双足行走的特征不仅令人类能够更关注双手，还使得人类逐渐越来越熟练地使用双手。这最终令某些人偶然地认识到，一只手的手指可以与另一只手的手指形成数量上的对应关系，而且手指还可以与其他物品形成数量上的对应关系。上述认识虽然非常简单，却并不是人类先天就具有的一种认识。最终，人类通过语言把这种简单而偶然的认识固定下来，数字便产生了。自从有了数字这一工具，精确数量的概念就能够经常出现在人类的脑海中，不再只是偶然闪现的灵感。从考古学和语言学的证据判断，人类用数字工具来传达精确数量概念的做法已经有上万年的历史了。从这个角度来看，数字革命是一场十分古老的革命。

然而，从另一个角度来看，数字革命仅仅在过去几千年中才真正开始发力。在这段时间内，数字系统和农耕文明共同进化，这带来了社会规模的扩大、某些特定宗教信仰的出现、数学的发展，以及文字系统的发明——人类的所有文字系统最初都是以数字为核心的。从这些角度来看，数字工具和计数活动无可辩驳地改变了人类历史。虽然人们早已认识到数学的发展在人类历史中起到了十分重要的作用，但我在本书中想要强调的是，除了数学以外，口语中的数字——数词——的发明在人类历史上发挥了更早也更重要的作用。基于许多近期跨领域研究的相关结果，我在本书中提出以下观点：数字曾经是且仍然是一种认知工具，早在更高级的数学系统被人类发明和使用之前，数字就已经开始改变我们的生活了。

作为人类社会的一员，我们每时每刻都生活在一个由各种刺激信号所组成的海洋中，比如，我们会接触到各种各样的可见光刺激。同样地，我们也浸淫在数量的海洋中。就像眼睛让我们识别可见光，从而在周围的物理世界中航行一样，数字能够帮助我们识别身边的数量，从而在概念的水域中通行。正如我在本书中所强调的那样，这种工具并不是客观存在的，而是由我们人类发明创造出来的。数字可没有躺在南非的某处海滩上等着人类来发现。在人类历史上的许多不同时间和不同地点（很可能在斯特尔拜的海滩上），我们认识到了数量的对应关系，并且用一些新创造出来的词把这种认识具体化。在大多数情况下，这种对应关系是自然界中的数量与我们手指所表示数量之间的对应。

于是，从本质的层面上来看，人类是这样发明数字的：我们将自己的手伸进无法辨别的数量所组成的海洋中，然后把这些数量塑造成了数字。人类用自己的双手抓住了周围的数量——这句话不仅在比喻意义上成立，在字面意义上也同样成立。我们把抽象的数量对应概念变成了非常真实却也非常不自然的数字，我们人类造就了数字。而鉴于数字工具对整个人类历史产生的各种转化作用，我想我们也同样可以说：数字造就了我们人类。

致谢

首先我要感谢纽约卡内基公司给予我的慷慨资助，这是帮助我完成本书的基础之一。当然，书中的所有内容和观点仅代表我个人的观点。

哈佛大学出版社的达夫·迪安作为这本书的编辑，在本书的成书过程中，为我提供了极为宝贵的引导，对此我深表感谢。我还要感谢迈克尔·费希尔，是他第一个发现我写作的这些话题具有出版价值。四位学识渊博的校阅者为本书提出了许多宝贵意见。在此，我要感谢这四位校阅者投入时间阅读本书初稿，他们的意见和批评极大地提高了本书的质量。在本书中，我提到了许多领域的研究成果，大量才华横溢的学者为这些学术成果做出了直接或间接的贡献，在此我无法一一提及。但是，如果你是这些学者中的一员，那么，我想对你说一声“谢谢”：感谢你们杰出的学术成果，没有你们的贡献，本书不可能存在。

参加“海上学期”(Semester at Sea）项目时，我在“MV 探索者号”游轮上完成了本书的部分写作。在漫长的海上旅程中，我遇到了许多丰富了我的航程的人。本书的另外一些部分完成于巴西弗洛里亚诺波利市的康塞桑湖地区，那里的山区如天堂般安宁。当然，本书的大部分还是写于我供职的迈阿密大学，那里有极佳的写作环境和研究环境。我之所以能在迈阿密大学获得教职，是因为在若干年前，迈阿密大学人类学系的教授决定把这一职位授予一位年轻学者。而他们对我的第一次面试竟是在迈阿密国际机场的候机室里进行的。时至今日，我仍感激他们对我的欣赏和肯定。此外，我还要感谢我在迈阿密大学的同事们，他们令我在迈阿密大学生活工作的经历充满了愉快。当然，我还要感谢我在迈阿密大学教过的学生们，成为他们的老师是我的荣幸，我曾与他们一起讨论过本书中的一些想法。

我的父母对这本书产生了直接和间接的深刻影响，相信读者们从书中提及我父母的章节中不难看出这种影响。在此，我要感谢父母给我的这些帮助和影响，也感激父母给予我的其他一切——他们对我的影响如春风化雨，我虽早已不记得具体细节，却从这些熏陶中受益匪浅。我也永远感谢我的两个姐姐以及她们非常棒的家庭，此外我还要特别感谢斯科蒂斯一家。最后，如果没有我的妻子杰米和我的儿子祖德，我将不可能完成本书的写作。

注释

前言

1. For some accounts of shipwrecked sailors surviving with indigenous cultures, see Alvar Núñez Cabeza de Vaca, *The Shipwrecked Men* (London: Penguin Books, 2007).

2. See, for example, Brian Cotterrell and Johan Kamminga, *Mechanics of Pre-Industrial Technology* (Cambridge: Cambridge University Press, 1990).

3. For more on the cultural ratchet, see Claudio Tennie, Josep Call, and Michael Tomasello, "Ratcheting Up the Ratchet: On the Evolution of Cumulative Culture," *Philosophical Transactions of the Royal Society B* 364 (2009): 2405–2415, as well as Michael Tomasello, *The Cultural Origins of Human Cognition* (Cambridge, MA: Harvard University Press, 2009).

4. For discussion of this Inuit case, and for elaboration of the notion of culturally stored knowledge, see Robert Boyd, Peter Richerson, and Joseph Henrich, "The Cultural Niche: Why Social Learning Is Essential for Human Adaptation," *Proceedings of the National Academy of Sciences USA* 108 (2011): 10918–10925. For more on the evolution of cultures, see, for example, Peter Richerson and Morten Christiansen, eds., *Cultural Evolution: Society, Technology, Language, and Religion*. Strüngmann Forum Reports, volume 12 (Cambridge, MA: MIT Press, 2013).

第1章

1. For more on the perception of time among the Aymara, see Rafael Núñez and Eve Sweetser, "With the Future behind Them: Convergent Evidence from Aymara Language and Gesture in the Crosslinguistic Comparison of Spatial Construals of Time," *Cognitive Science* 30 (2006): 401–450.

2. Thaayorre temporal perception is analyzed in Lera Boroditsky and Alice Gaby, "Remembrances of Times East: Absolute Spatial Representations of Time in an Australian Aboriginal Community," *Psychological Science* 21 (2010): 1621–1639.

3. In a related vein, it is worth noting that the duration of the earth's rotation (whether sidereal or with respect to the sun) is not absolute. For instance, prior to the moon-creating collision of a planetesimal with the earth billions of years ago, the earth's solar day lasted only about six hours. Even now days are gradually increasing in duration as the rotation of the earth slows bit by bit due to tidal friction, and furthermore solar days vary slightly depending on the earth's orbital position relative to the sun. For more on this topic, see, for instance, Jo Ellen Barnett, *Time's Pendulum: From Sundials to Atomic Clocks, the Fascinating History of Timekeeping and How Our Discoveries Changed the World* (San Diego: Harcourt Brace, 1999).

4. It is also the result of the development of associated mechanisms used to keep track of time, from sundials to smart phones. Interestingly, this development reflects the increasingly abstract nature of time-keeping. Where once such mechanisms, like sundials and water clocks, were used to track the diurnal cycle, they eventually came to track units of time that are independent of celestial patterns. This transition stems in part from the development of weight-based clocks (particularly pendulum clocks) and spring-based time pieces, which allowed for more accurate measurement of time than any celestial methods available. Such accurate time measurement enabled, among other major innovations, more precise longitude measurement and navigation. See the fascinating discussion in Barnett, *Time's Pendulum*.

5. There are many excellent books on human evolution and paleoarchaeology. For one recent exemplar, see Martin Meredith, *Born in Africa: The Quest for the Origins of Human Life* (New York: Public Affairs, 2012).

6. The claims regarding australopithecines are based on the famous work of the Leakeys, notably in Mary Leakey and John Harris, *Laetoli: A Pliocene Site in Northern Tanzania* (New York: Oxford University Press, 1979), as well as Mary Leakey and Richard Hay, "Pliocene Footprints in the Laetolil Beds

at Laetoli, Northern Tanzania," *Nature* 278 (1979): 317–323. See also Meredith, *Born in Africa.*

7. Some of the research in the Blombos and Sibudu caves is described in Christopher Henshilwood, Francesco d'Errico, and Ian Watts, "Engraved Ochres from the Middle Stone Age Levels at Blombos Cave, South Africa," *Journal of Human Evolution* 57 (2009): 27–47, as well as Lucinda Backwell, Francesco d'Errico, and Lyn Wadley, "Middle Stone Age Bone Tools from the Howiesons Poort Layers, Sibudu Cave, South Africa," *Journal of Archaeological Science* 35 (2008): 1566–1580. The location of the African exodus is taken from the synthesis in Meredith, *Born in Africa.*

8. The antiquity of humans in South America, more specifically, Monte Verde in present-day Chile, is discussed in David Meltzer, Donald Grayson, Gerardo Ardila, Alex Barker, Dena Dincauze, C. Vance Haynes, Francisco Mena, Lautaro Nunez, and Dennis Stanford, "On the Pleistocene Antiquity of Monte Verde, Southern Chile," *American Antiquity* 62 (1997): 659–663.

9. The cooperative foundation of language is underscored in, for example, Michael Tomasello and Esther Herrmann, "Ape and Human Cognition: What's the Difference?" *Current Directions in Psychological Science* 19 (2010): 3–8, and Michael Tomasello and Amrisha Vaish, "Origins of Human Cooperation and Morality," *Annual Review of Psychology* 64 (2013): 231–255.

10. For more on how language impacts thought, see, for example, Caleb Everett, *Linguistic Relativity: Evidence across Languages and Cognitive Domains* (Berlin: De Gruyter Mouton, 2013) or Gary Lupyan and Benjamin Bergen, "How Language Programs the Mind," *Topics in Cognitive Science* 8 (2016): 408–424.

11. For a global survey of world color terms, see Paul Kay, Brent Berlin, Luisa Maffi, William Merrifield, and Richard Cook, *World Color Survey* (Chicago: University of Chicago Press, 2011). The experimental research conducted among the Berinmo is reported in Jules Davidoff, Ian Davies, and Debi Roberson, "Is Color Categorisation Universal? New Evidence from a Stone-Age Culture. Colour Categories in a Stone-Age Tribe," *Nature* 398 (1999): 203–204.

12. Other terminological choices can be made here. One could refer to regular quantities as 'numbers,' rather than restricting the usage of the latter term to words and other symbols for quantities. If that terminological choice were adopted, however, the central point would be unaltered: Our recognition of precise quantities is largely dependent on number words.

13. Heike Wiese, *Numbers, Language, and the Human Mind* (Cambridge: Cambridge University Press, 2003), 762.

第2章

1. The paintings at Monte Alegre are discussed in, for example, Anna Roosevelt, Marconales Lima da Costa, Christiane Machado, Mostafa Michab, Norbert Mercier, Hélène Valladas, James Feathers, William Barnett, Maura da Silveira, Andrew Henderson, Jane Silva, Barry Chernoff, David Reese, J. Alan Holman, Nicholas Toth, and Kathy Schick, "Paleoindian Cave Dwellers in the Amazon: The Peopling of the Americas," *Science* 33 (1996): 373–384. For a discussion of the possible calendrical functions of the particular painting mentioned here, see Christopher Davis, "Hitching Post of the Sky: Did Paleoindians Paint an Ancient Calendar on Stone along the Amazon River?" *Proceedings of the Fine International Conference on Gigapixel Imaging for Science* 1 (2010): 1–18. As Davis notes, famous nineteenth-century naturalist Alfred Wallace mentioned and sketched some of these Monte Alegre paintings in his work.

2. The antler was first described in John Gifford and Steven Koski, "An Incised Antler Artifact from Little Salt Spring," *Florida Anthropologist* 64 (2011): 47–52. The authors of that study note the possibility that the antler served a calendrical purpose, though some of the points made here are based on my own interpretation.

3. Karenleigh Overmann, "Material Scaffolds in Numbers and Time," *Cambridge Archaeological Journal* 23 (2013): 19–39. For one comprehensive interpretation of the Taï plaque, see Alexander Marshack, "The Taï Plaque and Calendrical Notation in the Upper Paleolithic," *Cambridge Archaeological Journal* 1 (1991): 25–61.

4. For one analysis of the Ishango bone, see Vladimir Pletser and Dirk Huylebrouck, "The Ishango Artefact: The Missing Base 12 Link," *Forma* 14 (1999): 339–346.

5. The Lebombo bone is discussed in Francesco d'Errico, Lucinda Backwell, Paola Villa, Ilaria Degano, Jeannette Lucejko, Marion Bamford, Thomas Higham, Maria Colombini, and Peter Beaumont, "Early Evidence of San Material Culture Represented by Organic Artifacts from Border Cave, South Africa," *Proceedings of the National Academy of Sciences USA* 109 (2012): 13214–13219.

6. For more on the world's tally systems, see Karl Menninger, *Number Words and Number Symbols* (Cambridge, MA: MIT Press, 1969). For a more detailed description of the Jarawara tally system, see Caleb Everett, "A Closer Look at a Supposedly Anumeric Language," *International Journal of Amer-*

ican Linguistics 78 (2012): 575–590.

7. For detailed analysis of these geoglyphs, see Martti Parssinen, Denise Schaan, and Alceu Ranzi, "Pre-Columbian Geometric Earthworks in the Upper Purus: A Complex Society in Western Amazonia," *Antiquity* 83 (2009): 1084–1095.

8. Karenleigh Overmann, "Finger-Counting in the Upper Paleolithic," *Rock Art Research* 31 (2014): 63–80.

9. The Indonesian cave paintings, possibly the oldest uncovered to date, are discussed in Maxime Aubert, Adam Brumm, Muhammad Ramli, Thomas Sutikna, Wahyu Saptomo, Budianto Hakim, Michael Morwood, G. van den Bergh, Leslie Kinsley, and Anthony Dosseto, "Pleistocene Cave Art from Sulawesi, Indonesia," *Nature* 514 (2014): 223–227. For an example of how such cave paintings are dated, see the discussion of the Fern Cave in Rosemary Goodall, Bruno David, Peter Kershaw, and Peter Fredericks, "Prehistoric Hand Stencils at Fern Cave, North Queensland (Australia): Environmental and Chronological Implications of Rama Spectroscopy and FT-IR Imaging Results," *Journal of Archaeological Science* 36 (2009): 2617–2624.

10. Many books have been written on the history of writing. My claims here are based in part on Barry Powell, *Writing: Theory and History of the Technology of Civilization* (West Sussex: Wiley-Blackwell, 2012).

11. I am grateful to an anonymous reviewer for pointing out this example.

12. For more on this Sumerian history, and the history of other numeral and counting systems, see Graham Flegg, *Numbers through the Ages* (London: Macmillan, 1989) and Graham Flegg, *Numbers: Their History and Meaning* (New York: Schocken Books, 1983).

13. For a cognitively oriented survey of the world's numeral systems, see Stephen Chrisomalis, "A Cognitive Typology for Numerical Notation," *Cambridge Archaeological Journal* 14 (2004): 37–52.

14. The decipherment of Maya writing is detailed in Michael Coe, *Breaking the Maya Code* (London: Thames & Hudson, 2013).

15. Mayan numerals are vigesimally based, but some calendrical numerals use dots in the third position to represent 360 instead of 400, that is, they are a combination of base-20 and base-18 patterns. This so-called long-count system facilitated the specification of dates with respect to the creation of the universe in Mayan mythology.

16. This discussion of numerals only touches on a few of the ways in which numeral systems vary, ways that are particularly relevant for this book. For the most comprehensive and detailed look at the way numerals vary, see

Stephen Chrisomalis, *Numerical Notation: A Comparative History* (New York: Cambridge University Press, 2010). Chrisomalis's work exhaustively categorizes numeral types according to a variety of functional parameters.

17. The single knot at the bottom of the cords, in the 'ones' position, represented different numbers in accordance with how many loops were needed to make it. In this way, it was clear that this position represented the "end" of the numeral. The remaining knots were simpler and occurred in clusters in the positions associated with particular exponents. The account I present here admittedly glosses over some of the complexity of this semiotic system, focusing on its decimal nature. For more on Incan numerals, see, for example, Gary Urton, "From Middle Horizon Cord-Keeping to the Rise of Inka Khipus in the Central Andes," *Antiquity* 88 (2014): 205–221.

18. Flegg, *Numbers through the Ages.*

第3章

1. The claim that Jarawara was anumeric was made in R. M. W. Dixon, *The Jarawara Language of Southern Amazonia* (Oxford: Oxford University Press, 2004), 559. I describe Jarawara numbers in Caleb Everett, "A Closer Look at a Supposedly Anumeric Language," *International Journal of American Linguistics* 78 (2012): 575–590, 583.

2. Cardinal number words like 'one,' 'two,' and 'three' describe sets of quantities, in contrast to ordinal words like 'first,' 'second,' and 'third.'

3. For more formal definitions of bases, see, for example, Bernard Comrie, "The Search for the Perfect Numeral System, with Particular Reference to Southeast Asia," *Linguistik Indonesia* 22 (2004): 137–145, or Harald Hammarström, "Rarities in Numeral Systems," in *Rethinking Universals: How Rarities Affect Linguistic Theory*, ed. Jan Wohlgemuth and Michael Cysouw (Berlin: De Gruyter Mouton, 2010), 11–59, 15, or Frans Plank, "Senary Summary So Far," *Linguistic Typology* 3 (2009): 337–345. Such formal definitions are avoided here as they differ from one another in minor ways that are not central to our story.

4. The frequency-based reduction of words is discussed, for instance, in Joan Bybee, *The Phonology of Language Use* (Cambridge: Cambridge University Press, 2001).

5. The finger basis of many spoken numbers is outlined in multiple works, including Alfred Majewicz, "Le Rôle du Doigt et de la Main et Leurs Désignations dans la Formation des Systèmes Particuliers de Numération et de Noms de Nombres dans Certaines Langues," in *La Main et les Doigts*, ed.

F. de Sivers (Leuven, Belgium: Peeters, 1981), 193–212.

6. The numbers of languages in particular families are taken from M. Paul Lewis, Gary Simons, and Charles Fennig, eds., *Ethnologue: Languages of the World,* nineteenth edition (Dallas, TX: SIL International, 2016).

7. The word list and discussion of Indo-European forms is based on Robert Beekes, *Comparative Indo-European Linguistics: An Introduction* (Amsterdam: John Benjamins, 1995).

8. Andrea Bender and Sieghard Beller, " 'Fanciful' or Genuine? Bases and High Numerals in Polynesian Number Systems," *Journal of the Polynesian Society* 115 (2006): 7–46. See as well the discussion of Austronesian bases in Paul Sidwell, *The Austronesian Languages,* revised Edition (Canberra: Australian National University, 2013).

9. This insightful point was made by an anonymous reviewer.

10. Bernard Comrie, "Numeral Bases," in *The World Atlas of Language Structures Online,* ed. Matthew Dryer and Martin Haspelmath (Leipzig: Max Planck Institute for Evolutionary Anthropology, 2013), http://wals.info/chapter/131. For the most comprehensive survey of the world's verbal number systems, see the massive online database maintained by linguist Eugene Chan: https://mpi-lingweb.shh.mpg.de/numeral/.

11. This point is made in David Stampe, "Cardinal Number Systems," in *Papers from the Twelfth Regional Meeting, Chicago Linguistic Society* (Chicago: Chicago Linguistic Society, 1976), 594–609, 596.

12. Bernd Heine, *The Cognitive Foundations of Grammar* (Oxford: Oxford University Press 1997), 21.

13. For more details on the mechanics of number creation, see James Hurford, *Language and Number: Emergence of a Cognitive System* (Oxford: Blackwell, 1987).

14. The "basic numbers" referred to here are, defined pithily, cardinal terms used to describe the quantities of sets of items.

15. I am not the first to suggest that numbers serve as cognitive tools. This point has been advanced in several works, perhaps most clearly in Heike Wiese, "The Co-Evolution of Number Concepts and Counting Words," *Lingua* 117 (2007): 758–772, and Heike Wiese, *Numbers, Language, and the Human Mind* (Cambridge: Cambridge University Press, 2003).

16. The Indian merchant counting strategy is discussed in Georges Ifrah, *The Universal History of Numbers: From Prehistory to the Invention of the Computer* (London: Harville Press, 1998). It has also been suggested that base-60 strategies are due to a combination of decimal and base-6 systems,

in which case they would still be partially based on human digits.

17. For an analysis of Oksapmin counting, see Geoffrey Saxe, "Developing Forms of Arithmetical Thought among the Oksapmin of Papua New Guinea," *Developmental Psychology* 18 (1982): 583–594. Counting among the Yupno is described in Jurg Wassman and Pierre Dasen, "Yupno Number System and Counting," *Journal of Cross-Cultural Psychology* 25 (1994): 78–94.

18. An overview of base-6 systems is given in Plank, "Senary Summary So Far." See also Mark Donohue, "Complexities with Restricted Numeral Systems," *Linguistic Typology* 12 (2008): 423–429, as well as Nicholas Evans, "Two *pus* One Makes Thirteen: Senary Numerals in the Morehead-Maro Region," *Linguistic Typology* 13 (2009): 321–335.

19. See Patience Epps, "Growing a Numeral System: The Historical Development of Numerals in an Amazonian Language Family," *Diachronica* 23 (2006): 259–288, 268.

20. These points are based in part on Hammarström, "Rarities in Numeral Systems," which surveys rare number bases in the world's languages.

21. Claims of the limits of numbers in Australian languages are made in Kenneth Hale, "Gaps in Grammar and Culture," in *Linguistics and Anthropology: In Honor of C. F. Voegelin*, ed. M. Dale Kinkade, Kenneth Hale, and Oswald Werner (Lisse: Peter de Ridder Press, 1975), 295–315, and R. M. W. Dixon, *The Languages of Australia* (Cambridge: Cambridge University Press, 1980). The detailed survey of Australian numbers discussed here is in Claire Bowern and Jason Zentz, "Diversity in the Numeral Systems of Australian Languages," *Anthropological Linguistics* 54 (2012): 133–160. Despite the relatively restricted number inventories of Australian languages, the majority of them also have grammatical means of expressing concepts like plural, singular, and even dual, meaning that their speakers frequently refer to discrete differences between smaller quantities though they have limited means of conveying minor discrepancies between larger quantities. Given that some Amazonian languages lack the latter sorts of grammatical means of encoding basic numerical concepts, and given that the most restricted number systems are found in Amazonian languages, it is fair to say that the most linguistically anumeric groups reside in Amazonia.

22. See Nicholas Evans and Stephen Levinson, "The Myth of Language Universals: Language Diversity and Its Importance for Cognitive Science," *Behavioral and Brain Sciences* 32 (2009): 429–448.

23. In this chapter we have discussed global patterns in cardinal numbers, words that describe the quantities of sets of items. The focus has been on the representation of words for positive integers, since other numbers (like

fractions and negative numbers) are less common in the world's cultures and are also comparatively recent innovations. It is worth mentioning, though, that many generalizations we have highlighted also apply to fractions, given that these are based on integers in any given language. In English, for instance, fractions such as one tenth, one fifth, and so on, are inverted units taken from the basic decimal scale. This is not surprising, since it would be symbolically cumbersome to switch to, say, a senary base from a decimal one when speaking about fractions.

第4章

1. See Matthew Dryer, "Coding of Nominal Plurality," in *The World Atlas of Language Structures Online,* ed. Matthew Dryer and Martin Haspelmath (Leipzig: Max Planck Institute for Evolutionary Anthropology, 2013), http://wals.info/chapter/33.

2. Stanislas Dehaene, *The Number Sense: How the Mind Creates Mathematics* (New York: Oxford University Press, 2011), 80.

3. Robert Dixon, *The Dyirbal Language of North Queensland* (New York: Cambridge University Press, 1972), 51.

4. Some morphological particulars in Kayardild are glossed over here. For more on the dual in this language, consult the following comprehensive grammatical description: Nicholas Evans, *A Grammar of Kayardild* (Berlin: Mouton de Gruyter, 1995), 184.

5. Greville Corbett, *Number* (Cambridge: Cambridge University Press, 2000), 20.

6. Wyn Laidig and Carol Laidig, "Larike Pronouns: Duals and Trials in a Central Moluccan Language," *Oceanic Linguistics* 29 (1990): 87–109, 92.

7. As an anonymous reviewer points out, some controversial claims of quadral markers, used in restricted contexts, have been made for the Austronesian languages Tangga, Marshallese, and Sursurunga. See the discussion of these forms in Corbett, *Number,* 26–29. As Corbett notes in his comprehensive survey, the forms are probably best considered paucal markers. In fact, his impressive survey did not uncover any cases of quadral marking in the world's languages.

8. Boumaa Fijian grammatical number is discussed in R. M. W. Dixon, *A Grammar of Boumaa Fijian* (Chicago: University of Chicago Press, 1988).

9. Thomas Payne, *Describing Morphosyntax* (Cambridge: Cambridge University Press, 1997), 109.

10. Payne, *Describing Morphosyntax*, 98.

11. Payne, *Describing Morphosyntax.*

12. For a book-length discussion of grammatical number, see Corbett, *Number.*

13. Jon Ortiz de Urbina, *Parameters in the Grammar of Basque* (Providence, RI: Foris, 1989). Technically the verb agrees in number with the 'absolutive' noun, not the object, but this distinction is not important to our discussion.

14. Payne, *Describing Morphosyntax,* 108.

15. John Lucy, *Grammatical Categories and Cognition: A Case Study of the Linguistic Relativity Hypothesis* (Cambridge: Cambridge University Press, 1992), 54.

16. Caleb Everett, "Language Mediated Thought in 'Plural' Action Perception," in *Meaning, Form, and Body,* ed. Fey Parrill, Vera Tobin, and Mark Turner (Stanford, CA: CSLI 2010), 21–40. Note that the pattern described here is not the same as a verb agreeing with nominal number. The pattern in question is more similar to the *stampede* vs. *run* example, in which a verb has inherent plural connotations.

17. Dehaene, *The Number Sense.*

18. For evidence of the commonality of 1–3, see Frank Benford, "The Law of Anomalous Numbers," *Proceedings of the American Philosophical Society* 78 (1938): 551–572. For a discussion of the commonality of smaller quantities and of multiples of 10, see Dehaene, *The Number Sense,* 99–101.

19. This example of Roman numerals has been noted elsewhere, for instance, in Dehaene, *The Number Sense.*

20. The range of sounds in languages is taken from Peter Ladefoged and Ian Maddieson, *The Sounds of the World's Languages* (Hoboken, NJ: Wiley-Blackwell, 1996). For one study on the potential environmental adaptations of languages, see Caleb Everett, Damián Blasi, and Seán Roberts, "Climate, Vocal Cords, and Tonal Languages: Connecting the Physiological and Geographic Dots," *Proceedings of the National Academy of Sciences USA* 112 (2015): 1322–1327.

第5章

1. The Pirahã have been discussed extensively elsewhere, most notably in my father's book: Daniel Everett, *Don't Sleep, There Are Snakes: Life and Language in the Amazonian Jungle* (New York: Random House, 2008).

2. John Hemming, *Tree of Rivers: The Story of the Amazon* (London: Thames and Hudson, 2008), 181.

3. In fact, he became a very well-known scholar after encountering the Pirahã and has published numerous works on their language as well as other topics. These works have led to extensive discussion in academic circles, and in the media, on the nature of language. Most famously, perhaps, his research on the language suggests that the Pirahã language lacks recursion, a syntactic feature assumed by some linguists to occur in all languages.

4. These results on the imprecision of number-like words in the language are presented in Michael Frank, Daniel Everett, Evelina Fedorenko, and Edward Gibson, "Number as a Cognitive Technology: Evidence from Pirahã Language and Cognition," *Cognition* 108 (2008): 819–824. My discussion combines the results of the "increasing quantity elicitation" and "decreasing quantity elicitation" tasks in that study. The observation that all number-like words in the language are imprecise was offered earlier, in Daniel Everett, "Cultural Constraints on Grammar and Cognition in Pirahã: Another Look at the Design Features of Human Language," *Current Anthropology* 46 (2005): 621–646.

5. Pierre Pica, Cathy Lemer, Veronique Izard, and Stanislas Dehaene, "Exact and Approximate Arithmetic in an Amazonian Indigene Group," *Science* 306 (2004): 499–503.

6. Peter Gordon, "Numerical Cognition without Words: Evidence from Amazonia," *Science* 36 (2004): 496–499.

7. In other words, the correlation had what psychologists call a standard *coefficient of variation*. The coefficient of variation refers to the ratio one arrives at by taking the standard deviation of responses and dividing it by the correct responses, for each target quantity. Gordon found that the coefficient of variation hovered around 0.15 for all quantities greater than three. We observed the same pattern in follow-up work among the Pirahã.

8. See Caleb Everett and Keren Madora, "Quantity Recognition among Speakers of an Anumeric Language," *Cognitive Science* 36 (2012): 130–141.

9. The results obtained at Xaagiopai do suggest that, when the Pirahã have had some practice with number words in their own language, they also begin to show signs of recognizing larger quantities more precisely. After all, their performance on the basic line matching task did seem to improve in that village after some number-word familiarization.

10. Interestingly, some languages in South Australia have "birth-order names," which indicate someone's relative age when contrasted to their siblings. As an anonymous reviewer points out, this is true in the Kaurna language, for example.

11. These Munduruku findings are presented in Pica et al., "Exact and Ap-

proximate Arithmetic in an Amazonian Indigene Group."

12. Pica et al., "Exact and Approximate Arithmetic in an Amazonian Indigene Group," 502.

13. Franc Marušič, Rok Žaucer, Vesna Plesničar, Tina Razboršek, Jessica Sullivan, and David Barner, "Does Grammatical Structure Speed Number Word Learning? Evidence from Learners of Dual and Non-Dual Dialects of Slovenian," *PLoS ONE* 11 (2016): e0159208. doi:10.1371/journal.pone.0159208.

14. Stanislas Dehaene, *The Number Sense: How the Mind Creates Mathematics* (New York: Oxford University Press, 2011), 264.

15. Koleen McCrink, Elizabeth Spelke, Stanislas Dehaene, and Pierre Pica, "Non-Developmental Halving in an Amazonian Indigene Group," *Developmental Science* 16 (2012): 451–462.

16. Maria de Hevia and Elizabeth Spelke, "Number-Space Mapping in Human Infants," *Psychological Science* 21 (2010): 653–660.

17. The study of the mental number line evident among the Munduruku is Stanislas Dehaene, Veronique Izard, Elizabeth Spelke, and Pierre Pica, "Log or Linear? Distinct Intuitions of the Number Scale in Western and Amazonian Indigene Cultures," *Science* 320 (2008): 1217–1220.

18. Rafael Núñez, Kensy Cooperrider, and Jurg Wassman, "Number Concepts without Number Lines in an Indigenous Group of Papua New Guinea," *PLoS ONE* 7 (2012): 1–8.

19. Elizabet Spaepen, Marie Coppola, Elizabeth Spelke, Susan Carey, and Susan Goldin-Meadow, "Number without a Language Model," *Proceedings of the National Academy of Sciences USA* 108 (2011): 3163–3168, 3167.

20. Only now are there signs that pressures from the outside will eventually yield the systematic adoption of numbers into these cultures. For instance, many governmental resources have recently been dedicated to familiarizing the Pirahã at Xaagiopai with Portuguese, including Portuguese number words.

第6章

1. We do not know when exactly these number senses become accessible to us, though as we shall see, the approximate number sense is accessible at birth. My reference to number 'senses' owes itself to Stanislas Dehaene's fantastic book, *The Number Sense: How the Mind Creates Mathematics* (New York: Oxford University Press, 2011). As first noted in Chapter 4, the exact number sense is actually enabled by a more general capacity for tracking discrete objects. The quantitative function of this capacity is epiphenomenal. For mnemonic ease I refer to this quantitative function as the exact number

sense, as it is what enables the relatively precise differentiation of smaller sets of items. For more on the general object-tracking or "parallel individuation" capacity that enables the discrimination of small quantities, see, for example, Elizabeth Brannon and Joonkoo Park, "Phylogeny and Ontogeny of Mathematical and Numerical Understanding," in *The Oxford Handbook of Numerical Cognition,* ed. Roy Cohen Kadosh and Ann Dowker (Oxford: Oxford University Press, 2015), 203–213.

2. One case for an innate language capacity is elegantly presented in Steven Pinker, *The Language Instinct: The New Science of Language and Mind* (London: Penguin Books, 1994). For more recent alternative perspectives, the reader may wish to consult accessible texts such as Vyv Evans, *The Language Myth: Why Language Is Not an Instinct* (Cambridge: Cambridge University Press, 2014) or Daniel Everett, *Language: The Cultural Tool* (New York: Random House, 2012).

3. Karen Wynn, "Addition and Subtraction by Human Infants," *Nature* 358 (1992): 749–750.

4. Furthermore, the study addressed some of the criticisms leveled at Wynn, "Addition and Subtraction by Human Infants," as well as other studies that did not control for non-numerical confounds like amount, shape, and configuration of stimuli. See Fei Xu and Elizabeth Spelke, "Large Number Discrimination in 6-Month-Old Infants," *Cognition* 74 (2000): B1–B11.

5. I say "most infants" here, because for four of the sixteen infants who participated in the study, no staring differences were observed when they encountered novel amounts of dots.

6. Xu and Spelke, "Large Number Discrimination in 6-Month-Old Infants," B10.

7. This is an understandable issue with psychological research more generally, which is typically focused on peoples in Western, educated, and industrialized societies, since such peoples are easily accessible to most psychologists. See the discussion in Joseph Henrich, Steven Heine, and Ara Norenzayan, "The Weirdest People in the World?" *Behavioral and Brain Sciences* 33 (2010): 61–83.

8. The study described here is Veronique Izard, Coralie Sann, Elizabeth Spelke, and Arlette Streri, "Newborn Infants Perceive Abstract Numbers," *Proceedings of the National Academy of Sciences USA* 106 (2009): 10382–10385.

9. Such evidence does not suggest, however, that the human brain is *uniquely* hardwired for mathematical thought. As we will see in Chapter 7, other species also have an abstract number sense for differentiating quanti-

ties when the ratio between them is sufficiently large.

10. Jacques Mehler and Thomas Bever, "Cognitive Capacity of Very Young Children," *Science* 3797 (1967): 141–142. See also the enlightening discussion on this topic in Dehaene, *The Number Sense: How the Mind Creates Mathematics,* particularly as it relates to the work of Piaget. I should mention, however, that an insightful reviewer notes that there have been issues replicating the results of Mehler and Bever with very young children.

11. Kirsten Condry and Elizabeth Spelke, "The Development of Language and Abstract Concepts: The Case of Natural Number," *Journal of Experimental Psychology: General* 137 (2008): 22–38.

12. For a different perspective, see Rochel Gelman and C. Randy Gallistel, *Young Children's Understanding of Numbers* (Cambridge, MA: Harvard University Press, 1978), or Rochel Gelman and Brian Butterworth, "Number and Language: How Are They Related?" *Trends in Cognitive Sciences* 9 (2005): 6–10. Note that these works predate some of the research discussed here.

13. A more detailed discussion of the successor principle is presented in, for example, Barbara Sarnecka and Susan Carey, "How Counting Represents Number: What Children Must Learn and When They Learn It," *Cognition* 108 (2008): 662–674.

14. For more on the acquisition of these concepts by children in numerate cultures, I refer the reader to Susan Carey, *The Origin of Concepts* (Oxford: Oxford University Press, 2009), and Susan Carey, "Where Our Number Concepts Come From," *Journal of Philosophy* 106 (2009): 220–254.

15. See Elizabeth Gunderson, Elizabet Spaepen, Dominic Gibson, Susan Goldin-Meadow, and Susan Levine, "Gesture as a Window onto Children's Number Knowledge," *Cognition* 144 (2015): 14–28, 22.

16. See Barbara Sarnecka, Megan Goldman, and Emily Slusser, "How Counting Leads to Children's First Representations of Exact, Large Numbers," in *The Oxford Handbook of Numerical Cognition,* ed. Roy Cohen Kadosh and Ann Dowker (Oxford: Oxford University Press, 2015), 291–309. For more on the acquisition of one-to-one correspondence, see also Barbara Sarnecka and Charles Wright, "The Idea of an Exact Number: Children's Understanding of Cardinality and Equinumerosity," *Cognitive Science* 37 (2013): 1493–1506.

17. See Carey, *The Origin of Concepts.* Carey's account suggests that the innate exact differentiation of small quantities is the chief facilitator of the acquisition of other numerical concepts. In other words, the approximate number sense plays a less substantive role in the initial structuring of numbers, when contrasted to some other accounts. Some empirical support

for her account is offered, for instance, in Mathiew Le Corre and Susan Carey, "One, Two, Three, Four, Nothing More: An Investigation of the Conceptual Sources of the Verbal Counting Principles," *Cognition* 105 (2007): 395–438. Debate remains among specialists as to how our innate number senses are fused. But it is generally agreed that both contribute to the eventual acquisition of numerical and arithmetical concepts.

18. The phrase "concepting labels" is taken from Nick Enfield, "Linguistic Categories and Their Utilities: The Case of Lao Landscape Terms," *Language Sciences* 30 (2008): 227–255, 253. For more on the way that number words serve as placeholders for concepts in the minds of kids, see Sarnecka, Goldman, and Slusser, "How Counting Leads to Children's First Representations of Exact, Large Numbers."

19. While truly representative cross-cultural studies on the development of numerical thought are largely missing in the literature, some recent work with a farming-foraging culture in the Bolivian rainforest, the Tsimane', explores these issues. The Tsimane' take about two to three times as long to learn to count, when contrasted with children in industrialized societies. See Steve Piantadosi, Julian Jara-Ettinger, and Edward Gibson, "Children's Learning of Number Words in an Indigenous Farming-Foraging Group," *Developmental Science* 17 (2014): 553–563. A very recent study of this group has found that their understanding of exact quantity correspondence correlates with knowledge of numbers and counting, as predicted by the account presented here. Interestingly, however, that same study suggests that there is at least one Tsimane' child "who cannot count but nevertheless understands the logic of exact equality." This is unexpected but not startling either. After all, we know that some humans (like number inventors) come to recognize exact equality without first counting. Of course, these Tsimane' kids still have exposure to counting and numerical semiotic practices, as they are embedded in a numerate culture. It is clear from all the relevant work, including that among the Tsimane', that learning to count greatly facilitates the subsequent recognition of precise quantities. See Julian Jara-Ettinger, Steve Piantadosi, Elizabeth S. Spelke, Roger Levy, and Edward Gibson, "Mastery of the Logic of Natural Numbers is not the Result of Mastery of Counting: Evidence form Late Counters," *Developmental Science* 19 (2016): 1–11. doi:10.1111/desc12459, 8.

第 7 章

1. For more on this experiment, of which I have provided only a basic

summary, see Daniel Hanus, Natacha Mendes, Claudio Tennie, and Josep Call, "Comparing the Performances of Apes *(Gorilla gorilla, Pan troglodytes, Pongo pygmaeus)* and Human Children *(Homo sapiens)* in the Floating Peanut Task," *PLoS ONE* 6 (2011): e19555.

2. For evidence on the extent to which the collaboration between animals and humans impacted our species, see Pat Shipman, "The Animal Connection and Human Evolution," *Current Anthropology* 54 (2010): 519–538.

3. For more on Clever Hans, see Oscar Pfungst, *Clever Hans: (The Horse of Mr. von Osten) A Contribution to Animal and Human Psychology* (New York: Holt and Company, 1911).

4. See Charles Krebs, Rudy Boonstra, Stan Boutin, and A. R. E. Sinclair, "What Drives the 10-Year Cycle of Snowshoe Hares?" *Bioscience* 51 (2001): 25–35.

5. The emergence of prime numbers in such cycles is described in Paulo Campos, Viviane de Oliveira, Ronaldo Giro, and Douglas Galvão, "Emergence of Prime Numbers as the Result of Evolutionary Strategy," *Physical Review Letters* 93 (2004): 098107.

6. Nevertheless, it must be acknowledged that some invertebrate species exhibit behaviors consistent with rudimentary quantity approximation. See the survey in Christian Agrillo, "Numerical and Arithmetic Abilities in Non-Primate Species," in *Oxford Handbook of Numerical Cognition*, ed. Ann Dowker (Oxford: Oxford University Press, 2015), 214–236.

7. The numerical cognition of salamanders is described in Claudia Uller, Robert Jaeger, Gena Guidry, and Carolyn Martin, "Salamanders *(Plethodon cinereus)* Go for More: Rudiments of Number in an Amphibian," *Animal Cognition* 6 (2003): 105–112, and also in Paul Krusche, Claudia Uller, and Ursula Dicke, "Quantity Discrimination in Salamanders," *Journal of Experimental Biology* 213 (2010): 1822–1828. Results obtained with fish are described in Christian Agrillo, Laura Piffer, Angelo Bisazza, and Brian Butterworth, "Evidence for Two Numerical Systems That Are Similar in Humans and Guppies," *PLoS ONE* 7 (2012): e31923.

8. The seminal study of rats is that of John Platt and David Johnson, "Localization of Position within a Homogeneous Behavior Chain: Effects of Error Contingencies," *Learning and Motivation* 2 (1971): 386–414.

9. Regarding lionesses, see Karen McComb, Craig Packer, and Anne Pusey, "Roaring and Numerical Assessment in the Contests between Groups of Female Lions, *Panther leo*," *Animal Behaviour* 47 (1994): 379–387. For findings on pigeons, see Jacky Emmerton, "Birds' Judgments of Number and Quantity," in *Avian Visual Cognition*, ed. Robert Cook (Boston: Compara-

tive Cognition Press, 2001).

10. Agrillo, "Numerical and Arithmetic Abilities in Non-Primate Species," 217.

11. Results vis-à-vis dogs are offered in Rebecca West and Robert Young, "Do Domestic Dogs Show Any Evidence of Being Able to Count?" *Animal Cognition* 5 (2002): 183–186. For findings with robins, see Simon Hunt, Jason Low, and K. C. Burns, "Adaptive Numerical Competency in a Food-Hoarding Songbird," *Proceedings of the Royal Society of London: Biological Sciences* 267 (2008): 2373–2379.

12. Agrillo et al., "Evidence for Two Numerical Systems That Are Similar in Humans and Guppies."

13. The similarity of the human and chimp genomes is described by The Chimpanzee Sequencing and Analysis Consortium, "Initial Sequence of the Chimpanzee Genome and Comparison with the Human Genome," *Nature* 437 (2005): 69–87. The value of genomic correspondence varies depending on the methods used, but is generally found to be greater than 95 percent. See also Roy Britten, "Divergence between Samples of Chimpanzee and Human DNA Sequences is 5% Counting Indels," *Proceedings of the National Academy of Sciences USA* 99 (2002): 13633–13635. For an exploration of the human genetic similarity to other species, visit http://ngm.nationalgeographic.com/2013/07/125-explore/shared-genes.

14. Mihaela Pertea and Steven Salzberg, "Between a Chicken and a Grape: Estimating the Number of Human Genes," *Genome Biology* 11 (2010): 206.

15. See Marc Hauser, Susan Carey, and Lilan Hauser, "Spontaneous Number Representation in Semi-Free Ranging Rhesus Monkeys," *Proceedings of the Royal Society of London: Biological Science* 267 (2000): 829–833. Some of Hauser's work has been called into question due to an inquiry conducted at Harvard, which found evidence that some of his results had been tampered with. The results in this particular study are not involved in that inquiry.

16. The results on this ascending task are described in Elizabeth Brannon and Herbert Terrace, "Ordering of the Numerosities 1–9 by Monkeys," *Science* 282 (1998): 746–749.

17. The chocolate experiment is described in Duane Rumbaugh, Sue Savage-Rumbaugh, and Mark Hegel, "Summation in the Chimpanzee *(Pan troglodytes),*" *Journal of Experimental Psychology: Animal Behaviors Processes* 13 (1987): 107–115.

18. Support for these claims is presented in Brannon and Terrace, "Ordering of the Numerosities 1–9 by Monkeys." With respect to baboons and

squirrel monkeys, see Brian Smith, Alexander Piel, and Douglas Candland, "Numerity of a Socially Housed Hamadryas Baboon *(Papio hamadryas)* and a Socially Housed Squirrel Monkey *(Saimiri sciureus)*," *Journal of Comparative Psychology* 117 (2003): 217–225. For more on squirrel monkeys, see Anneke Olthof, Caron Iden, and William Roberts, "Judgements of Ordinality and Summation of Number Symbols by Squirrel Monkeys *(Saimiri sciureus)*," *Journal of Experimental Psychology: Animal Behaviors Processes* 23 (1997): 325–339. Monkeys are capable of selecting the larger quantity of food items via approximation or via more exact methods that depend on training with numbers. Yet their quantity-discrimination skills are not restricted to the realm of consumables. Studies have also shown that rhesus monkeys can accurately choose the larger of two digital arrays of items presented via computer screen, even after non-numeric properties, such as surface area of the presented stimuli, are controlled. See Michael Beran, Bonnie Perdue, and Theodore Evans, "Monkey Mathematical Abilities," in *Oxford Handbook of Numerical Cognition,* ed. Ann Dowker (Oxford: Oxford University Press, 2015), 237–259.

19. The cross-species evidence for an exact number sense, enabled by what is often referred to as the parallel individuation system, is weaker and, to some researchers, marginal at best. See discussion in Beran, Perdue, and Evans, "Monkey Mathematical Abilities." Researchers have not fully fleshed out the range of similarity between our innate number senses and those evident in other species, such as our primate relatives.

20. Elizabeth Brannon and Joonkoo Park, "Phylogeny and Ontogeny of Mathematical and Numerical Understanding," in *Oxford Handbook of Numerical Cognition,* ed. Ann Dowker (Oxford: Oxford University Press, 2015), 209.

21. Irene Pepperberg, "Further Evidence for Addition and Numerical Competence by a Grey Parrot *(Psittacus erithacus)*," *Animal Cognition* 15 (2012): 711–717. For results with Sheba, see Sarah Boysen and Gary Berntson, "Numerical Competence in a Chimpanzee *(Pan troglodytes)*," *Journal of Comparative Psychology* 103 (1989): 23–31.

22. Pepperberg, "Further Evidence for Addition and Numerical Competence by a Grey Parrot *(Psittacus erithacus)*," 711.

第8章

1. To read more about how patterns in language impact thought, see Caleb Everett, *Linguistic Relativity: Evidence across Languages and Cognitive Do-*

mains (Berlin: De Gruyter Mouton, 2013).

2. James Hurford, *Language and Number: Emergence of a Cognitive System* (Oxford: Blackwell, 1987), 13. The perspective I present here is influenced by the more recent work of Heike Wiese, "The Co-Evolution of Number Concepts and Counting Words," *Lingua* 117 (2007): 758–772. She observes on page 762 that "the dual status of counting words crucially means that they are numbers (as well as words), rather than number names, that is, they do not refer to extra-linguistic 'numbers', but instead are used as numbers right away." Wiese also notes that the traditional "numbers-as-names" approach overlooks ordinal ('first,' 'second,' etc.) and nominal (e.g., "the #9 bus") number words.

3. Karenleigh Overmann, "Numerosity Structures the Expression of Quantity in Lexical Numbers and Grammatical Number," *Current Anthropology* 56 (2015): 638–653, 639. For a reply to this article, see Caleb Everett, "Lexical and Grammatical Number Are Cognitive and Historically Dissociable," *Current Anthropology* 57 (2016): 351.

4. Stanislas Dehaene, *The Number Sense: How the Mind Creates Mathematics* (New York: Oxford University Press, 2011), 80.

5. See Kevin Zhou and Claire Bowern, "Quantifying Uncertainty in the Phylogenetics of Australian Number Systems," *Proceedings of the Royal Society B: Biological Sciences* 282 (2015): 2015–1278. These findings are consistent with the related discussion of Australian numbers in Chapter 3, which was based on a separate study—one also co-authored by Bowern.

6. The physical bases of number words has been observed in many sources, for instance, in Bernd Heine, *Cognitive Foundations of Grammar* (Oxford: Oxford University Press, 1997).

7. Apart from any particular contestable details of this account, little doubt remains that number words are verbal tools, not merely labels for concepts that all people are innately predisposed to recognize. See also Wiese, "The Co-Evolution of Number Concepts and Counting Words," 769, where she notes, for example, that "counting words are verbal instances of numerical tools, that is, verbal tools we use in number assignments."

8. There are many works on embodied cognition. For one extensive survey of this topic, consult Lawrence Shapiro (ed.), *The Routledge Handbook of Embodied Cognition* (New York: Routledge, 2014). In contrast to the account presented here, some archaeologists have focused on how body-external features have impacted the innovation of numbers. See, for example, Karenleigh Overmann, "Material Scaffolds in Numbers and Time," *Cambridge Archaeological Journal* 23 (2013): 19–39. They suggest an alternate account, according to

which materials like beads, tokens, and tally marks served as material placeholders for concepts that were then instantiated linguistically. No doubt such artifacts, like other material factors, placed additional pressures on humans to invent and refine numbers. (See Chapter 10.) But the perspective espoused here is that the anatomical pathways to numbers are more basic ontogenetically and historically when contrasted to any other (no doubt extant) external numeric placeholders. Fingers are, after all, more experientially primal than such body-external material stimuli. In addition, there is a clear tie between numeric language and the body (see Chapter 3), which suggests the primacy of the body in inventing numbers, not just labeling them after material placeholders for numbers are invented. The claim here is not, however, that material technologies and symbols do not also play a role in fostering numerical thought, and the research of such archaeologists is crucial to elucidating the extent of that role. As humans engaged with numbers materially, we no doubt faced greater pressures to extend our number systems in new ways. But, even considering such pressures, our fingers are what enabled the very invention of numbers, at least in most cases.

9. Rafael Núñez and Tyler Marghetis, "Cognitive Linguistics and the Concept(s) of Number," in *The Oxford Handbook of Numerical Cognition*, ed. Roy Cohen Kadosh and Ann Dowker (Oxford: Oxford University Press, 2015), 377–401, 377.

10. For a detailed consideration of the role of metaphors in the creation of math, see George Lakoff and Rafael Núñez, *Where Mathematics Comes From: How the Embodied Mind Brings Mathematics into Being* (New York: Basic Books, 2001). For a more recent consideration, see Núñez and Marghetis, "Cognitive Linguistics and the Concept(s) of Number."

11. Núñez and Marghetis, "Cognitive Linguistics and the Concept(s) of Number," 402.

12. Núñez and Marghetis, "Cognitive Linguistics and the Concept(s) of Number," 402.

13. Of course, kids are frequently counting actual objects when they learn and use math. Yet the larger point is that in all contexts, including abstract ones, we use a physical grounding to talk about how we mentally manipulate the quantities represented through numbers. Such metaphorical bases of numerical language are common throughout the world. In Chapter 5 it was noted, though, that number lines are not used in all cultures to make sense of quantities.

14. The value of gestures in exploring human cognition is evident, for example, in Susan Goldin-Meadow, *The Resilience of Language: What Gesture*

Creation in Deaf Children Can Tell Us about How All Children Learn Language (New York: Psychology Press, 2003). The findings on mathematical gestures discussed here are also taken from Núñez and Marghetis, "Cognitive Linguistics and the Concept(s) of Number."

15. These points on brain imaging are adapted from Stanislas Dehaene, Elizabeth Spelke, Ritta Stanescu, Philippe Pinel, and Susanna Tsivkin, "Sources of Mathematical Thinking: Behavioral and Brain-Imaging Evidence," *Science* 284 (1999): 970–974. The spatial interference example is adapted from Dehaene, *The Number Sense: How the Mind Creates Mathematics,* 243.

16. This SNARC effect was first described in Stanislas Dehaene, Serge Bossini, and Pascal Giraux, "The Mental Representation of Parity and Number Magnitude," *Journal of Experimental Psychology: General* 122 (1993): 371–396.

17. See Heike Wiese, *Numbers, Language, and the Human Mind* (Cambridge: Cambridge University Press, 2003), and Wiese, "The Co-Evolution of Number Concepts and Counting Words," for a detailed account of how syntax may impact numerical thought. According to Wiese, this sort of linguistically based thinking enables us to use not just cardinal numbers, which refer to the values of particular sets of items, but also ordinal and nominal numbers. (See note 2.) Such valuable insights should not be overextended either. The range of diversity in the world's languages should give us pause before concluding that syntactic influences play a major role in the expansion of numerical thought in all cultures. Considering the extent to which some languages allow so-called free word order and do not have rigid syntactic constraints like English, such caution is prudent. These include many languages with rich case systems that convey who the subject and object are irrespective of their position in a clause (Latin, for instance). The speakers of some languages with freer syntax still acquire numbers. This does not imply that syntax does not play a role in facilitating our own acquisition of such concepts. However, any influence of grammar on the way we learn numbers likely varies substantially across cultures.

18. For more on brain-to-body size ratios, see Lori Marino, "A Comparison of Encephalization between Ondontocete Cetaceans and Anthropoid Primates," *Brain, Behavior and Evolution* 51 (1998) 230–238. For further details of the human cortex, see Suzana Herculano-Houzel, "The Human Brain in Numbers: A Linearly Scaled-Up Primate Brain," *Frontiers in Human Neuroscience* 3 (2009): doi:10.3389/neuro.09.031.2009. The neuron count used here is taken from Dorte Pelvig, Henning Pakkenberg, Anette Stark, and Bente Pakkenberg, "Neocortical Glial Cell Numbers in Human Brains," *Neurobi-*

ology of Aging 29 (2008): 1754–1762.

19. IPS activation in monkeys is described in Andreas Nieder and Earl Miller, "A Parieto-Frontal Network for Visual Numerical Information in the Monkey," *Proceedings of the National Academy of Sciences USA* 19 (2004): 7457–7462. The interaction of cortical regions and particular quantities has been discussed in various works, including Dehaene, *The Number Sense: How the Mind Creates Mathematics,* 248–251.

20. Relevant locations in the IPS are presented in Stanislas Dehaene, Manuela Piazza, Philippe Pinel, and Laurent Cohen, "Three Parietal Circuits for Number Processing," *Cognitive Neuropsychology* 20 (2003): 487–506. Degree of activation is discussed in Philippe Pinel, Stanislas Dehaene, D. Rivière, and Denis LeBihan, "Modulation of Parietal Activation by Semantic Distance in a Number Comparison Task," *Neuroimage* 14 (2001): 1013–1026.

21. See Dehaene, *The Number Sense: How the Mind Creates Mathematics,* 241, for imaging evidence of the verbal expansion of quantitative reasoning. Given that the hIPS is clearly associated with numerical cognition, some researchers have posited a brain "module" dedicated to numerical thought. See Brian Butterworth, *The Mathematical Brain* (London: Macmillan, 1999). It is important to recall that the cortex is highly plastic and that, although certain parts of the brain may be associated with certain functions, these regions may vary across individuals.

第9章

1. Khufu was about 8 meters taller before its outer shell eroded. Using the original height (139 + 8), we have $147 \times 2 \times \pi = 924$, while the perimeter is $230 \times 4 = 920$.

2. The most widely cited survey of color terms is Brent Berlin and Paul Kay, *Basic Color Terms: Their Universality and Evolution* (Berkeley: University of California Press, 1969). Fascinating data on the cross-cultural variability of olfactory categorizations are presented in Asifa Majid and Niclas Burenhult, "Odors are Expressable in Language, as Long as You Speak the Right Language," *Cognition* 130 (2014): 266–270.

3. The correlation between numbers and subsistence strategy is presented in the global survey in Patience Epps, Claire Bowern, Cynthia Hansen, Jane Hill, and Jason Zentz, "On Numeral Complexity in Hunter-Gatherer Languages," *Linguistic Typology* 16 (2012): 41–109. The findings on Bardi are taken from the same work, p. 50.

4. As we saw in Chapter 8, however, some Australian languages do have

a number word for 5, which leads to the relatively rapid innovation of larger numbers.

5. For more on the isolation of some Amazonian groups, see Dylan Kesler and Robert Walker, "Geographic Distribution of Isolated Indigenous Societies in Amazonia and the Efficacy of Indigenous Territories," *PLoS ONE* 10 (2015): e0125113.

6. Although we should not denigrate particular linguistic and cultural traditions, we can avoid such prejudices while simultaneously acknowledging that numerical technologies enable certain types of reasoning that, in turn, yield new kinds of innovations. These innovations, it should be admitted, ultimately include such benefits as medicinal technologies that yield longer life spans. So even though numbers may not lead to impartially considered "better" or "more advanced" lives, they were indubitably crucial to the transition to longer life spans. Of course numbers were also crucial to less pleasant developments, such as mechanized warfare.

7. See, for instance, Andrea Bender and Sieghard Beller, "Mangarevan Invention of Binary Steps for Easier Calculation," *Proceedings of the National Academy of Sciences USA* 111 (2014): 1322–1327, as well as Andrea Bender and Sieghard Beller, "Numeral Classifiers and Counting Systems in Polynesian and Micronesian Languages: Common Roots and Cultural Adaptations," *Oceanic Linguistics* 25 (2006): 380–403. See also Sieghard Beller and Andrea Bender, "The Limits of Counting: Numerical Cognition between Evolution and Culture," *Science* 319 (2008): 213–215.

8. For birth-order names in South Australian languages, see Rob Amery, Vincent Buckskin, and Vincent "Jack" Kanya, "A Comparison of Traditional Kaurna Kinship Patterns with Those Used in Contemporary Nunga English," *Australian Aboriginal Studies* 1 (2012): 49–62.

9. Bender and Beller, "Mangarevan Invention of Binary Steps for Easier Calculation," 1324.

10. For more on the potential advantages of such technologies, consult, for example, Michael Frank, "Cross-Cultural Differences in Representations and Routines for Exact Number," *Language Documentation and Conservation* 5 (2012): 219–238. See also the survey of technologies like abaci in Karl Menninger, *Number Words and Number Symbols* (Cambridge, MA: MIT Press, 1969).

11. The recent rediscovery of the eastern hemisphere's oldest zero, in Cambodia, is described in Amir Aczel, *Finding Zero: A Mathematician's Odyssey to Uncover the Origins of Numbers* (New York: Palgrave Macmillan, 2015). Given the heavy influence of Indian culture on the Khmer, it is assumed that

zero was transferred from India to Cambodia. Still, the oldest definitive instance of zero in the Old World is that found near Angkor, first discovered in the 1930s and rediscovered in 2015 by Aczel—who scoured many stone stelae to find it.

12. For rich surveys of the world's written numeral systems, see Stephen Chrisomalis, *Numerical Notation: A Comparative History* (New York: Cambridge University Press, 2010), as well as Stephen Chrisomalis, "A Cognitive Typology for Numerical Notation," *Cambridge Archaeological Journal* 14 (2004): 37–52.

13. There is some argument as to whether Egyptian hieroglyphs were innovated independently of an awareness of writing in Sumeria. They appear on the scene not long after the development of Mesopotamian writing, by most accounts. Given that Sumeria and Egypt are relatively proximate geographically, it is likely that Egyptians developed hieroglyphs only after they became knowledgeable of the existence of writing.

14. For a look at early cuneiform, see Eleanor Robson, *Mathematics in Ancient Iraq: A Social History* (Princeton, NJ: Princeton University Press, 2008). For a discussion of numbers in early written forms, see Stephen Chrisomalis, "The Origins and Co-Evolution of Literacy and Numeracy," in *The Cambridge Handbook of Literacy,* ed. David Olson and Nancy Torrance (New York: Cambridge University Press, 2009), 59–74. Chrisomalis describes the copresence of numerals and ancient writing systems, though he notes that this copresence may be coincidental.

15. However, I should be clear that tally systems do not necessarily develop into writing systems or written numerals. The Jarawara tally system, pictured in Figure 2.2, did not eventually yield a native Jarawara system of writing. The same could be said of some tally systems that have existed in Africa and elsewhere for thousands of years. But even though the existence of a tally system may not be a sufficient condition for the invention of writing, it may increase the likelihood of a writing system being innovated.

第10章

1. The effects of climatic shifts on human speciation are discussed in Susanne Shulz and Mark Maslin, "Early Human Speciation, Brain Expansion and Dispersal Influenced by African Climate Pulses," *PLoS ONE* 8 (2013): e76750. On the potential influence of Toba, see Michael Petraglia, "The Toba Volcanic Super-Eruption of 74,000 Years Ago: Climate Change, Environments, and Evolving Humans," *Quaternary International* 258 (2012):

1–4. On the advantages of coastal southern Africa during this time frame, see Curtis Marean, Miryam Bar-Matthews, Jocelyn Bernatchez, Erich Fisher, Paul Goldberg, Andy Herries, Zenobia Jacobs, Antonieta Jerardino, Panagiotis Karkanas, Tom Minichillo, Peter Nilssen, Erin Thompson, Ian Watts, and Hope Williams, "Early Human Use of Marine Resources and Pigment in South Africa during the Middle Pleistocene," *Nature* 449 (2007): 905–908.

2. The tempered stone tools in question present advantages when contrasted to the Oldowan and Acheulean stone tools that persevered in the human lineage for about 2.5 million years, beginning about 2.6 million years ago. See, for instance, Nicholas Toth and Kathy Schick, "The Oldowan: The Tool Making of Early Hominins and Chimpanzees Compared," *Annual Review of Anthropology* 38 (2009): 289–305.

3. For more on the Blombos Cave finds see, for example, Christopher Henshilwood, Francesco d'Errico, Karen van Niekerk, Yvan Coquinot, Zenobia Jacobs, Stein-Erik Lauritzen, Michel Menu, and Renata Garcia-Moreno, "A 100,000-Year-Old Ochre Processing Workshop at Blombos Cave, South Africa," *Science* 334 (2011): 219–222.

4. Francesco d'Errico, Christopher Henshilwood, Marian Vanhaeren, and Karen van Niekerk, "*Nassarius krausianus* Shell Beads from Blombos Cave: Evidence for Symbolic Behaviour in the Middle Stone Age," *Journal of Human Evolution* 48 (2005): 3–24, 10.

5. See Susan Carey, "Précis of the Origin of Concepts," *Behavioral and Brain Sciences*, 34 (2011): 113–167, 159. Carey's point is offered in response to Karenleigh Overmann, Thomas Wynn, and Frederick Coolidge, "The Prehistory of Number Concepts," *Behavioral and Brain Sciences* 34 (2011): 142–144. The authors of that piece suggest that the beads at Blombos may have served as actual material numbers since "a string of beads possesses inherent characteristics that are also components of natural number" (p. 143). In other words they suggest the beads *were* the first numbers, and that numbers were first material and became linguistic after people labeled the material numbers. It seems more plausible that such valuable homogeneous items created *pressures* for the innovation of linguistic numbers, a creation only made possible because of human anatomical characteristics. For instance, Overmann, Wynn, and Coolidge note that "a true numeral list emerges when people attach labels to the various placeholder beads" (p. 144). Such an account glosses over the less speculative psycholinguistic evidence (see Chapter 5) demonstrating that human adults cannot consistently discriminate quantities of things like beads without first using numbers. I believe

the account also underappreciates the linguistic data demonstrating that people name numbers after hands or fingers, not after things like beads. In short, our hands serve as the true gateway to numbers, even if body-external items like beads create pressures for their creation.

6. The survey demonstrating a correlation between population size and religion is presented in Frans Roes and Michel Raymond, "Belief in Moralizing Gods," *Evolution and Human Behavior* 24 (2003): 126–135. My comments here are based partially on Ara Norenzayan and Azim Shariff, "The Origin and Evolution of Religious Prosociality," *Science* 322 (2008): 58–62. The advantages of within-group cooperation for cultural adaptive fitness, enhanced by religion, are discussed in Scott Atran and Joseph Henrich, "The Evolution of Religion: How Cognitive By-Products, Adaptive Learning Heuristics, Ritual Displays, and Group Competition Generate Deep Commitments to Prosocial Religions," *Biological Theory* 5 (2010): 18–130.

7. Greek, Hebrew, Arabic, and other languages associated with the major religions in question have decimal-based number systems. Therefore, the pattern being highlighted here is likely a by-product of linguistic decimal systems. Regardless, the pattern is also fundamentally due to the structure of the human hands. This point merits attention, I think, since the profundity ascribed to some religious numbers is not commonly recognized to be influenced in any manner by human anatomy.

8. Which is not to suggest that all spiritually significant numbers are neatly divisible by ten. In fact, some smaller ones are prime numbers: there is the three of the holy trinity or the seven deadly sins or the seven virtues of the holy spirit or the seven days of creation. Note that all these numbers are less than ten. Even exceptions greater than ten are not always as exceptional as they may seem. Consider the importance of twelve to Islam, Judaism, and Christianity: the twelve Imams, the twelve tribes of Israel, and the twelve apostles. As noted in Chapter 3, duodecimal bases also have potential manual origins as well.

9. A critical look at *P* values and their history is presented in Regina Nuzzo, "Scientific Method: Statistical Errors," *Nature* 506 (2014): 150–152.